rowohlt

Cornelius Weiss

# Risse in der Zeit

Ein Leben zwischen
Ost und West

Rowohlt

Für meine Kinder
und Enkel

1. Auflage März 2012

Mitarbeit Regina Carstensen
Lektorat Uwe Naumann
Satz aus der Stempel Garamond PostScript, InDesign
Gesamtherstellung CPI – Clausen & Bosse, Leck
Printed in Germany
ISBN 978 3 498 07374 9

# Inhalt

# Prolog

Einundzwanzig Gramm sind es genau, einundzwanzig Gramm Radium. Es ist die gesamte Radiumreserve des Deutschen Reiches mit einem Wert von rund fünf Millionen Dollar. Sie befindet sich, in einem schweren Behälter aus Blei, auf der Ladefläche eines Lkw. Mein Vater, Carl Friedrich Weiss, Leiter der Abteilung Atomphysik der Physikalisch-Technischen Reichsanstalt, wechselt sich am Steuer mit zwei zuverlässigen Mitarbeitern, dem Physiker Hans Westmeyer und dem Techniker Gustav Wauschkun, ab. Eine schwerbewaffnete SS-Wachmannschaft begleitet die drei, es geht nach Berchtesgaden. In diesem April 1945 hatte mein Vater vom Reichsverteidigungskommissar und Gauleiter von Thüringen Fritz Sauckel den militärischen Befehl erhalten, das Radium auf den Obersalzberg in Hitlers «Bergfestung» zu bringen. Weder die herannahende Rote Armee noch die westlichen Alliierten dürfen es in die Hände bekommen; zu kostbar ist das Material, das auch für die Rüstungsindustrie gebraucht wird.

Auf Nebenwegen geht es durch Bayern. Irgendwann hören sie aus der Ferne den Gefechtslärm der herannahenden Westfront. Die SS-Leute haben es plötzlich sehr eilig. Sie befehlen den drei Zivilisten, ohne sie weiterzufahren, und schlagen sich mit der Erklärung, nunmehr am Kampf um den «Endsieg» teilnehmen zu wollen, in die Büsche. Mein Vater atmet erleichtert auf. Als Beamter hat er dem Reich und Hitler zu Diensten stehen müssen, mit seinem Gewissen war das nicht immer vereinbar. Als christlicher Sozialist verachtet er das NS-Regime. Mit den «Wachhunden» an seiner Seite hätte er dennoch keine andere Chance gehabt, als den Befehl auszuführen. Aber jetzt …

Die drei Männer sind sich schnell einig: Auf keinen Fall darf das Radium in Hitlers Hände gelangen. Sie überlegen: Erst in ein paar Tagen erwartet man sie in Thüringen zur Vollzugsmeldung zurück. Aber vielleicht ist der Krieg bis dahin ja vorbei. Die Anzeichen dafür mehren sich. Inzwischen könnte man das Radium irgendwo verstecken. Dann wird man weitersehen.

Sie fahren durch das Isartal. Langsam. Sie suchen einen markanten, später wieder auffindbaren sicheren Platz für das Radium. Sie finden ihn etwa fünfzehn Kilometer südlich von Bad Tölz an einem dicht bewaldeten Steilhang zum Fluss. Mit dem Feldspaten graben die drei ein tiefes Loch in den Waldboden. Sie schauen sich um, alles ist still, niemand scheint sie zu beobachten. Sie versenken den gefährlichen Schatz in der Erde, beseitigen notdürftig alle Spuren, zuletzt zeichnet mein Vater eine grobe Lageskizze. Sie trägt das Datum 22. April 1945.

Nur die drei Männer wissen nun, wo sich das Radium befindet. Es ist sicher, jedenfalls sicher vor Hitler. Was die drei aber nicht wissen, ist die Tatsache, dass ganz Thüringen inzwischen durch die 3. US-Armee unter General George S. Patton besetzt ist und dass Sauckel und Konsorten längst geflohen sind. Sie könnten also gefahrlos nach Ronneburg zurückkehren. So aber fahren sie zunächst lieber vorsichtig in nordwestlicher Richtung. Als ihnen nahe der tschechischen Grenze der Treibstoff ausgeht, trennen sie sich. Westmeyer und Wauschkun wollen sich direkt nach Thüringen durchschlagen, mein Vater zu seiner Familie, zu uns nach Rittersgrün im oberen Erzgebirge. Er wählt den Weg über Böhmen und kommt nach abenteuerlicher Reise kurz nach Kriegsende bei uns an. Rittersgrün ist zu dieser Zeit ebenso wie der ganze Kreis Schwarzenberg durch ein Versehen der Alliierten immer noch unbesetzt und bleibt es bis zum 24. Juni – die legendäre «Freie Republik Schwarzenberg».

Wenige Tage vor der Besetzung des Kreises durch die Rote Armee fährt mein Vater weiter nach Ronneburg, um sich endlich bei seiner Arbeitsstelle zurückzumelden. Unmittelbar nach seiner Ankunft wird er vom US-Geheimdienst verhaftet. Der ist bestens über die deutschen Radiumvorräte und ihren «Hüter» informiert. Mein Vater berichtet den ihn verhörenden Offizieren, wo das Radium liegt. Die Amerikaner fordern ihn auf, mit ihnen zu dem Versteck zu fahren und das Radium auszugraben. Das Radium liegt tatsächlich noch an der Stelle, wo mein Vater es vergraben hat, er übergibt es gegen Quittung den Amerikanern – die *Washington Post* titelt am 27. Juni triumphierend: *«All German Radium in American Hands»*. Danach wird er von Offizieren der US-Streitkräfte interniert. Sie wollen ihn für die amerikanische Atomforschung rekrutieren. Mein Vater lehnt jedoch alle Angebote ab. Schon in der Nazizeit fühlte er sich für politische und damit für kriegsbedingte Zwecke missbraucht. Er war nicht Physiker geworden, um anderen Menschen mit seinen Erkenntnissen den Tod zu bringen. Er wollte, wie er sagte, «Dorfschullehrer» werden oder lieber noch ein zweites Mal studieren. Medizin. Das einzige Fach, das seiner Meinung nach nicht für kriegerische Zwecke missbraucht werden könne.

Er entweicht aus der Baracke, in der die Amerikaner ihn relativ unbewacht festhalten, klaut ein Fahrrad und radelt los – den weiten Weg zurück bis nach Thüringen, wo inzwischen die Rote Armee einmarschiert ist. Auch für sie ist mein Vater kein Unbekannter, auch sie wollen ihn für die Atomforschung anwerben. Für die friedliche, wie man ihm immer wieder versichert. Und das NKWD *, der damalige russische Geheimdienst, hat ein Argument, das sich nicht

---

* «Narodny kommissariat wnutrennych del» (deutsch: Volkskommissariat für Innere Angelegenheiten). Von 1934 bis 1946 Bezeichnung des Innenministeriums der Sowjetunion, das über beträchtliche eigene Truppen verfügte und zeitweise auch geheimpolizeiliche Aufgaben wahrnahm.

widerlegen lässt: «Nach Ihrer Flucht können Sie nicht mehr zurück zu den Amerikanern!» Das NKWD übt Druck aus, interniert ihn für Wochen im Schloss Albrechtsberg in Dresden und entlässt ihn mit einem Sack voller Pferde- und Rinderknochen. Für die Familie, die zu Rate gezogen wird, ist die beeindruckende Nahrungsmenge das entscheidende Argument. Einstimmig wird beschlossen, das Angebot des NKWD anzunehmen: Zwei Jahre vertraglich geregelter wissenschaftlicher Arbeit in der Sowjetunion, um die heimischen Nachwuchskräfte anzulernen und die russische Forschung zu modernisieren.

Daraus werden reichlich sieben Jahre hinter Stacheldraht.

# 1 Familiengeschichte

Eine echte Schönheit war meine Mutter nicht. Wie so manche ostpreußische Frauen hatte sie etwas Stämmiges an sich, etwas Robustes, dabei gehörte sie noch zu den Zarteren innerhalb ihrer Familie. Auf den Fotos, die ich von ihr besitze, wirkt sie sehr mütterlich; dass sie viele Hemmungen hatte, vieles unterdrückte, sieht man ihr auf diesen Bildern nicht an.

Hildegard Joachim, geboren am 7. Februar 1900, stammte aus einer alten Pfarrersdynastie in Ostpreußen. In der Nazizeit, als der sogenannte Ariernachweis Pflicht war, verfolgte man die Familiengeschichte so weit wie möglich zurück, um Ahnentafeln aufstellen zu können. Durch die weiß ich, dass alle meine Vorfahren mütterlicherseits im Dienst der evangelischen Kirche standen. Und wenn sie nicht Pfarrer waren, trugen sie Titel wie «Superintendent» oder «Konsistorialrat». Nach der Familiensaga soll der Ursprung der Joachims eine uneheliche Tochter des Scharfrichters zu Heiligenbeil gewesen sein. Nun ja, es gab zwar die Stadt Heiligenbeil – sie lag an der litauischen Grenze –, und möglicherweise waltete dort irgendwann sogar ein Scharfrichter seines Amtes, aber ansonsten ist die Geschichte, auch wenn sie zu unserer nicht immer gesellschaftskonformen Familie passen würde, zu schön, um wahr zu sein. Vermutlich hat sie einer meiner Onkel frei erfunden.

Großvater Johannes Joachim war – ganz in der Familientradition – Pfarrer, und zwar in Ponarth, einem Vorort von Königsberg: ein imponierender Herr mit Vollbart, mächtig von Gestalt, der seine sieben Kinder streng patriarchalisch erzog. Das sah so aus, dass werktags nur der Vater zum Mittagessen Fleisch bekam, die Kinder nicht einen einzigen Brocken, und nach der Mahlzeit mussten sie sich bei ihm anstellen, um ihm nacheinander die Hand zu küssen und «Danke, lieber Vater, für das schöne Essen» zu sagen. Seine Frau Elfriede, geborene Salkowski, ordnete sich ihm völlig unter. Als Tochter eines wilhelminischen Standesbeamten kannte sie es wohl nicht anders.

Diese puritanische Erziehung sollte meine Mutter ihr Leben lang nicht abstreifen. Alle damaligen Neuerungen – Radio, Kino, später Fernsehen – empfand sie als Ausdruck der Leichtfertigkeit der Zeit, und selbst gegenüber den Dingen, die zu den schönen des Daseins zählen, legte sie eine für ihre Umgebung manchmal schwererträgliche Distanz an den Tag. Dazu trug sicher bei, dass sie als Älteste immer mitverantwortlich für sechs jüngere Geschwister war, die, streng nach dem Alphabet geordnet, neben ihr standen. Sie selbst hieß zwar Hildegard, aber dann ging es weiter mit Berthold, Christine, Dietrich, Eberhard, Frank und Gottfried. Die Kinder nannten sich selbst «Das Ponarther HBC».

Anfang der zwanziger Jahre verließ meine Mutter Königsberg, um in Breslau Theologie und Philosophie zu studieren – in ihrem Emanzipationsdrang wollte sie heraus aus der Enge ihres bürgerlichen Elternhauses, sie wollte mehr sie selbst sein dürfen. In Breslau traf sie dann auf einen Menschen, der völlig anderer Herkunft war und aus einer vollkommen anderen geographischen Region Deutschlands kam – das war mein Vater. Dessen Vorfahren waren durchweg hart arbeitende, bodenständige Kleinstbauern, Löffelschmiede, Bergleute und Handwerker aus dem sächsischen und vogtländischen Raum gewesen. Mein Großvater väterlicherseits, Carl Richard Weiss, geboren 1871 auf einem Kleinstbauernhof in Rittersgrün, einem Dorf am Erzgebirgskamm, passte schon nicht mehr ganz in die Familientradition. Er gründete eine zunächst durchaus florierende Handelsfirma, war aber nach der Weltwirtschaftskrise Ende der zwanziger Jahre eigentlich nur noch ein kleiner Handelsreisender und versuchte in Sachsen und Schlesien Waren anzupreisen, Kurzwaren, insbesondere Garne und Reißverschlüsse.

Sein erstgeborener Sohn Carl Friedrich sollte die Realschule besuchen, bestenfalls die kaufmännische Realschule, um den Weg des Vaters fortzusetzen. Weiss junior war über diesen vorgezeichneten Lebensplan aber nicht gerade begeistert. Und als mein Großvater im Ersten Weltkrieg als Soldat an der Front war, in der Schreibstube einer Kompanie – da lebte die Familie Weiss schon in Breslau –, konnte mein Vater seine Mutter Marie Ernestine, geborene Teichmann, überreden, ihn aufs Gymnasium zu schicken. Da er durchaus begabt war, als Autodidakt auch ganz gut Cello spielte und außerdem für das gerade neu gegründete Schulorchester dringend ein Cellist gesucht wurde, bekam er eine Lebensunterhaltshilfe, eine Art Stipendium. In Breslau studierte er nach dem Abitur, seinen Neigungen folgend, schließlich Philosophie, Physik, Psychologie und Pädagogik. Das Geld dazu verdiente er sich in den Ferien, indem er zunächst unter Tage als Bergmann arbeitete oder später als Hauslehrer bei schlesischen Gutsbesitzern.

Kennengelernt hatten sich meine Eltern im legendären philosophischen Seminar des Erkenntnistheoretikers Richard Hönigswald. Oft trafen sie sich auch im Haus des weltoffenen, liberalen Rabbiners Hermann Vogelstein. Dessen Kinder, die ebenfalls an der Universität in Breslau studierten, hatten Hildegard und Carl Friedrich zu sich nach Hause eingeladen. Am Freitagabend wurde dort der Sabbat mit Meditationen und Diskussionen über Religion, Geschichte und die damalige politische Situation begangen. Die meisten jungen Leute in diesem Kreis waren jüdischen Glaubens, aber meine protestantischen Eltern waren genauso willkommen. Zudem kannte man sich dort in der Thora genauso gut aus wie im Neuen Testament. Besonders für meine Mutter war das eine völlig neue Erfahrung, es war ihr nun möglich, sich ein wenig von dem strengen Protestantismus ihres Vaters zu lösen – auch wenn sie zeitlebens eine tiefreligiöse Frau blieb. Immerhin stellte sie fest, dass es noch andere Formen des Glaubens gab als die Königsberger Variante.

Aus den Erzählungen meiner Eltern weiß ich, dass sie in diesem Kreise auch erstmals mit den Ideen des Religiösen Sozialismus in Berührung kamen. Der Religiöse Sozialismus, dem seit dem Ersten Weltkrieg sowohl Christen als auch Juden verstärkt zuneigten, beruhte auf der Überzeugung, dass der auf Gewinnmaximierung ausgerichtete Kapitalismus nicht die einzige mögliche Gesellschaftsform der Zukunft sein konnte. Unterdrückung, Ausbeutung, Egoismus und Konkurrenz, all das sollte durch gesetzgebende Maßnahmen begrenzt werden. Für Christen war der Religiöse Sozialismus eine modernisierte Variante der alten christlichen Soziallehre, die das politische Ziel – die Vergesellschaftung des Kapitals – mit religiösen Vorstellungen verband.

Meine Mutter war von den Gedanken, die im Salon der Vogelsteins kursierten, fasziniert. Und meinem Vater, der durch die Arbeit unter Tage und bei den Kindern von Gutsbesitzern, die zu fein waren, um in eine normale Schule zu gehen, gegenüber der bürgerlichen Gesellschaft ohnehin sehr kritisch eingestellt war, kamen die neuen Ideen sowieso gerade recht. Bis zu seinem Lebensende hielt er an ihnen fest. Nach dem Zweiten Weltkrieg, der sechzig Millionen Menschen das Leben gekostet hatte, stellte er sogar folgerichtig einen Antrag, in die KPD einzutreten. Er war davon überzeugt, dass eine grundsätzlich neue gesellschaftliche Ordnung erforderlich sei, sonst würde es irgendwann wieder zu denselben Entwicklungen kommen, die erneut den Weltfrieden gefährden könnten. Hildegard war da etwas zurückhaltender, sie tendierte dazu, SPD-Mitglied zu werden – aber durch unseren Transport nach Russland kam alles anders.

In den zwanziger Jahren war mein Vater noch ein Suchender. Nachdem er es ausgeschlagen hatte, ins Kaufmännische zu gehen, konnten ihm seine Eltern keine weiteren Leitlinien mitgeben. Und er war ein Wilder, aktiv in der Wandervogelbewegung, bei deren Ausflügen es wohl recht abenteuerlich zuging. Fotos zeigen ihn mit Blumenkränzen auf dem Kopf, am Lagerfeuer wurden Lieder zur Gitarre gesungen, und im Sommer war es selbstverständlich, nackt zu baden. Für meine Mutter ein unüberwindbares Tabu. Trotzdem kamen sie sich langsam näher.

Meinen Vater muss an Hildegard das Bürgerliche fasziniert haben, denn sie verfügte über ein Allgemeinwissen, das ihm fehlte, ebenso wie die Kenntnis der in bürgerlichen Kreisen üblichen Verhaltensregeln. Als er seinen Antrittsbesuch in Königsberg machte, um offiziell um ihre Hand anzuhalten, wurde aus diesem Anlass im Pfarrhaus abends Rotwein eingeschenkt. Als Carl Friedrich das Glas hob, sagte er ganz unbefangen zu seiner künftigen Schwiegermutter: «Gluck, gluck, gnädige Frau!» Das verstand der Gute unter Höflichkeit. Und als er während eines Mittagessens einmal gefragt wurde, ob er noch einen zweiten Teller Eintopf haben möchte, antwortete er: «Danke, gnädige Frau, aber ich möchte mir noch ein wenig Appetit für den Hauptgang aufheben.» Dabei war der Eintopf das Hauptgericht. Es waren die Gegensätze, die beide anziehend fanden, dazu der gemeinsame Glaube und die sehr ähnlichen politischen Überzeugungen. Meine Mutter bewunderte den abenteuerlustigen, sehr gutmütigen Mann, mein Vater die wohlanständige Pfarrerstochter.

Sie waren ewig verlobt, bis sie heirateten, mindestens sieben Jahre. Wahrscheinlich hatte mein Großvater seinen zukünftigen Schwiegersohn mehrmals gefragt: «Können Sie überhaupt meine Tochter ernähren?» Und viele Male muss die Antwort negativ ausgefallen sein. So zog es sich, bis dann endlich im Mai 1929 geheiratet wurde.

Aus mir nicht näher bekannten Gründen brach meine Mutter ihr Studium ab und arbeitete als Sekretärin. Eine Erklärung dafür mag sein, dass sie plötzlich entdeckte, viel lieber Musikerin werden zu wollen. Sie nahm Gesangsstunden und träumte davon, Gesangslehrerin oder Klavierpädagogin zu werden. Vielleicht wollte sie auch früher Geld verdienen, damit mein Vater in Ruhe zu Ende studieren konnte. Der hatte sich immer mehr auf die Physik konzentriert, sie faszinierte ihn in ihrer logischen, experimentell gesicherten Strenge und erschien ihm zudem am aussichtsreichsten, um später eine Familie zu ernähren.

Nach seiner Promotion, die er mit *summa cum laude* bestand, ging er zu Walter Bothe an das Physikalische Institut der Universität Gießen, wo er eine Stelle als «1. wissenschaftlicher Assistent» erhielt. Oben im Institutsgebäude gab es eine freie Dachkammer, in der die beiden ihr erstes Heim einrichteten.

Lange blieben sie nicht in Gießen. Es folgte ein Angebot aus Berlin, das mein Vater – wenn auch schweren Herzens – annahm. Eigentlich wollte er nämlich die Universitätslaufbahn einschlagen und Wissenschaft mit akademischer Lehre verbinden. Aber die übliche «Durststrecke», bis man ihn als ordentlichen Professor berufen würde, schien ihm zu lange zu dauern. Die Arbeit an der Physikalisch-Technischen Reichsanstalt (PTR), einem staatlichen Forschungsinstitut, das auf Initiative der Physiker Herrmann von Helmholtz und Werner Siemens 1887 in Berlin-Charlottenburg gegründet worden war, schien dagegen weniger brotlos und damit etwas familienfreundlicher zu sein. An der PTR wurden damals alle physikalischen Untersuchungen, die zur Präzisierung von Messapparaten und Kontrollinstrumenten notwendig waren, durchgeführt; dort befand sich auch die damals genaueste Uhr, und hier wurden auch das Urkilogramm und der Urmeter, beide aus Platin, angefertigt und aufbewahrt. Mit diesen Dingen hatte mein Vater aber nichts zu tun, er sollte das Laboratorium für Radioaktivität, das noch in den Kinderschuhen steckte, übernehmen.

Zu dieser Zeit, Anfang der dreißiger Jahre, galt dieses Grenzgebiet zwischen Physik und Chemie in Wissenschaftskreisen noch als relativ uninteressant. Man hatte zwar schon radioaktive Elemente isoliert und erste Messungen an den Alpha-, Beta- und Gammastrahlen vorgenommen, aber allzu große praktische Bedeutung wurde diesem Bereich zunächst nicht beigemessen. Natürlich bedeutete das neue Arbeitsgebiet auch für meinen Vater eine Umstellung. Vorher hatte er auf dem Gebiet der Atomspektroskopie gearbeitet, und daher wusste er auch einiges über die Quantenphysik der Atome, über die damals noch neuen Gesetze der Schrödinger-Gleichung und die Heisenberg'sche Unschärferelation, aber das war es dann fast schon. Immerhin war er nun als Beamter materiell abgesichert, was die Familienplanung erleichterte.

# 2 Biesdorfer Idylle

Tatsächlich: Ich wurde – im März 1933 – als erstes Kind geboren, und knapp zweieinhalb Jahre später, im August 1935, folgten meine Geschwister, die Zwillinge Bettina und Clemens. Als meine Mutter von der Charlottenburger Klinik mit den beiden Babys nach Hause kam, hatte sie für die Heimfahrt ein Taxi genommen. Als das vor unserer Haustür hielt und mein Vater die Babys an sich nahm, damit meine Mutter aussteigen konnte, soll ich gefragt haben: «Und wo ist das Dritte?»

Die erste Berliner Wohnung der Eltern befand sich in der Togostraße im «Afrikanischen Viertel» des Stadtbezirks Wedding. Ich hab mir das viel später einmal angesehen: ein für damalige Verhältnisse großzügiges und modernes Wohnviertel im Bauhausstil. Carl Hagenbeck hatte hier vor dem Ersten Weltkrieg einen exotischen Park geplant, in dem er unter anderem Tiere aus den damaligen deutschen Kolonien präsentieren wollte. Der Ausbruch des Krieges machte diese Pläne zunichte – nur die Straßennamen, die schon vergeben waren, blieben erhalten.

Als meine Geschwister dann da waren, wurde es für uns fünf dort jedoch zu eng. Meine Eltern wagten das finanzielle Abenteuer, bei einer Arbeiterwohnbaugenossenschaft, die gerade am östlichen Stadtrand, im ländlich wirkenden Biesdorf, eine Siedlung errichtete, eine winzige Doppelhaushälfte auf Ratenzahlung zu kaufen: im Erdgeschoss zwei relativ kleine Zimmer und Küche, oben, im ersten Stock, zwei Mansarden, das Bad im Keller. Die Adresse war

Weizenweg 64, die anderen kleinen Straßen in der neuen Siedlung hießen Roggenweg, Gerstenweg, Haferweg, Erntedankweg oder – nazistisch eingefärbt – Erbhofweg.

Die Häuser waren alle gleich: Doppelhäuser mit parallelen Giebeln zur Straßenseite hin und Terrassen nach hinten zu den Gärten. Dazwischen dunkelbraune Jägerzäune. Da die Siedlung auf einem Flurstück von Marzahn, auf ehemaligen Feldern gebaut worden war, bestand unser Garten zunächst aus nichts weiter als sandiger Erde, und damit fangen im Grunde auch meine ersten Erinnerungen an. Meine Eltern säten Rasen und pflanzten Blumen und einige Bäumchen, es wurde schnell eine kleine grüne Idylle. Da das Haus abbezahlt werden musste und das Gehalt eines Regierungsrats an der Physikalisch-Technischen Reichsanstalt dazu nicht ausreichte, wenn gleichzeitig eine mittlerweile fünfköpfige Familie zu ernähren war, nahm mein Vater an der Gauß-Schule in Tegel, einer Ingenieur-Abendschule, noch ein zweites Arbeitsverhältnis als Lehrer für Mathematik und Physik auf.

Es fing die wahrscheinlich einzig wirklich glückliche Zeit meiner Eltern an. Sie führten ein sehr offenes Haus, alte Freunde kamen zu Besuch, und sie fanden viele neue, vor allem über die Musik. Meine Mutter nahm wieder Gesangsstunden, ihre Lehrerin hieß Julia-Lotte Stern, eine damals bekannte Altistin, die aber wegen ihrer jüdischen Abstammung durch die Reichskulturkammer unter der Leitung von Propagandaminister Joseph Goebbels Auftrittsverbot erhalten hatte. Bei den Hausmusikabenden wurden die Blockflötensonaten von Georg Philipp Telemann gespielt, Streichquartette von Haydn und Beethoven, meine Mutter sang Franz Schuberts *Winterreise*, Lieder von Johannes Brahms und – geradezu avantgardistisch – das *Marienleben* von Paul Hindemith. Wir Kinder, die wir oben in einem der Mansardenzimmer im Bett lagen, fanden die Musik und das Stimmengewirr sehr beruhigend. An diesen Abenden schlief ich jedes Mal besonders gut ein.

Viel später, als Erwachsener, habe ich meinen Vater für seine Disziplin bewundert, auch für seine Geduld. Niemals sagte er: «Hildegard, es kann nicht sein, dass du zu Hause sitzt und Klavier spielst und abends ein gastfreundliches Haus führst, und ich muss malochen.» Nie hat er so etwas gesagt. Er sah seine zwei Berufstätigkeiten wohl als preußische Pflicht an und fügte sich still in sein Schicksal. Sie setzte seiner Belastung sogar noch eins drauf, indem sie ein Dienstmädchen verlangte, ein sogenanntes Pflichtjahrmädchen, das meiner Mutter den Haushalt abnehmen sollte. Auch dieser Wunsch wurde ihr erfüllt. Carl Friedrich versuchte offenbar unter den Wolken des heraufziehenden Krieges seiner Familie so viel Geborgenheit und Wärme wie möglich zu geben, ihr das Leben irgendwie schön zu machen, solange es nur möglich war. Immerhin genoss auch er die Hausmusikabende: So konnte er mit Kollegen und Freunden einen Kreis – heute würde man sagen: ein Netzwerk – von Menschen aufbauen, die ähnlich dachten wie er. Bei uns zu Hause trafen sich Gleichgesinnte, diese Menschen einte eine tiefe Abneigung gegen den Nationalsozialismus. Jedenfalls trug keiner der Gäste in unserem Haus das Parteiabzeichen der NSDAP, den «Bonbon», am Revers – als Kind wäre mir das sicherlich aufgefallen.

Damals habe ich meinen Vater wenig gesehen. Morgens hörte ich, wie er im Kessel der Zentralheizung herumkratzte, um die über Nacht angesammelte Schlacke zu entfernen, und abends, wenn er nach Hause kam, lag ich längst im Bett. An den Sonntagen kümmerte er sich aber um uns Kinder, ging mit uns viel spazieren. Während eines solchen Ausflugs verpasste er mir einmal eine sehr nachhaltige Lehre. Kleine Kinder finden auf diesen Spaziergängen immer etwas, weil sie näher am Boden sind und noch einen Blick fürs Detail haben. Ich fand mehrfach Geld, und einmal mehrere Münzen hintereinander, verteilt über einem Abstand von drei, vier Metern. Wahrscheinlich waren sie einem angeheiterten Nachtschwärmer aus der Tasche gefallen. Ich las die Geldstücke auf, und nachdem jedes einzelne eingesammelt war, sagte mein Vater: «Das Geld hast du dir aber nicht verdient, Cornelius. Du hast jetzt die Wahl: Entweder du wirfst es in den nächsten Briefkasten, oder du kaufst davon Winterhilfsabzeichen.» Die «Winterhilfe» war eine Erfindung der Nazis, überall auf den Straßen standen Mitglieder vom NS-Frauenbund, BDM-Mädel oder Rentner mit Sammelbüchsen herum, um Geld für die Armen einzutreiben, mit dem Heizmaterial, warme Mahlzeiten oder Unterkünfte bezahlt werden sollten. Steckte man etwas in die Sammelbüchse – oft wurde man dazu regelrecht genötigt –, bekam man als Gegenleistung ein Abzeichen. Und nun lagen diese Münzen, die mir nicht gehörten und die ich keinesfalls behalten durfte (was ich natürlich gern getan hätte), in meinen Händen. In den nächsten Briefkasten wollte ich sie auf keinen Fall stecken. Das fand ich vollkommen ungerecht – der Briefkasteninhaber war doch genauso wenig Eigentümer der Geldstücke wie ich. Da ich aber scharf auf die Abzeichen war – um die Winterhilfe-Kampagne in Gang zu halten, wurden jeden Monat neue herausgegeben, mal waren diese Kunstgewerbedinger aus Holz gedrechselt, mal aus Ton gebrannt –, war mein Entschluss schnell gefasst. Jede Münze kam in eine andere Büchse, und so hatte ich am Ende eine Monatsserie dieser Abzeichen beisammen.

Meine Eltern nahmen mich frühzeitig zu Konzerten ins Charlottenburger Schloss mit, ich war da vielleicht fünf oder sechs Jahre alt. In dem prächtigen Saal hingen Kronleuchter, an den Wänden leuchteten festlich Kerzen und Wandlampen. Hier hörte ich zum ersten Mal die Brandenburgischen Konzerte und die Orchestersuiten von Johann Sebastian Bach. Ich entwickelte regelrecht eine Vorliebe für die wundervolle, streng gegliederte Musik des Barocks. Wie berauscht war ich in dieser Welt, die so hell und unbeschwert schien.

Vom vierten Lebensjahr an hatte ich Klavierunterricht, zunächst bei meiner Mutter. Später gab mir Margarete Riedel, eine sehr gutherzige Kammermusikerin, Stunden auf dem Cembalo. Frau Riedel war die Leiterin der «Berliner Spiel-Einung», eines gemischten Profi- und Laienensembles, das sich voll und ganz der Barockmusik verschrieben hatte und in dem auch mein Vater gelegentlich das Cello strich. Sie hätte mich auch mit den üblichen Czerny-Etüden am Klavier quälen können, aber sie erkannte sehr schnell meine Leidenschaft für Bach, und Bachs Sinn für Phrasierung und Rhythmus kamen auf dem Cembalo besser zum Ausdruck. Ein Klavier hat ja durch die Filzhämmerchen einen eher weichen, für mich nervigen Anschlag, das Cembalo besitzt kleine Häkchen, die jeden Anschlag gleich klingen lassen, und zwar exakt zum vorgesehenen Zeitpunkt – perfekt für ein strenges Zeitmaß. Mit dem *Klavierbüchlein für Anna Magdalena Bach* fing ich an, und dann ging es schnell aufwärts, bis hin zu den Präludien, Fugen und Inventionen für Cembalo des großen Kirchenmusikers.

In dieser Zeit fing ich auch an zu lesen: zuerst die Märchen von Grimm, Hauff und Andersen. Von der *Kleinen Meerjungfrau* war ich zutiefst angerührt; ich hatte mich so intensiv in die handelnden Figuren hineinversetzt, dass ich zum ersten Mal eine (völlig unklare) Sehnsucht und mehr noch den brennenden Schmerz einer unerfüllbaren Liebe spürte. Sehr beschäftigt haben mich auch *Der letzte Mohikaner* von James Cooper und *Robinson Crusoe* von Daniel Defoe. Später verschlang ich alles, was mir in die Hände kam: mit Vorliebe die Zukunftsromane von Hans Dominik, viel Karl May, Bergsteiger-Bücher (*Deutsche am Nanga-Parbat*) und – zum Entsetzen der Eltern – auch Landser-Hefte, die es für zehn Pfennig überall zu kaufen gab und mit denen in der Schule schwunghaft Tauschhandel getrieben wurde.

Irgendwann fing ich dann auch an, populärwissenschaftliche und einfache technische Bücher zu lesen, was mich dazu brachte, erste (allerdings völlig ergebnislose) chemische Experimente zu machen – mit Backpulver, blauer Kreide, Teer und dem scharf riechenden flüssigen Inhalt einer kleinen Flasche, die ich auf der Müllhalde gefunden hatte (es wird wohl Salmiakgeist gewesen sein). Außerdem fasste ich den Plan, ein Herbarium mit allen Berliner Pflanzen anzulegen. Den ganzen Sommer über sammelte ich alles, was so an Kräutern und Unkräutern im Garten und rechts und links vom Schulweg wuchs und legte es zum Pressen und Trocknen zwischen die Seiten der Bücher der Eltern (ich selber hatte ja nicht genug ausreichend schwere Bücher) – mit der verheerenden Konsequenz, dass die Seiten der gehüteten Klassiker feucht und irreversibel wellig wurden und sich zum Teil braun-grün verfärbten. Aber die Eltern haben das wohl nie gemerkt, so oft schauten sie halt auch nicht in ihre Klassiker.

Mein Vater war von meinen «wissenschaftlichen» Unternehmungen sehr angetan, daher bekam ich zu meinem neunten Geburtstag ein kleines Mikroskop mit Zubehör, also Objektträgern, Deckgläschen, Pinzetten und Kanadabalsam (zum Einbetten und Konservieren der Objekte). Mit Interesse besah ich mir nun Blütenstaub, Fliegenbeine, Hausstaub und die wimmelnden Pantoffeltierchen in abgestandenem Regenwasser. Leises Grauen rief in diesem Zusammenhang bei meinen Freunden ein Geschenk meines Großonkels Gerhard Joachim hervor, der in Königsberg ein angesehener Kinderarzt war. Es war eine Mappe mit zwanzig mikroskopischen Demonstrationspräparaten, die wohl noch aus der Zeit seines Medizinstudiums stammten. Mit altmodischer Schrift war auf den Objektträgern neben dem Datum festgehalten, worum es sich handelte: Querschnitt durch ein Affenauge, Saugrüssel des Leberegels, Ei des Bandwurms etc.

Zur großen Leidenschaft wurde für mich auch das Sammeln von Briefmarken. Die Schwester meiner Mutter, in der Familie genannt Tante Tinchen, die damals bei der Exportabteilung der Bakelite GmbH in Berlin-Erkner arbeitete, brachte auch in den Kriegsjahren immer wieder spanische, französische, englische, schweizerische und sogar amerikanische und australische Briefmarken mit, sodass die Sammlung schnell anwuchs. Aus den Motiven und Beschriftungen der Marken, die zum Teil ja auch ästhetisch sehr anspruchsvoll gestaltet waren, lernte ich viel mehr über fremde Länder und fremde Sprachen als in der Schule. Und die üppige *Nackte Maja* auf einer spanischen Marke zog mich eine Zeitlang in ihren Bann und weckte jedes Mal beim Betrachten ganz eigentümliche angenehme Gefühle. Weshalb ich sie mir auch sehr oft ansah.

Überhaupt spielte Tante Tinchen in der Familie und besonders für uns Kinder eine wichtige Rolle. Sie war damals Mitte dreißig, alleinstehend und das, was man heute eine emanzipierte junge Frau nennen würde: freche Ponyfrisur, geschminkt, superschick gekleidet, stolze Besitzerin und Fahrerin eines offenen Dixi mit Speichenrädern, damals ein Kultauto aus der Automobilfabrik Eisenach. Sie hätte als Zeichnerin für die *Koralle* arbeiten können, eine populäre NS-Illustrierte. Sie lehnte das Angebot jedoch ab, weil sie dann jede Woche Karikaturen – womöglich gar politische – hätte liefern müssen, was für sie einer Zwangsjacke gleichgekommen wäre. Sie wollte geistig unabhängig bleiben. Lieber zeichnete und malte sie aus freien Stücken, ohne Anstellung, und verdiente ihr Geld stattdessen als Sekretärin.

Tante Tinchen war aber nicht nur unglaublich modern, was Autos in Frauenhand betraf, sie besaß auch all das, was meine Mutter ablehnte: ein Radio etwa und ein mechanisches Grammophon. Letzteres schenkte sie uns Kindern einmal zu Ostern zusammen mit drei Schallplatten. Unsere Mutter war entsetzt. So musikalisch sie auch war, sie wetterte ganz allgemein gegen «Konservenmusik», sodass es bei uns auch keinen Plattenspieler gab. Beide Eltern waren davon überzeugt: «Musik muss man selber machen, denn nur dann kann man sie erleben.» Leider brachten Bettina und Clemens es fertig, das schöne Ostergeschenk noch am selben Tag durch ein zweifaches Aufziehen mit der speziellen Kurbel zu zerstören – zur großen Erleichterung meiner Mutter, zu meinem ewigen Schmerz.

Die unkonventionelle Tante brachte uns Kindern Aufgeschlossenheit gegenüber neuen Entwicklungen in der Mode, der Technik und der Gesellschaft bei, brachte uns auch immer wieder, wenn sie uns in Biesdorf besuchte, kleine Scherzartikel mit. Sogenannte Vexierbilder, die sich, wenn man sie seitlich zusammendrückte, auf witzige Weise veränderten. Auf einem war eine streng dreinblickende und züchtig bekleidete Dame zu sehen, die dann plötzlich ein kurzes Röckchen trug, dazu ein leicht verrutschtes Oberteil, und ein Auge zusammenkniff. Tante Tinchen hatte auch einen täuschend echt aussehenden Tintenfleck aus Blech, und Brieftaschen, in die man Geldscheine hineintun konnte – und dann waren sie weg, Schachteln, in denen ein blutiger Finger lag oder aus denen beim Öffnen eine Faust hervorschoss. Sie hörte und sang Schlager, die meine Mutter nicht nur verachtete, sondern aus ihrer verklemmt-konservativen Grundeinstellung heraus regelrecht hasste. «Für eine Nacht voller Seligkeit» – dieses relativ harmlose Lied empfand sie als höchst unanständig und drohte mir Ohrfeigen an, wenn ich es nur einmal singen würde. Ich kann es natürlich noch heute auswendig.

Wir Kinder vermuten heute, dass unser Vater der heimliche Schwarm unserer Tante war – oder umgekehrt. Jedenfalls kam sie auch später oft zu uns zu Besuch – wo wir auch wohnten – und folgte uns später in die Sowjetunion. Bis zu ihrem Tod blieb sie solo. Zwar hatte sie später in Russland einen Freund. Wie viele dieser Beziehungen, die hauptsächlich auf der Grundlage des Eingesperrtseins entstanden, zerbrach sie aber auch wieder.

Alle, die uns in Biesdorf besuchten, begrüßten wir Weiss-Geschwister strahlend, wir empfanden eine ungetrübte Freude, wenn Gäste kamen. Doch längst hatte diese heile Welt verborgene Risse bekommen. Auf den Gesichtern der Freunde meine Eltern spiegelte sich gelegentlich Verstörtheit, viele von ihnen blieben plötzlich fern. Das waren die jüdischen Bekannten und Freunde, die nach und nach auswanderten. Dem Gästebuch meiner Eltern kann ich entnehmen, dass anfangs noch gelegentlich ihr väterlicher Freund Rabbiner Vogelstein aus Breslau zu uns nach Hause in den Weizenweg kam, er emigrierte 1938 über London in die USA. Völlig andere Konsequenzen hatte der Nazi-Rassenwahn für das Schicksal eines befreundeten Physikerkollegen meines Vaters, Friedrich Georg Houtermans. Wegen seiner jüdischen Abstammung und seiner kommunistischen Weltsicht verlor er gleich 1933 seine Oberassistentenstelle an der Technischen Hochschule in Berlin. Er emigrierte über Kopenhagen und London in die Sowjetunion. Dort wurde er 1937 vom NKWD wegen angeblicher Spionage verhaftet und nach zweijähriger Lagerhaft an die Gestapo ausgeliefert. Der Physiker Max von Laue konnte jedoch seine Freilassung erwirken, und Houtermans fand eine Anstellung im privaten Forschungsinstitut von Manfred von Ardenne, später in der PTR. Auch der verehrte Lehrer meiner Eltern Richard Hönigswald wurde während der Novemberpogrome 1938 im KZ Dachau inhaftiert und emigrierte später in die USA. Nie vergesse ich auch einen Nachmittag, an dem mich meine Mutter mit ins Café Kranzler an der Ecke Unter den Linden/Friedrichstraße nahm. Wo meine jüngeren Geschwister an diesem Tag waren, habe ich vergessen, wahrscheinlich passte eines der mürrischen Pflichtjahrmädchen auf sie auf.

In dem Café traf meine Mutter einen vornehm gekleideten Mann im Anzug und mit Hut. Sie begrüßten sich auffallend herzlich, tranken Kaffee, ich wurde irgendwie beschäftigt. Mir fiel auf, dass sie französisch miteinander sprachen, wie dies die Eltern in letzter Zeit auch immer häufiger taten – für uns Kinder war das ein Zeichen, dass das, was die Erwachsenen besprachen, uns nichts anging. Schließlich verabschiedeten sich der Mann und meine Mutter unter Tränen. Erst viel später habe ich erfahren, dass der elegant gekleidete Herr Freddy Cohn war, einer der Freunde aus Studienzeiten meines Vaters und wohl auch ein Verehrer meiner Mutter, denn sie sagte einmal etwas kryptisch zu mir: «Der wäre um ein Haar dein Vater geworden, Cornelius.» Dass ich dann auch nicht ich gewesen wäre, das war ihr in diesem Moment nicht klar. Dieser Beinahe-Vater ging am nächsten Tag nach Israel ins Exil. Schließlich war fast die Hälfte der Freunde meiner Eltern ausgewandert.

Unverändert oft aber – fast jede Woche – waren mein Patenonkel Harald Poelchau und seine Frau Dorothee bei uns. Mit ihnen sprachen meine Eltern mit Sicherheit auch am intensivsten und vertrautesten über die politischen Zustände in Deutschland, über die verheerenden Folgen des Aufstiegs des Nationalsozialismus. Meine Eltern hatten Harald Poelchau vermutlich schon in Breslau kennengelernt, wo er 1927 sein erstes theologisches Examen abgelegt hatte und wohl auch zu den vielen Gästen im Hause Vogelstein gehörte. Inzwischen hatte er bei dem protestantischen Theologen und Religionsphilosophen Paul Tillich, einem der maßgeblichen christlichen Theoretiker des Religiösen Sozialismus, promoviert. Aber auch sein Doktorvater musste 1933 in die USA auswandern. Poelchau selbst wollte nicht nur predigen, sondern helfen und nahm daher kurz vor der Machtergreifung durch die Nazis eine Stelle als Gefängnispfarrer in Berlin-Tegel an. Sein Dienst erweiterte sich später auch auf die Zuchthäuser und Hinrichtungsstätten Plötzensee und Brandenburg. In diesem schrecklichen Amt musste er weit mehr als tausend Menschen, die von den Nazis zum Tode verurteilt worden waren, größtenteils Angehörige des Widerstands, auf ihrem Weg zur Hinrichtung begleiten und ihnen in ihren letzten Stunden beistehen. Nach Kriegsbeginn war er als Mitglied des Kreisauer Kreises um James Graf von Moltke selbst eine Schlüsselfigur des Widerstands in Berlin. Daneben baute er zusammen mit seiner Frau ein Netzwerk auf, das vielen politisch und rassisch Verfolgten Unterschlupf bot und damit ihr Leben rettete. Er erhielt dafür von der israelischen Gedenkstätte Yad Vashem den Titel «Gerechter unter den Völkern».

All diese Zusammenhänge hab ich natürlich erst viel später von den Eltern erfahren. Damals interessierte ich mich für ganz andere Dinge. In der anderen Hälfte unseres Doppelhauses wohnte die Familie Kleinschmidt mit fünf Kindern. Der zweitälteste Sohn hieß Adolf (!), er war so alt wie ich. Meine Eltern hatten mir aus Protest gegen den Nazi-Rummel und zugleich zur Sicherheit, um gar nicht erst Zweifel aufkommen zu lassen, den lateinischen Namen Cornelius gegeben (bei meinen Geschwistern hatte sie ihre Logik aber verlassen – die Namen Bettina und Clemens stammten nicht aus der Antike, eher aus der deutschen Romantik). Ich war als Kind nicht gerade glücklich über diesen Vornamen, er klang doch sehr unzeitgemäß und wurde von meinen Mitschülern zu «Corneliensoße» verballhornt. Was allerdings immer noch besser war als mein zweiter Spitzname «Fliegenohr». Mit Adolf und seinem älteren Bruder Wolfgang gründeten wir eine Gang, die «Weizenweg-Clique». Chef («Hauptmann») war natürlich Wolfgang, dazu qualifizierte ihn allein schon die ehrfurchtgebietende Tatsache, dass er gleich in der ersten Klasse sitzengeblieben war. Ich, ein eher braver Schüler, durfte mich aber immerhin «Major» nennen. Natürlich waren wir mit der Haferweg- und der Roggenweg-Clique verfeindet. Doch da deren Mitglieder älter und damit stärker waren als wir, mussten wir zusehen, dass wir möglichst ungesehen an ihnen vorbeikamen, wenn wir unsere Expeditionen in die Umgebung starteten.

Uns gegenüber lebte Frau Graul, eine dicke, schwatzhafte Vorstadt-Berlinerin, die niemand von uns Kindern mochte – wir nannten sie unter uns «Dickmadam». Eines Tages beschwerte sie sich bei meiner Mutter, weil ich sie angeblich nie grüßte. Ich wurde streng belehrt:

«Cornelius, ein für alle Mal, wenn du Frau Graul siehst, hast du höflich guten Tag zu sagen. Verstanden?»

«Und wenn ich sie nicht sehe?»

«Frag nicht so dämlich, dann natürlich nicht.»

Eine Woche später erkundigte sich Frau Graul mitleidig bei meiner Mutter, ob der arme «Cörnchen» eine Augenkrankheit habe, er liefe ja seit einiger Zeit mit geschlossenen Augen herum.

Bis heute bin ich durchaus stolz auf diese Episode: Zum ersten Mal hatte ich gegenüber einer allmächtig scheinenden Obrigkeit, ohne sie unnötig herauszufordern, meine Prinzipien durchgesetzt.

## 3 Der Geruch des Krieges

Urplötzlich fingen die Luftschutzsirenen an zu heulen. An diesem 1. September bummelten Adolf Kleinschmidt und ich gerade an der großen Ziegelsteinmauer entlang, die das Anstaltsgelände umfriedete. Zur «Anstalt» gehörten ein Waisenhaus, eine psychiatrische Klinik, andere Krankenhäuser und meine Volksschule, in die ich Ostern 1939 eingeschult worden war. Alles war im wilhelminischen Klinkerstil gebaut. Und nun waren wir auf dem Nachhauseweg, in den Schulranzen unsere Schiefertafeln und die spitzen Griffel, außen an den Ranzen baumelten an Bändern die kleinen nassen Schwämme, die man zum Löschen des auf die Tafel Geschriebenen brauchte. Dazu hatte jeder noch eine Riementasche, die man über der Schulter trug. Sie beherbergte die Pausenbrote, nun war sie leer. Jeden Tag war ich stolz auf diese «Ausrüstung», zumal die Zwillinge so etwas nicht besaßen.

Als wir das schaurige Auf und Ab der Sirenen hörten, zuckten wir erschrocken zusammen. Ich fand das instinktiv irgendwie bedrohlich, obwohl ich überhaupt nicht wusste, was genau es zu bedeuten hatte. Schon im Sommer hatte ich gespürt, dass etwas Unheimliches heraufzog. Es gab Verdunkelungs- und Luftschutzübungen, die Butter wurde rationiert, die Eltern wirkten beklommen und legten heimlich Vorräte an Hülsenfrüchten, Graupen und Zucker an. Einmal kam mein Vater mit einem ganzen Sack voll wurmstichiger Erbsen nach Hause. «Notvorrat», kommentierte er sein Mitbringsel.

Wir rannten so schnell wie möglich nach Hause. Dort sagte meine

Mutter unter Tränen: «Cornelius, es ist Krieg.» Darunter konnte ich mir als Sechsjähriger nur wenig vorstellen. Der Erste Weltkrieg war zwar erst etwas mehr als zwanzig Jahre vorbei, aber für mich war das schon ferne Vergangenheit. Als kleiner Junge hatte ich die politischen Hintergründe natürlich nicht zu deuten gewusst. Ich wusste zwar, dass mein Vater keine braune Uniform trug, auch keine besaß, weil er nicht Mitglied der NSDAP war. Er war auch in keiner anderen Nazi-Organisation, ebenso wenig wie meine Mutter. Instinktiv hatte ich auch geahnt, als ich eingeschult wurde, dass ich möglichst nichts darüber ausplappern darf, was für Bücher meine Eltern zu Hause besitzen und lesen. Thomas Mann war die Lieblingslektüre meines Vaters. Bücher, von denen meine Klassenkameraden erzählten, wie Hitlers *Mein Kampf*, Hans Grimms *Volk ohne Raum* oder gar diese illustrierte Schmähschrift *Deutschland erwache!* standen nicht in unserem Bücherregal.

Dennoch war ich von der allgegenwärtigen nationalsozialistischen Propaganda, die ich aufgeschnappt hatte, ob ich wollte oder nicht, nicht unbeeinflusst geblieben. Das Soldatentum wurde verherrlicht, selbstverständlich hatte ich wie alle anderen Kinder mit Soldaten aus Pappmaché gespielt, und natürlich träumte ich auch von Heldentaten. Lief ich mit meinem Tornister auf dem Rücken zur Schule, stellte ich mir oft vor: Wenn ich jetzt die Beine ordentlich schmeiße, so richtig im Stechschritt, dann denken alle, ich wäre ein Soldat. Natürlich grinsten die Leute nur oder tippten sich vielsagend an die Stirn.

Deshalb war ich überrascht und verwirrt, als meine Mutter bei den Sirenensignalen weinte. Ähnlich erging es mir später, als alle fünf Brüder unserer Mutter und viele Freunde der Reihe nach in Feldgrau zu uns kamen, um sich an die Font zu verabschieden. Die Männer versuchten zwar, lässig zu bleiben, frotzelten mit uns Kindern herum, aber wenn sie dann gingen, verabschiedeten sie sich doch mit nassen Augen. Nur einer der Onkel, ausgerechnet der

Theologe, hielt es tatsächlich für richtig, aus diesem Anlass markige Sprüche über den Endsieg und den «größten Feldherrn aller Zeiten» – von den Berlinern spöttisch verkürzt zu Gröfaz – abzulassen. Aber zu ihm und seiner ebenso hitlergläubigen Frau hatten die Eltern ohnehin schon lange Abstand gehalten.

Mich faszinierten eher die Uniformen. Und ich fand es furchtbar spannend, wie in der Folgezeit Soldaten in unsere beschauliche Stadtrandsiedlung kamen, auf Lanz-Bulldog-Treckern oder Lkws, und jedes einzelne Haus inspizierten. Unser Keller wurde mit Balken abgestützt, darin stellten sie zwei eiserne Doppelstockbetten auf, das Kellerfenster betonierten sie zu, wobei sie die Betonelemente mit Sand auffüllten. «Splitterschutz», erklärte man mir, als ich fragte, wofür das denn gut sein solle. Die Gashähne wurden mit einer besonderen Farbe angestrichen, damit man sie schneller finden und im Notfall zudrehen konnte. Und vor dem S-Bahnhof von Biesdorf kampierte eine ganze Pionierkompanie mit schwerem Gerät und errichtete ein verzweigtes System von holzverschalten unterirdischen Notbunkern. Dass wir in der Schule über Feuerpatsche, Eimerspritze und Volksgasmaske aufgeklärt wurden, war dagegen fast langweilig.

Während mein Vater und meine Mutter immer bedrückter wirkten, steckte ich täglich in eine Landkarte, die in meinem Zimmer hing, Nadeln – dorthin, wo die deutschen Truppen schon vorgerückt waren. Das war uns in der Schule als vorbildlich gepriesen worden. Zu gern wäre ich öfter ins Kino gegangen, um den Vorstoß der Panzer nach Warschau oder Smolensk in den *Wochenschauen* zu verfolgen, aber meine Eltern waren überhaupt nicht begeistert, wenn im dunklen Saal bei jeder Sondermeldung von der West- oder Ostfront die Zuschauer in frenetischen Jubel ausbrachen. Sie weigerten sich auch, ein Radio zu besitzen. Mit dem erlaubten «Volksempfänger» – im Volksmund «Goebbelsschnauze» genannt – ausländische Sender («Feindsender») zu hören war strengstens verboten, und so verzichteten sie lieber ganz auf ein solches Gerät. Die bombastischen Sondermeldungen über Schlachten und Siege blieben also bei uns weitgehend ungehört.

Aber es dauerte gar nicht lange, und der Krieg kam auch nach Berlin. Die ersten vergleichsweise noch harmlosen Luftangriffe fanden wohl im Herbst 1940 statt. Seitdem rissen uns nachts die Sirenen immer öfter aus dem Schlaf und hetzten die ganze Familie in den Keller. Als Großstadtkind lernte man schnell, die grausigen Geräusche des Luftkriegs zu unterscheiden: das Knallen der schweren Einrohr-Fliegerabwehrkanonen, das schnelle hohe Bellen der Zwillings- und Vierlingsflak, das kontrapunktartige Brummen der Flugzeugmotoren, das schrille Heulen der Bomben, danach ihre Einschläge, die Erschütterungen, sodass manchmal sogar der Kellerboden zitterte. Dazu die Luftminen, die nicht heulten, sondern rauschten. Bei ihren Einschlägen wackelte wirklich alles, dann tanzte das ganze Haus wie bei einem Erdbeben. Nach dem erlösenden Sirenensignal «Entwarnung» stellten wir uns manchmal ans Fenster, sahen am Himmel die Brandröte, und in der Luft lag ein merkwürdiger bitterer Geruch – für mich bis heute der Geruch des Krieges. Die Geräusche, die wir so merkwürdig entfernt im Keller wahrgenommen hatten, waren also die Zeichen von etwas Schrecklichem. Schauer liefen mir über den Rücken, und noch heute wird mir eiskalt beim Klang einer Sirene, egal, ob real oder nur im Fernsehen.

Doch was ein Bombenangriff wirklich bedeutet, erlebte ich erst ein knappes Jahr später. Ich war auf dem Weg zu meiner Cembalo-Lehrerin Margarete Riedel. Von Biesdorf aus war ich wie immer mit der S-Bahn zum Bahnhof Zoo gefahren, dort musste ich umsteigen, um noch mit der Straßenbahn durch die Kantstraße zu fahren. Insgesamt eine Strecke von einer Dreiviertelstunde. In der Nacht vor diesem Nachmittag hatte es wieder einen größeren Luftangriff gegeben. Nun sah ich rechts und links der Gleise noch rauchende Brandruinen, am Bahnhof Zoo waren alle Stockwerke eines Geschäftshauses eingestürzt, in der Kantstraße brannte in einem Vorgarten immer noch lichterloh ein Baum und – an ein ausgebranntes Haus angelehnt – merkwürdigerweise auch das obere Ende einer vergessenen Feuerwehrleiter. Überall waren Feuerwehrleute und Soldaten im Einsatz, überall roch es furchtbar nach Verbranntem, und in der Straße, in der ich meine Cembalo-Stunde haben sollte, wurde von einem Dach Schutt nach unten geschaufelt. Es war Winter, langsam wurde es dunkel, und die Atmosphäre hatte etwas Gespenstisches an sich. Nackte Angst war es nicht, die ich spürte. Solange die Eltern irgendwo erreichbar erscheinen, haben Kinder wohl keine Angst. Es war eher etwas zwischen Schaudern und Faszination.

Im selben Jahr zog anstelle der ewig mürrischen Pflichtjahrmädchen ein rundliches junges Mädchen, das kaum Deutsch konnte, in unsere kleine Dachkammer ein: Fronia Butschekowskaja, eine Ukrainerin, die mit kaum 17 Jahren als sogenannte Ostarbeiterin ins Reich verschleppt worden war. Die Eltern hatten sie völlig verstört irgendwo aufgelesen und bei den örtlichen Behörden durchgesetzt, dass sie bis auf weiteres bei uns bleiben durfte. Fronia war unglaublich kinderlieb, wir Kinder schlossen sie sofort in unsere Herzen, und von ihr bekamen wir die zärtliche Zuwendung, die es von unserer Mutter kaum gab. In deren Weltbild kam es offenbar nicht vor, die eigenen Kinder in den Arm zu nehmen oder zu streicheln, vermutlich hatte sie es auch selbst nie erlebt.

Zum Jahresanfang 1943 wurde unsere Schule in ein Lazarett umgewandelt und die ganze Klasse in der anderen Biesdorfer Volksschule am Bahnhof untergebracht. Unser Klassenlehrer war nun ein von der Ostfront zurückgekehrter schwerverwundeter Offizier, der in einer abgewetzten Uniformjacke mit leerem linkem Ärmel unterrichtete. Er war sehr streng, aber gerecht und wollte so gar nichts von seinen Kriegserlebnissen erzählen, obwohl wir Schüler ihn sehr bedrängten. Er wird seine Gründe gehabt haben. Ich erinnere mich noch an sein bleiches Gesicht, als er eines Morgens im Februar bei einem Appell in der Aula die Sondermeldung des Oberkommandos der Wehrmacht über den Untergang der 6. Armee unter Generalfeldmarschall Friedrich Paulus in Stalingrad verlesen musste.

Am 30. März 1943 traf zum ersten Mal ein Bombenangriff auch unsere Siedlung. Die war sicherlich nicht das eigentliche Ziel gewesen, sondern der im Bau befindliche Rangierbahnhof in der nahen Wuhlheide. Aber durch den starken Wind waren die «Christbäume», wie die von den Pfadfinder-Bombern zu Beginn des Angriffs abgesetzten Zielmarkierungen genannt wurden, abgetrieben. Zum Glück krachten die meisten auf dem Feld zwischen der Siedlung und den Anstalten nieder. Am nächsten Morgen auf dem Weg zur Schule sah ich aber, dass viele Häuser kein Dach mehr hatten – durch den Luftdruck waren die Ziegel zerborsten oder weggeflogen. Und je näher ich der Schule kam, desto größer wurden die Zerstörungen. Zwei Doppelhaushälften in der Nähe der S-Bahn-Station waren komplett verschwunden, an ihrer Stelle gähnten riesige Krater, und auf der Straße lagen überall Trümmer und Kleidungsstücke herum, auch ein Barometer, das in einem der Häuser einmal an der Wand hing. Dass die Menschen, die hier gewohnt hatten, nicht mehr leben konnten, dazu reichte meine Phantasie noch nicht. Ich dachte: Wo sind die Leute denn jetzt? Die haben ja jetzt kein Zuhause mehr.

In der Schule war unser Lehrer noch ernster als sonst, was uns aber nicht davon abhielt, uns nach Unterrichtsschluss in ein spezielles Abenteuer zu stürzen: Bomben- und Granatsplitter der Luftabwehrgeschosse zu sammeln, auch die Kupferteile von den Führungsringen. Wir Jungen rannten aufs Feld hinaus, und dort sah ich wieder diese Krater, richtig tief, fünf Meter im Durchmesser, unten stand in ihnen ein wenig Wasser. Und wir entdeckten auch große graue Blechteile, die überall herumlagen. Später erfuhr ich, dass dies die Leitwerke der Luftminen waren, notwendig dafür, dass sie senkrecht fielen. Sie sahen aus wie Flossen von Walen, die auf dem Trockenen gestrandet waren. Meine schöne Granatsplittersammlung fand übrigens ein profanes Ende: Irgendwann musste ich feststellen, dass unsere gute Fronia sie kurzerhand der Alteisensammlung übergeben hatte.

Richtig unheimlich war sogar für mich als Kind die NS-Trauerfeier für die Bombenopfer, zu der wir Schüler zwei Tage später gehen mussten. Die Reihe der mit Hakenkreuzfahnen bedeckten Särge. Erst jetzt begriff ich, dass bei dem Angriff ganze Familien mit ihren Kindern ums Leben gekommen waren. Das Jungvolk stand aufgereiht da, mit seiner schwarzen Fahne mit der weißen Siegesrune, und irgendein «Goldfasan», ein Funktionär der NSDAP in seiner braunen Uniform, hielt eine Rede. «Jetzt erst recht!», hörte ich, und «Heimatfront». Anschließend wurde das Deutschlandlied gesungen, das üblicherweise nahtlos in das Horst-Wessel-Lied «Die Fahne hoch!» überging, wobei die rechte Hand zum «deutschen Gruß» erhoben werden musste.

Seit dem Frühjahr 1943 gehörte ich selbst zum Jungvolk, mit zehn Jahren war der Eintritt in die Hitler-Jugendorganisation Pflicht. Ich fand es durchaus attraktiv, eine Uniform anziehen zu dürfen: das «Braunhemd», relativ sportlich mit aufgesetzten, in der Mitte gefalteten Taschen, das schwarze Halstuch, das von einem geflochtenen Lederband, dem «Knoten», zusammengehalten wurde, dazu eine militärisch geschnittene kurze Hose in Schwarz für den Sommer, im Winter eine Skihose, unten gebündelt. Besonders toll fand ich die vielen Aufnäher und Abzeichen, die zu erkennen gaben, zu welcher Einheit man gehörte und welchen Rang man bekleidete, und das Lederkoppel mit dem «Fahrtenmesser» an der Seite. Insgesamt eine verführerisch abenteuerliche Aufmachung.

In den großen Berliner Kaufhäusern gab es spezielle Abteilungen, in denen man all diese Dinge kaufen sollte, aber meine Mutter versuchte das immer wieder zu boykottieren. Das war ihr gutes Recht, wollte sie doch auf diese Weise verhindern, dass ich beim Jungvolk Karriere machte, wie ich es gern getan hätte. Natürlich bemerkte ich ihre Umgehungsstrategien und nahm ihr das sehr übel. So wollte sie partout in kein anderes Kaufhaus, als es nicht gleich im ersten die schwarzen kurzen Hosen in meiner Größe gab. Stattdessen musste ich Bleylehosen anziehen – der Schrecken eines jeden jungen Menschen und besonders jeden Berliner Großstadtkindes. Sie waren durch das Strickgewebe so körperbetont, und dazu noch dunkelblau. Das war die erste Schande, und die zweite bestand darin, dass meine Mutter die Achselklappe – zur Uniform des Jungvolkes gehörte merkwürdigerweise nur eine – falsch herum annähte, also nicht mit dem Knopf nach innen, wie es sich gehörte, sondern nach außen.

In diesem Aufzug erschien ich zum feierlichen Eröffnungsappell, was den Zugführer, der nur vier Jahre älter als ich und auch ein Schüler meiner Schule war, maßlos irritierte. Ich musste vortreten, der Zugführer erteilte mit schneidender Stimme den Befehl «Dreimal kurz gelacht!», und die Mannschaft brüllte: «Ha, ha, ha!» Gegenstand dieses Spotts zu sein, das war schwer auszuhalten. Zu Hause tobte und heulte ich, nie wieder zog ich diese Bleylehose an, die auch noch kratzte. Mit aller Kraft versuchte ich meine Blamage wettzumachen, was mir aber nicht gelang. Zwar war ich wenigstens blond, aber ich war ein dünner Junge und überhaupt keine Sportskanone. Doch Sport und besonders Wehrsport gehörte zum Wichtigsten beim Jungvolk. Im Handgranatenweitwurf war ich eine Niete, beim Geländespiel war ich eine Niete, beim Völkerball war ich eine Niete. Da nützte auch kein noch so lautes Singen beim Marschieren.

Immerhin hatte meine Mutter mit ihrem Vorgehen erreicht – zum Glück, kann ich heute nur sagen –, dass meine Euphorie als «Pimpf» begrenzt blieb. Sie ging aber noch einen Schritt weiter und verbot mir einfach ein paarmal, zum «Dienst», also zu den angeordneten Nachmittagsveranstaltungen und vor allem zu den «Heimabenden», zu gehen. Auf den Letzteren wurden wir NS-ideologisch bearbeitet («Hart wie Kruppstahl, zäh wie Leder, flink wie Windhunde»), mussten uns gemeinsam Radiosendungen anhören, in denen mit patriotisch zitternder Stimme Heldenepen von der Ost- und Westfront vorgetragen wurden. Ein- oder zweimal wurden dort sogar Landser leibhaftig vorgestellt oder Ritterkreuzträger, die höchstpersönlich irgendwelche Heldentaten vollbracht hatten. Auch Hitlers Lebenslauf – demnach hatte er sich einmal erfolgreich gegen dreizehn Kommunisten verteidigt, nur mit Füßen und Händen, wobei er mit dem Rücken zur Wand stand – mussten wir auswendig lernen. Und in der Weihnachtszeit ging es auf NS-Manier heiter-besinnlich zu, da wurde «Hohe Nacht der klaren Sterne» zur Blockflötenbegleitung der Jungmädel gesungen.

Meine Mutter wollte verhindern, dass ich mir diesen Unsinn anhörte oder mitmachte – und ließ mich einfach nicht gehen. Dreimal ging das gut, dann kreuzte bei uns zu Hause eine Art jugendlicher Militärstreife auf, ein HJ-Führer, der durch eine spezielle Armbinde zu erkennen war, und mein Zugführer. Meine Eltern wurden ziemlich massiv verwarnt, und am Ende gaben sie nach. Sie sahen wohl ein, dass sie auf diesem Wege auch nichts am Regime hätten ändern können. Dass sie so dachten, lag auch an Harald Poelchau, der ihnen sagte: «Hildegard, keine Opfer an der falschen Stelle, das bringt niemandem etwas.»

Mein Patenonkel war aber auch derjenige, der sie dazu überredete – man könnte auch sagen: moralisch dazu zwang –, jüdische Kinder, deren Eltern deportiert worden waren, zu verstecken. Da sie ohne Ausweispapiere und Lebensmittelmarken nicht überleben konnten, suchte seine Untergrundorganisation Pflegeeltern auf Zeit. Aus Sicherheitsgründen blieben die Kinder nie länger als vier Wochen, dann stand der Wechsel zu einer anderen Familie an. Der ständige Wechsel garantierte, dass dieses Rettungssystem nicht aufflog, Nachbarn sich nicht plötzlich wunderten, warum eine Familie aus unerklärlichen Gründen Zuwachs bekommen hatte. Den Besuch eines Kindes einer Schwester oder eines Cousins konnte man immer rechtfertigen, ohne Misstrauen zu erwecken.

Und so hatten wir zweimal «Cousinen aus dem Schwarzwald» zu Besuch. Eines der Mädchen war etwa acht Jahre alt und sah meiner Schwester Bettina sehr ähnlich. Während dieses sehr schüchterne Mädchen bei uns war, wurde Bettina zu unseren Verwandten ins Erzgebirge gebracht, «zur Erholung». Meine Mutter ging dann mit Tina, wie wir die Namenlose nannten, zur Polizei und erklärte den Beamten, Bettinas Papiere, also die meiner Schwester, wären verlorengegangen. Das stimmte natürlich nicht, aber so konnte meine Mutter neue Papiere für Tina beantragen. Mit denen konnte sie zwar halbwegs in die Legalität zurückkehren, sie wurde aber aus Sicherheitsgründen bis zum Kriegsende vom Kantinenpächter des Zuchthauses Plötzensee, Willi Kranz, und seiner Frau in deren Haus versteckt. An den Namen des zweiten Mädchens erinnere ich mich nicht mehr, wahrscheinlich haben ihn meine Eltern uns Kindern auch nicht verraten, damit wir gar nicht erst irgendetwas Falsches sagen konnten. Nach dem Krieg meldete sich Tina, die nun in Holland lebte, bei meinem Patenonkel. Rational wusste sie, dass sie durch seine Hilfe überlebt hatte. Doch ihre Haltung blieb distanziert, weil sie ihm tief in ihrem Herzen übelnahm, dass sie nicht bei ihrer Mutter hatte bleiben dürfen. Bis zum Ende des Krieges wurde sie nach ihrem Empfinden immer wieder von einer Familie zur nächsten herumgeschubst.

In diesem Zusammenhang muss ich über eine Begegnung berichten, die ich 1995 in Israel hatte. Ich war dienstlich dort, gehörte zu einer Gruppe von Gästen, die eingeladen worden waren, um an der feierlichen Eröffnung einer Reihe neuer Laboratorien der Weizmann-Institute in Rehovot teilzunehmen. Dabei ergab es sich, dass ich mit einer israelischen Wissenschaftlerin ins Gespräch kam. Nachdem sie mich gefragt hatte, woher ich denn stamme, und ich ihr antwortete: «Aus der vormaligen DDR», wurde ihr Ton plötzlich fast aggressiv.

«Ach, Sie kommen aus der Ex-DDR, dann sind Sie ja Atheist.

Und die DDR war doch klar israelfeindlich. Sie sind wahrscheinlich mehr wegen der Früchte und des blauen Himmels hier.»

«Nein», antwortete ich, völlig irritiert über ihre schroffe Reaktion. Ich verstand das nicht, sie kannte mich doch gar nicht. Woher wollte sie wissen, dass ich «israelfeindlich» war? «Nein, ich war schon öfter dort, wo der Himmel blau ist, und Khakifrüchte und Mangos esse ich auch nicht zum ersten Mal. Ich bin hier, weil ich ein Freund der Weizmann-Institute bin und mich dieses Land Israel sehr interessiert.»

Plötzlich blieb sie stehen und wandte sich mir direkt zu: «Entschuldigung, aber ich bin in Deutschland geboren. In Berlin.»

«O Gott, wie haben Sie dann überlebt? Sie durften keine Schule mehr besuchen, auf keiner Parkbank sitzen, nicht ins Kino – und am Ende wurden die Juden deportiert, verschleppt, ermordet.»

«Das trifft auch auf fast alle meine Verwandten und die Freunde meiner Familie zu. Aber es gab da einen Menschen in Berlin, einen Pfarrer …»

«Bitte, sagen Sie den Namen dieses Mannes nicht», unterbrach ich sie. «Sie meinen Harald Poelchau?»

«Ja, woher wissen Sie das?»

«Das ist mein Patenonkel.»

Dieser eine knappe Satz führte dazu, dass die Wissenschaftlerin mich in den nächsten zwei Stunden vor unfassbarem Glück immer wieder umarmte. Kurz nachdem wir uns herzlich voneinander verabschiedet hatten, traten vier Männer auf mich zu, die aussahen, als seien sie Agenten vom Geheimdienst, hochgeschlagener Kragen, Schlapphut, Sonnenbrille.

«Sind Sie Professor Weiss?», fragte einer von ihnen.

Ich nickte.

«Dann kommen Sie mit uns, wir haben eine Einladung für Sie.»

Schnell rief ich einem Kollegen, einem Physiker, zu: «Sollte ich heute nicht mehr auftauchen, dann kümmere dich bitte darum.»

Ich stieß aber abends wieder wohlbehalten zu meinen Kollegen. Die «Geheimdienstler» hatten mich zu einem Mittagessen mit dem damaligen Ministerpräsidenten Jitzchak Rabin nach Jerusalem geholt! Alles nur wegen dieses Hintergrunds mit meinem Patenonkel, mit einer Biographie, an der ich selbst keinerlei Verdienst hatte, sondern nur meine Eltern.

Rabin wurde wenige Wochen später in Tel Aviv von einem Rechtsextremisten ermordet. Ich hatte ihn als einen wachen, interessierten und gebildeten Menschen erlebt, der sogar über die Situation der ostdeutschen Hochschulen nach der Wiedervereinigung Bescheid wusste.

# 4 Ausgebombt

Die Luftangriffe auf Berlin häuften sich. Jede zweite oder dritte Nacht wurden wir durch die Sirenen aus dem Schlaf gerissen und mussten in den Keller. Langsam machten sich bei uns Kindern die Folgen der nervösen Daueranspannung bemerkbar, und die Eltern konnten nicht mehr viel dagegen tun, weil auch sie nicht mehr richtig in der Lage waren, während der Angriffe ihre Nervosität zu verbergen und uns ein Gefühl der Sicherheit zu geben. Dennoch fuhr ich weiter regelmäßig in die Innenstadt von Berlin zu meinen Musikstunden.

Schon seit geraumer Zeit forderten die Behörden alle Eltern auf, ihre Kinder wegen der zunehmenden Häufigkeit und Schwere der alliierten Luftangriffe möglichst aus den bedrohten Großstädten zu bringen. Diese Evakuierung der Jungen und Mädchen wurde dann allmählich in eine Art staatliche Zwangsmaßnahme überführt. Im Sommer 1943 wurde ein Erlass der Reichsregierung bekannt, wonach im Rahmen der Kinderlandverschickung die Schüler ganzer Klassen oder Schulen geschlossen nach Bayern, Ostpreußen oder woandershin gebracht werden sollten, wo es vermeintlich sicherer war. Das gefiel unseren Eltern allerdings überhaupt nicht, sie wollten uns nicht auf Gedeih und Verderb den Nazis ausliefern. Daher beschlossen sie schweren Herzens, dass unsere Mutter mit uns drei Kindern bei den Verwandten des Vaters in Rittersgrün im sächsischen Erzgebirge Zuflucht suchen sollte, und im August 1943 verließen wir mit Sack und Pack unser kleines Häuschen und unser gewohntes Leben. Wie wir dachten, nur für begrenzte Zeit, ein bis zwei Jahre vielleicht. Aber unsere Mutter hatte wohl schon Vorahnungen. Jedenfalls erinnert sich mein Bruder Clemens daran, dass sie, als wir auf dem Leipziger Hauptbahnhof umstiegen, auf die Frage einer Mitreisenden, ob wir Flüchtlinge seien, düster antwortete: «Noch nicht.» Der Vater musste wegen seiner Arbeit in Berlin bleiben, ebenso Tante Tinchen, und Fronia sollte die beiden versorgen.

Die in Rittersgrün, einem langgestreckten Straßendorf mit damals 1500 Einwohnern, lebenden Verwandten meines Vaters waren Bauern, deren Feld kaum größer war als unser Garten im Weizenweg. Auf ihrem winzigen Hof gab es auch nur eine einzige Kuh. Notdürftig schliefen wir anfangs bei dem betagten Großonkel Franz Weiss und seiner Frau Meta auf Ziehharmonikabetten, nicht wirklich wissend, wie lange dieser Zustand andauern würde. Denn es war klar, dass wir nicht auf Dauer die Verwandten belasten konnten.

Am 20. Januar 1944 erreichte uns ein Telegramm, das die Entscheidung unserer Eltern im Nachhinein buchstäblich wie eine Lebensrettung erscheinen ließ. Auf dem schmalen Stück Papier stand nämlich, dass unser Haus in Biesdorf von einer Bombe getroffen worden sei. Mein Vater telegraphierte zur Hiobsbotschaft noch die Worte: «Versuche euch heute Abend anzurufen.» Bei diesem Telefonat in einem Gasthaus erzählte er meiner Mutter, dass die gesamte Siedlung durch einen schweren Angriff fast vollkommen zerstört worden sei; unter meinen Schulkameraden, die noch weiter am Unterricht teilgenommen hatten, wären mehrere Tote. Unser Haus sei durch den Volltreffer einer Luftmine völlig zerstört worden, dann seien noch Brandbomben auf die Trümmer gefallen, vom gesamten Hausrat sei trotz der Löschversuche der treuen Nachbarn kaum etwas zu finden gewesen. Zum Glück sei er in dieser Zeit nicht zu Hause gewesen – er hatte Luftschutzwache in der PTR –, und Fronia war wie immer bei Luftalarm bei Nachbarn. Gott sei Dank hatte meine Mutter vor unserer Abreise ins Erzgebirge einen Koffer mit Papieren, Fotoalben, Musiknoten sowie einen zweiten mit Silberlöffeln und anderen Wertsachen in der Reichsanstalt deponiert. Sie fragte danach. Der Koffer mit den Silbersachen sei auch weg, gestohlen, antwortete mein Vater, aber der mit den Noten sei noch da. Nun waren wir, wie viele Tausende vor uns, «ausgebombt».

Nach dem Gespräch weinte meine Mutter tagelang. Vor dem Krieg waren all ihre bürgerlichen Träume in Erfüllung gegangen – und auf einmal war ihr Paradies nicht nur gefährdet, es war zerstört wie unser Haus. Von einem Tag auf den anderen saßen wir in einem Dorf bei Verwandten fest, die nicht ihre waren. Diese einfachen Menschen waren freundlich und sehr großzügig zu ihr, kümmerten sich auch liebevoll um uns Kinder, aber ihre Welt war nicht die meiner Mutter. Mit wem konnte sie nun über Musik reden? Mit wem über Literatur diskutieren? In Nachlass meiner Mutter fand ich später ein ihrer Freundin Julia-Lotte Stern gewidmetes Gedicht, das eindrucksvoll zeigt, wie sie versuchte, den Verlust zu verarbeiten:

*Was wir zusammengetragen*
*In endlos mühvollen Tagen*
*Ward Flammenraub.*
*Was unserm armen Leben*
*Einst seinen Inhalt gegeben,*
*Nun ist es Staub!*

*Wir waren im Wahn befangen,*
*Und vieles, woran wir gehangen,*
*Schwand uns dahin.*
*Nun lehren uns Not und Leiden*
*Wert von Unwert zu scheiden,*
*Und das ist ihr Sinn.*

*Mit dem, was wir heute erdulden,*
*Zahlen wir alte Schulden,*
*Seid des eingedenk.*
*Vielleicht wird aus Tod und Vergehen*
*Neues Leben erstehen,*
*Der Welt zum Geschenk.*

Da eine Alternative nicht erkennbar war, blieben wir in Rittersgrün. Wir hatten inzwischen eine «Zweizimmerwohnung» zugewiesen bekommen, eigentlich zwei ehemalige Büroräume im Sägewerk Sternkopf, im Ortsteil Oberglobenstein, mit einem dreistöckigen eisernen Ofen, auf dem auch gekocht wurde. Die Sägemühle mit ihren interessanten Maschinen, Motoren und Transmissionsriemen wurde in den nächsten zwei Jahren unser Zuhause. In der einen Kammer schliefen wir Kinder, in dem anderen, dem «Wohnzimmer», meine Mutter. Da wir keine eigenen Möbel mehr hatten, liehen uns die Verwandten das Notwendigste.

Was aber sollte mit Fronia geschehen? Nachdem unser Haus im Weizenweg abgebrannt war, war es nur eine Frage der Zeit, dass die NS-Behörden sie ins Lager oder in die Rüstungsindustrie steckten. Aber irgendwie hatte meine Mutter es geschafft, dass sie nach Rittersgrün reisen durfte, wo sie im Gasthof «Zum Turngarten», der inzwischen mit vielen weiteren Ausgebombten und Flüchtlingen überfüllt war, als Küchenhilfe arbeitete und eine Kammer zugewiesen bekam. 1945 war sie dann endlich frei und wollte natürlich zurück zu ihrer Familie in der Ukraine. Die sowjetische Militäradministration suchte zwar nach den Verschleppten, aber dass sie diese nun mit besonderer Fürsorge behandelt hätte, konnte man beim besten Willen nicht sagen. Die Behörden begegneten ihnen stattdessen mit abgrundtiefem Misstrauen und steckten die meisten Heimkehrer wieder in Lager. Nach dem Krieg hat meine Mutter noch einige Briefe mit Fronia gewechselt. Dabei kam heraus, dass sie unter Tage in einem Kohlebergwerk in Kusnezk arbeiten musste. Danach haben wir nichts mehr von ihr gehört.

So schrecklich für meine Mutter auch die «Verbannung» nach Rittersgrün war, so hielt sie dies nicht lange davon ab, auf ihre Weise tatkräftig zu werden. Da der Kantor und Organist der Dorfkirche an der Front war, übernahm sie die Kantorendienste, spielte Orgel, leitete den Kinder- und Kirchenchor und gab Religionsunterricht in der Schule. Sie freundete sich mit dem Pfarrerehepaar an, das der Bekennenden Kirche angehörte, der Widerstandsbewegung der evangelischen Kirche. Es waren zunächst wohl die Einzigen im Ort, mit denen sie sich etwas intensiver austauschen konnte.

Für uns Kinder fing ein völlig neues Leben an, was sich schon darin äußerte, dass wir in der Dorfschule, in die wir nun gingen, mit einer für uns völlig fremden Sprache konfrontiert wurden. Am Erzgebirgskamm sprach man damals noch fast unverfälschten Dialekt, der jedem Nicht-Einheimischen praktisch unverständlich war. So sagte man etwa «Ardabbelklatscher» für Kartoffelpuffer. Doch wir Berliner Vorstadtkinder, mit der uns eigenen Lässigkeit, passten uns schnell an, liefen bald wie alle anderen Kinder im Sommer ständig barfuß herum, traten, weil es so schön weich war, gezielt in die trockenen, nicht aber in die frischen Kuhfladen. In Berlin wäre ich zu dieser Zeit auf das humanistische Gymnasium «Zum Grauen Kloster» gegangen, eine Art Zöglingsanstalt mit matrosenähnlicher Schulkleidung, die Aufnahmeprüfung hatte ich kurz vor der Evakuierung schon bestanden. Für meine Mutter war es ein herber Schlag, dass daraus nichts geworden war. Ich aber war nur froh, dieser Institution entkommen zu sein und weiter eine Schule mit «normalen» Kindern besuchen zu können. Dass ich nun zusätzlich dreimal in der Woche bei meiner Mutter Lateinunterricht hatte, war zu ertragen und sollte mir später noch sehr nützlich sein.

Natürlich ging ich in Rittersgrün wieder zum Jungvolkdienst, obwohl es hier überhaupt nicht militärisch zuging, nicht mehr so «zackig». Unser sechzehnjähriger Fähnleinführer, ein gewisser Siegfried, war eher ein Kumpeltyp aus dem Dorf und hatte vor allem verschiedene Liebesaffären mit den in Rittersgrün stationierten «Maiden» vom Reichsarbeitsdienst.

Wir Geschwister sangen nun in der Kurrende, dem Kinderchor, mit, den meine Mutter leitete. Dazu gehörte, dass wir – in schwarzen Umhängen – bei Beerdigungen auftraten und im Winter oft genug am offenen Grab froren. Frühzeitig lernten wir dadurch, dass der Tod zum Leben gehörte. Wunderschön war es dagegen, in den sonntäglichen Gottesdiensten zu singen, besonders an den hohen kirchlichen Feiertagen. Und einzigartig war die im Erzgebirge noch übliche Christmette am ersten Weihnachtsfeiertag früh um fünf Uhr. Schon der Weg dorthin durch die winterliche Kälte und Dunkelheit zur innen festlich beleuchteten Kirche war ein besonderes Erlebnis. Am 24. Januar 1944 durfte ich als Geburtstagsgeschenk für meinen Vater, der an diesem Tag zu Besuch gekommen war, von der Kirchenempore herab den Orgelchoral *Allein Gott in der Höh' sei Ehr'* in der Fassung von Bach spielen. Es war das erste Mal, dass ich mit dem linken Fuß auch das Orgelpedal bediente, das tiefe F im Schlussakkord – was meine Liebe zur Bachmusik noch weiter verstärkte.

Trotz aller Anpassung an dörfliche Gepflogenheiten träumte ich aber weiterhin oft vom hektischen Großstadtleben in Berlin, von S-Bahnen und Doppelstockbussen. Die Heuwagen, die schweren Langholztransporte, die jeden Morgen und jeden Nachmittag durchs Dorf ächzten, und im Winter der Schneepflug mit den acht Pferden davor waren nur eine kleine Entschädigung. Ich hatte Heimweh.

Überhaupt der Winter: Plötzlich drohte mir zusätzlicher Kummer. Alle Dorfkinder hatten Skier – sie sagten dazu Schneeschuh – und konnten von klein auf damit umgehen. Ich als Einziger aber hatte keine, es gab auch keine mehr zu kaufen, die Wehrmacht hatte alle Bestände requiriert. Die anderen Kinder tummelten sich auf den Hängen, ich aber saß einsam mit meinem Lateinbuch zu Hause herum. Doch eines Tages, kurz vor Weihnachten 1943, klopfte es an der Tür, und draußen stand etwas verlegen einer meiner Klassenkameraden, Herbert Jungnickel, ein Sohn des Dorfschmieds, mit einem Paar der begehrten Bretter. Seine Mutter habe ihm aufgetragen, mir die Skier, die sie durch gute Beziehungen irgendwo aufgegabelt hatte, zu bringen. Das war der Anfang einer wunderbaren lebenslangen Freundschaft. Herbert war nämlich genauso abenteuerlustig und verrückt wie ich. Er brachte mir die ersten Schritte auf den Brettern bei, und bald waren wir unzertrennlich und ergänzten uns in idealer Weise. Wir hatten ständig neue Ideen und nahmen uns alle möglichen Projekte vor. Wir machten chemische Experimente und hantierten mit einer Elektrisiermaschine, wir sammelten auf der Abraumhalde eines Bergwerkes Mineralien und versuchten, im Pöhlbach Forellen zu fangen. Wir waren auch oft in der Schmiede und halfen zum Beispiel beim Beschlagen der schweren Pferde der Forstarbeiter. Als im Frühjahr der meterhohe Schnee zu schmelzen anfing, planten wir, mit Wasserkraft Elektrizität zu erzeugen. Dazu bauten wir an einem der vielen vom Pöhlbach abzweigenden Mühlgräben aus Holz ein Wasserrad, das einen Fahrraddynamo antreiben sollte, der wiederum Strom für eine Lampe oder wahlweise für einen Elektromotor liefern sollte. Das Wasserrad drehte sich tatsächlich wie vorgesehen, aber kaum war der Dynamo angeschlossen, blieb es trotz unserer umsichtigen Planung schlagartig stehen. Wir unternahmen auch Höhlenexpeditionen, ausgerüstet mit einem Seil, einem selbstgebauten Eispickel, einer Karbidlampe und zwei Wehrmachtsstahlhelmen. Höhlen und Felsspalten gab es im Erzgebirge ja genug. Als wir in der Nähe vom Bahnhof Niederglobenstein relativ weit in eine Felsspalte hineingekrochen waren und beim Zurückblicken das Tageslicht nicht mehr erkennen konnten, verließ uns aber wohl der Mut, denn wir beschlossen einhellig, die Expedition auf ein «anderes Mal» – also auf den Sankt-Nimmerleins-Tag – zu verschieben.

Herberts Mutter, eine hochgewachsene, wie mir schien, schöne Frau, hatte das, was man gemeinhin Adel des Geistes nennt: Sie half ohne große Worte, wenn irgendwo Hilfe gebraucht wurde. Sie kümmerte sich sehr um die vielen Evakuierten im Dorf und war – allein aus ihrem klugen Herzen heraus – eine entschiedene Nazigegnerin. Die Jungnickels grüßten niemals mit dem Hitlergruß, und sie weigerten sich auch, an bestimmten Feiertagen eine Hakenkreuzfahne aus dem Fenster zu hängen. Die skeptische Haltung von Herberts Eltern dämpfte auch meine anfängliche Begeisterung für das Sammeln von Propagandapostkarten, auf denen Kriegsflugzeuge und Ritterkreuzträger abgebildet waren. Meiner Mutter gefiel das sehr, sie hatte endlich eine weitere geistesverwandte Gesprächspartnerin gefunden.

# 5 Die Poloniumhalle

Nur wenig später wurde wegen der alliierten Luftangriffe auch die gesamte PTR aus Berlin evakuiert. Mein Vater landete mit seinen Mitarbeitern und der kompletten Ausrüstung des Laboratoriums für Radioaktivität, das inzwischen in «Abteilung V für Atomphysik» umbenannt worden war, in Ronneburg, einem verschlafenen Luftkurort in Thüringen. Dort wurden die Labors in den Fabrikhallen einer stillgelegten Spinnerei provisorisch wiederaufgebaut. Weitere Abteilungen der PTR wurden in den benachbarten Städten Weida, Gera und Stadtilm untergebracht.

In den Sommerferien 1944 konnten wir den Vater für ein paar Tage in Ronneburg besuchen. Ich freute mich wahnsinnig: endlich mal wieder raus aus dem Dorf! Zwar war ich dann zunächst etwas enttäuscht von dem Städtchen – in Ronneburg gab es nicht mal eine Straßenbahn –, aber das wurde dadurch ausgeglichen, dass wir für vier oder fünf Tage im Hotel «Zum Weißen Rössl» wohnten, sehr vornehm, wie mir damals schien. Und im Ort gab es ein wunderschönes neues Schwimmbad. Im Hotel war den ganzen Tag über ein ständiges Kommen und Gehen, die meisten Angehörigen des Laboratoriums wohnten dort. Bei den gemeinsamen Mahlzeiten herrschte zwischen ihnen ein merkwürdig aufgekratzter Umgangston, so etwa wie bei der Besatzung eines Segelbootes auf hoher See. Man sprach sich mit dem nackten Nachnamen an: «Rexer, ich muss Sie dringend sprechen.» – «Gut, Weiss, gegen 14 Uhr?» Mich beeindruckte das, so redeten harte Männer. Wissbegierig, wie ich war, wollte ich natürlich auch die Labors sehen. Wenn ich davon berichte, muss ich allerdings ein wenig weiter ausholen.

Die Erforschung des Phänomens der Radioaktivität war seit ihrer Entdeckung durch das Ehepaar Marie und Pierre Curie am Ende des 19. Jahrhunderts lange Zeit nur ein wissenschaftliches Spezialgebiet unter vielen anderen geblieben. Das änderte sich schlagartig, nachdem 1938 Otto Hahn, Fritz Strassmann und Lise Meitner die künstliche Kernspaltung entdeckt hatten. Es zeigte sich bald, dass man mit ihr in der Perspektive im großen Umfang Energie würde erzeugen können. Das war die eine Sache, die für die Kriegsführung der Nazis dann immer interessanter wurde. Die andere war: Radioaktive Elemente wie Radium oder Polonium können durch ihre Strahlung bestimmte Farbstoffe dazu bringen, dass sie im Dunkeln leuchten. Man nennt das Radiolumineszenz, ein Effekt, der sich nicht nur theoretisch interessant anhört, sondern auch praktisch wichtig ist. Damals zunächst einmal im halbzivilen Bereich: Da in Berlin wie in allen deutschen Großstädten seit Kriegsbeginn Verdunklungspflicht bestand, absolut lichtdichte Rollos vor den Fenstern angebracht werden mussten und abends keine Straßenlaternen brannten, waren Lumineszenzfarben plötzlich ein begehrter Artikel, denn man konnte mit ihnen zum Beispiel die Eingänge und die Notausgänge von Luftschutzkellern markieren. Diese Pfeile – mit der Aufschrift LSR für Luftschutzraum –, die an den Hauswänden nach unten zeigten, leuchteten auch im Dunkeln grünlich. Oder wenn einem auf der Straße etwas Schimmerndes entgegengeisterte, dann war das ein Mensch, der eine Plakette mit entsprechender Leuchtfarbe trug.

Die dazu nötigen radioaktiven Präparate stellte mein Vater her. Sie – und damit auch er – wurden dadurch auf einmal kriegswichtig, weil der Luftkrieg zunächst hauptsächlich in der Nacht stattfand. Die Flugzeugpiloten ebenso wie die Luftabwehr brauchten Instrumente, um selbst in völliger Dunkelheit Uhrzeit, Geschwindigkeit, Höhe und Richtung ablesen zu können. Mein Vater war daher als Soldat bloß für einen Tag eingezogen worden, danach wurde er sofort wieder beurlaubt, um die Arbeiten über die Radiolumineszenz fortzuführen. Als Wehrpflichtiger für diesen einen Tag kam er zum Wetterdienst, was ihn, den Pazifisten, beruhigte. «Da muss ich wenigstens nicht herumballern», meinte er, als er seinen Einzugsbefehl erhielt. Aber nach ebendiesem einen Tag kam schon die Rückanforderung, die sogenannte Uk-Stellung, von der Reichsanstalt. Er war der einzige Mann aus unserer Familie, der nicht an die Front musste.

Mit der rasanten Weiterentwicklung der Atomphysik geriet das Forschungsgebiet meines Vaters immer mehr in die Nähe der Rüstungsindustrie. Bestimmte radioaktive Isotope wurden auf einmal interessant für den Bau von Uranmeilern, also zur Energieerzeugung in Reaktoren – oder auch als Initiatoren der Kettenreaktion in der Atombombe. Nachdem einige deutsche Physiker – darunter auch der ehemalige Chef meines Vaters in Gießen, Walther Bothe, und der Präsident der Physikalischen Reichsanstalt, Abraham Esau – die strategische Bedeutung der Kernspaltung erkannt hatten, gründeten sie 1939 die «Arbeitsgemeinschaft für Kernphysik», die später als «erster Uranverein» bekannt wurde. Aufgabe des Uranvereins war es, sämtliche Forschungsvorhaben zur wirtschaftlichen und militärischen Nutzung der Kernspaltung zu koordinieren und zu beschleunigen. Zur Mitarbeit wurden praktisch alle irgendwie bekannten Kern- und theoretischen Physiker verpflichtet. Die Forschungen sollten vor allem am Kaiser-Wilhelm-Institut (KWI) für Physik in Berlin-Dahlem, an der Physikalisch-Technischen Reichsanstalt (PTR) in Berlin und beim Heereswaffenamt in Kummersdorf-Gut bei Berlin betrieben werden. Mein Vater gehörte zwar nicht direkt zum Uranverein, wurde aber als einer der wenigen Fachleute für die Messung radioaktiver Strahlung und für die Chemie radioaktiver Elemente in dessen Arbeiten einbezogen.

Nach dem Krieg wurde viel über die Beteiligung der deutschen Kernphysiker an Hitlers Rüstungsprogramm spekuliert. Immer wieder wird auch bis heute behauptet, dass Nazi-Deutschland über funktionsfähige Muster von Atombomben verfügt habe. Es sollen ja sogar – nahe der thüringischen Kleinstadt Stadtilm und auf dem Bug, einer schmalen Landzunge im Nordwesten der Insel Rügen – noch 1945 unter Aufsicht der SS Kernwaffenversuche vorgenommen worden sein, bei denen Hunderte von KZ-Häftlingen und Kriegsgefangenen ums Leben gekommen seien.

Als Heranwachsender habe ich mich später sehr für diese Vorgänge interessiert und oft mit meinem Vater darüber gesprochen. Da er alle Mitglieder des Uranvereins entweder persönlich gut kannte oder mit ihnen dienstlich zu tun gehabt hatte, war er über das deutsche Uranprojekt in allen seinen Details informiert. Er schloss kategorisch aus, dass es je eine deutsche A-Bombe oder auch nur praktische Schritte zu ihrem Bau gegeben hätte, und nannte dafür auch mehrere Gründe. So habe das Dritte Reich spätestens seit 1943 weder über die erforderlichen gigantischen materiellen Ressourcen noch über genügend Zeit für die Entwicklung einer Kernwaffe verfügt. Außerdem waren die theoretischen Grundlagen der Kernspaltung von eher nachdenklichen Leuten, also von Exoten unter den Wissenschaftlern, gelegt worden. Und die zeigten zum Glück keinen übertriebenen Ehrgeiz, für die Rüstung zu arbeiten.

Nach Ansicht meines Vaters gab es unter den deutschen Atomphysikern wie überall eine Reihe fanatischer Anhänger der NS-Ideologie; namentlich nannte mein Vater Kurt Diebner, den Leiter der Abteilung Kernphysik an der Versuchsstelle Gottow des Heereswaffenamtes. Viele weitere Wissenschaftler seien auch aus Karrieregründen oder politischer Naivität in der NSDAP oder sogar in der SA gewesen, ohne jedoch überzeugte Nazis zu sein. Und einige – zum Beispiel Werner Heisenberg – hätten aus Gewissensgründen sogar versucht, die Entwicklung der Bombe zu hintertreiben oder zumindest zu verzögern. Zu Hilfe kam ihnen dabei der Umstand, dass einige prominente Physiker – Johannes Stark, Philipp Lennard und andere – absurderweise den NS-Rassenwahn auf ihr Arbeitsgebiet übertragen und damit eine pseudowissenschaftliche Strömung, die «Deutsche Physik», begründet hatten. Die Anhänger dieser auch «Arische Physik» genannten Schnapsidee lehnten die Quantenmechanik ebenso wie die Relativitätstheorie als «jüdische Irrlehre» strikt ab und fanden damit auch die begeisterte Zustimmung Hitlers. (Aus anderen, aber ähnlichen Gründen hielt auch Stalin die Wellenmechanik geraume Zeit für Humbug.) Hitler, zudem gefangen in seinem Blitzkriegswahn, habe somit trotz aller einschlägigen Vorträge und Denkschriften Diebners nicht darauf gedrängt, dass sein Heereswaffenamt an einer Atombombe arbeitete. Priorität sollte vielmehr die Entwicklung von Reaktoren für die Energieerzeugung haben. Dabei dachte man auch an die lange von jeder Versorgung abgeschnittenen U-Boote und sogar an atomgetriebene Flugzeuge. Erste Versuchsreaktoren begann man sowohl in Leipzig am Physikalischen Institut der Universität als auch in der Zweigstelle Gottow des Heereswaffenamtes zu bauen, doch bis Kriegsende (und damit dem vorläufigen Ende jeder Kernforschung in Deutschland) gelang es weder hier noch dort, eine selbsttragende Kettenreaktion zu erzeugen.

Carl Friedrich Weiss war nun kein traditioneller Physiker mehr, er hatte sich durch die neuen Aufgabenstellungen allmählich zum Radiochemiker entwickelt. Was in letzter Instanz bedeutete, dass er auch zum Chefverwalter der deutschen Radiumvorräte wurde, die in seiner Berliner Abteilung V für Atomphysik zentral gelagert wurden. Das Radium war zuvor überall in Deutschland verstreut gewesen, und was nicht unbedingt gebraucht wurde, etwa für medizinische Zwecke bei der Strahlentherapie, musste nun bei ihm abgeliefert werden. Aufbewahrt wurde die sogenannte Reichsradiumreserve in großen Panzerschränken, und als man die Abteilung V nach Ronneburg evakuierte, wanderte das Radium in Bleikästen mit. In Ronneburg gab es einen nicht mehr benutzten Bergstollen, in dem man die Kisten abstellte; verschlossen wurde er mit Panzertüren. Mein Vater musste dann als Verwalter dieses Rohstoffs jedes Mal in den Stollen, wurde irgendwo im Reich Radium benötigt. Bevor er es 1945 in Bayern eingrub und später den Amerikanern übergab, wurde die entsprechende Menge strengstens in einem Buch eingetragen.

Während unseres Besuchs in Ronneburg zeigte mir 1944 mein Vater diesen Stollen und einige der provisorischen Labors mit ihren für mich zwar beeindruckenden, aber unverständlichen Apparaturen. Das Herz der Anlage und wohl auch sein Sorgen- und Lieblingskind war die Polonium-Halle. Die Po-Halle war die ehemals reich mit Gipsdekor ausgestattete und nunmehr zum Großlabor umgerüstete Kurhalle von Ronneburg, und sie hieß so, weil dort das für die Herstellung von Leuchtfarben zunehmend gebrauchte radioaktive Element Polonium gewonnen wurde. Meinem Vater war es erstmalig gelungen, das Polonium in größeren Mengen von dem Mineral Pechblende, das im Erzgebirge zu finden war, beziehungsweise von den Rückständen der Uran- oder Bleigewinnung chemisch abzutrennen. Der mehrstufige technologische Prozess fing in emaillierten Badewannen an, wo es heftig blubberte und nach Salzsäure roch, und hörte in kleinen Tiegeln aus Platin auf, in denen schließlich die konzentrierte Poloniumsalzlösung mit Hilfe umgebauter mechanischer Weckuhren umgerührt wurde.

Zu Weihnachten schenkte er mir übrigens – 1944 gab es sonst nichts zu verschenken – ein Reagenzglas voll mit dem pulverförmigen Rohstoff der Leuchtfarben inklusive Polonium. Auf eine Pappe malte ich damit einen Totenkopf, anschließend stellte ich ihn ins Fenster, um die Leute zu erschrecken. Mit der Zeit hatte ich das gesamte Pulver aufgebraucht, ohne gesundheitliche Folgen, obwohl ich nicht wie ein Radiochemiker alle zehn Minuten meine Hände wusch, wenn ich mit ihm in Kontakt kam, auch keine Gummihandschuhe trug und keinen weißen Kittel. Die heutigen Strahlenschützer würden sich zu Recht die Haare raufen, wenn sie erführen, dass in der Gegenwart irgendwo derart leichtsinnig mit strahlendem Material umgegangen wird. Aber damals wusste man noch nicht so viel über die damit verbundenen Gefahren. Natürlich habe ich heute wegen seiner kurzen Halbwertszeit kein Polonium mehr im Körper. Dennoch habe ich vermutlich großes Glück gehabt. Genauso wie später, als wir in der Sowjetunion sogar im Abwasser eines Kernreaktors badeten, allerdings ohne Wissen der Eltern und ohne zu wissen, woher das Wasser kam. Es war nur sehr schön warm, und wir alle haben es überlebt.

Dennoch: Ich werde heute regelmäßig kribbelig vor Wut, wenn ich irgendwelche Leute aus der Wirtschaft oder Politik über die angebliche Sicherheit von Kernkraftwerken schwadronieren höre. Ist das Leichtsinn oder Dummheit oder wirtschaftlich motivierter Zynismus oder alles zusammen? Wir haben die Folgen der Atombombenabwürfe auf Hiroshima und Nagasaki im August 1945 erlebt, es gab die schweren Reaktorunfälle in Harrisburg und Tschernobyl, wir wissen, dass die Opfer radioaktiver Strahlung noch in der dritten Generation zu leiden haben. Und jetzt starren wir auf das jüngste Menetekel in Fukushima. Wie lange wird das ernsthafte – oder vielleicht auch nur vorgetäuschte – Nachdenken dauern? Schon wieder wird beschwichtigend auf das extrem niedrige Restrisiko beim Betrieb von Kernkraftwerken hingewiesen. Dieses Restrisiko sagt aber nur etwas über die Wahrscheinlichkeit bestimmter Störfälle aus, nichts jedoch über deren womöglich verheerende Folgen. Das mag bei der Konstruktion und Nutzung von Brücken oder Flugzeugen hilfreich sein, ist aber irreführend und damit völlig unzulässig für die ethische Beurteilung der Nutzung der Kernenergie.

Hinzu kommt, dass niemand weiß, was mit den radioaktiven Abfällen, die die jetzt schon bestehenden Atomkraftwerke produzieren, geschehen soll. Sicher ist nur, dass die noch nach einer Million Jahren strahlen werden und folglich genau so lange sicher aufbewahrt und strengstens bewacht werden müssen. Eine Million Jahre – das gut Hundertfache der ganzen bisherigen Menschheitsgeschichte! Eine Million Jahre, in der neue Meere und Vulkane entstehen, in der Meteoriteneinschläge und neue Eiszeiten stattfinden können, ganz zu schweigen von Kriegen und Revolutionen! Im Grunde müsste eine neue Quasireligion geschaffen und die «Endlager», die wir noch gar nicht haben und die es vielleicht prinzipiell nicht gibt, zu deren heiligen Stätten erklärt werden, sonst könnten die Menschen die von ihnen ausgehende tödliche Gefahr vielleicht einmal nicht mehr ernst nehmen oder vergessen.

# 6 Kriegsende in Rittersgrün

Das Kriegsende nahte unübersehbar. Immer mehr Verwandte aus dem Osten Deutschlands waren auf der Flucht, eine ganze Reihe von ihnen landete irgendwann bei uns in Rittersgrün. Die Schwester meines Vaters, Irmgard, in der ganzen Familie aber «Tante Pimmer» genannt, kam mit ihrem Mann, der aus gesundheitlichen Gründen nicht eingezogen worden war, und dem jüngeren Sohn Rainer – der ältere Sohn Peter war an der Westfront – aus Breslau. Im Februar 1945 stand plötzlich vor unserer Wohnungstür eine zunächst nicht zu erkennende ältere Frau mit rußgeschwärztem Gesicht und sagte zu meiner Mutter, die sie entgeistert anstarrte, im schönsten sächsischen Dialekt: «Hiltegort, da pin isch.» Es war Großmutter Weiss, die den Feuersturm in Dresden überlebt hatte, aber ausgebombt war und nach einer abenteuerlichen Irrfahrt bei uns Zuflucht suchte. Schließlich kam noch die Frau meines Onkels Berthold, Tante Lotte, mit ihrer Schwester und zwei kleinen Kindern aus Ostpreußen völlig erschöpft bei uns an.

Vetter Rainer, obwohl fast drei Jahre älter als Herbert und ich, schloss sich uns schnell an und brachte neue Ideen mit. Wir bauten zusammen aus Abfallbrettern des Sägewerks ein Boot, das wir mit Straßenteer abdichteten und mit dem wir dann auf dem Sternkopf'schen Mühlgraben schippern wollten. Es ging allerdings gleich beim feierlichen Stapellauf ruhmlos unter.

Tante Pimmer, eine immer fröhliche, praktisch denkende Frau, war studierte Klavierpädagogin, und prompt hatte ich wieder Klavierstunden. Und zwar zweimal in der Woche, aber nicht nach der Methode von Margarete Riedel, sondern jetzt war es harte Arbeit mit einer ganz anderen Spieltechnik. Später, in Russland, kontrollierte meine Mutter sogar täglich meine Klavierübungen, und sie war noch strenger als meine Tante, wobei sie eine noch andere dritte Technik bevorzugte. Allmählich hatte ich die Nase voll. An meinem achtzehnten Geburtstag verkündete ich daher beim Frühstück: «Ich bin jetzt achtzehn und damit nach sowjetischem Recht volljährig. Hiermit erkläre ich meinen Klavierunterricht für beendet.» Meine Mutter war völlig fassungslos über meine Entscheidung, aber ich blieb stur, und mein Vater lächelte nur verständnisvoll. Jahrelang rührte ich tatsächlich keine einzige Taste mehr an, was ich heute bereue. Ich hätte doch weitermachen sollen, vielleicht wäre ich beruflich dann in diese Richtung gegangen. Aber ganz sicher kann man so etwas nie wissen.

Fast alle Evakuierten in ihren Notquartieren sehnten sich nach Frieden. Doch bevor es dazu kam, schien es noch echt brenzlig zu werden. Generalfeldmarschall Ferdinand Schörner hatte gegen Ende des Krieges seinen Hauptgefechtsstand in Böhmen, seine Heeresgruppe Mitte war eine der wenigen noch halbwegs intakten Armeeeinheiten, eine wild entschlossene Gruppe, schwerbewaffnet dazu, zusammengesetzt aus SS- und Wehrmachtseinheiten sowie Fanatikern aus der Hitlerjugend, die allerdings keine Kriegserfahrung hatten. Eines Nachts waren sie da, eine endlose Schlange motorisierter Truppen wälzte sich die Straße durch das Tal herauf. Schörner hatte offenbar nichts anderes im Kopf, als bis zum bitteren Ende seine Leute sinnlos zu verheizen. Als Begründung wurde gesagt, ihre Aufgabe sei es, den deutschen Einheiten, die noch auf dem Balkan waren, Rückzugsmöglichkeiten in Richtung Westen offenzuhalten. Ob das so zutraf, weiß ich nicht. Jedenfalls sah es ganz nach Kampfhandlungen aus.

Vom Westen her rückten die Amerikaner über Chemnitz näher,

die Rote Armee wiederum kam vom Osten. Wir hörten den Gefechtslärm, ein tiefes, dumpfes Grummeln als Dauerton, dazwischen das Knattern der Handfeuerwaffen und unerklärliche jähe, schrille, besonders bedrohlich klingende Geräusche. Über uns flogen Flugzeuge hinweg, die noch sichtbar in der Ferne kreisten, plötzlich hinunterstießen und mit Bordkanonen in die Bodenkämpfe eingriffen.

Immer mehr füllte sich das Dorf Rittersgrün mit Soldaten. Vor der Sägemühle Sternkopf standen vier feldgrau gestrichene Lkws, ihre Besatzungen hatten sich bei uns einquartiert, wofür sie uns ein paar Schmalzdosen schenkten. Sie wirkten abgerissen und erschöpft, schliefen eigentlich die ganze Zeit. Besonderer Kampfeseifer war jedenfalls nicht mehr zu erkennen. Nur manche Offiziere, mit riesigen Pistolen an der Seite, hatten noch immer einen zackigen Ton drauf, als wären sie weiterhin auf dem Vormarsch.

Bei den einfachen Soldaten wollte ich dämlicherweise Eindruck schinden, indem ich meine beim Jungvolk gelernten Sprüche von Heldenmut klopfte, doch ich bekam von ihnen nur eine gutmütige Abfuhr. «Ja, Jungchen, nun mal halblang.» Und vielleicht verdanke ich ihnen sogar mein Leben, denn einmal erlebte ich, wie sie plötzlich zu uns Kindern mit Panik in der Stimme herüberbrüllten: «Achtung, Jabo!» Damit war ein Jagdbomber gemeint. Im nächsten Moment rissen sie uns hinter einem Bretterstapel in Deckung und warfen sich auf den Boden.

Langsam merkte auch ich, dass der Krieg ein schmutziges Geschäft ist, das mit Tapferkeit nichts zu tun hat. Inzwischen trauerten immer mehr Familien in Rittersgrün um einen oder mehrere gefallene Angehörige. Das reale Leid der Betroffenen zu erleben war etwas anderes, als die vielen Traueranzeigen «Gefallen für Führer, Volk und Vaterland» zu lesen. Und mein Rittersgrüner Vetter Gerhard Fritzsch, einer der ganz wenigen Antifaschisten im Ort, war kaum neunzehnjährig in Stalingrad umgekommen. Niemand weiß, wie und wo genau. Seit meinem 20. Lebensjahr sage ich mir daher an jedem Geburtstag, dass ich dankbar sein muss, nicht in diese grauenhafte Zeit geboren zu sein.

Die Anti-Nazi-Haltung meiner Eltern habe ich allerdings erst im Nachhinein richtig begriffen. Als meine Mutter hörte, dass unser Haus zerstört sei, sagte sie: «Da siehst du mal, wohin ein Krieg führt.» Aber diese Worte ließ sie eher beiläufig fallen. Lange Grundsatzdebatten über Hitler und seine verbrecherische Politik wurden nicht geführt, und das war Absicht. Wegen einer lapidar geäußerten Bemerkung konnte man ins KZ kommen, und weil meine Eltern nicht wollten, dass wir möglicherweise in einem Kinderheim aufwuchsen, hielten sie sich mit Kommentaren zurück. Sie konnten nicht wissen, wie zuverlässig wir Kinder waren, man konnte es auch nicht von uns erwarten.

Die Einstellung meiner Eltern gegenüber Nationalsozialismus und Krieg zeigte sich auch darin, dass sie ab 1941 anfingen, Russisch zu lernen. Sie waren davon überzeugt, dass Russland das Grab für Hitlers Armeen werden würde, so wie dieses Land es einst auch für die Napoleons gewesen war. An dieser historischen Parallele hielten sie sich gewissermaßen fest. Die Rote Armee trug eindeutig die Hauptlast des Krieges, sie würde Deutschland erobern, und insofern schien es zumindest nicht verkehrt zu sein, Russisch zu können.

In einem der letzten Luftkämpfe, dem Herbert Jungnickel und ich auf dem Heimweg von der Schule zugesehen hatten, stürzte ein amerikanischer Bomber mitsamt Besatzung in den Wald ab, nicht weit von unserem Dorf. Als ich Jahrzehnte später dort auf Spurensuche ging, konnte man an der betroffenen Stelle immer noch ein wenig den Geruch von Petroleum wahrnehmen. Die beiden Piloten konnten sich per Fallschirm retten und wurden dann vom Dorfpolizisten als Kriegsgefangene ins Spritzenhaus eingesperrt, einem kleinen Gebäude, in dem sonst nur das Feuerwehrauto stand. Die wohl einzige Person in Rittersgrün, die Englisch konnte, war meine Mutter. Man holte sie herbei, was aber bei den örtlichen NS-Größen zu höchster

Aufregung führte. Um ein Haar hätte man sie als potenzielle Spionin zu den beiden Männern gesperrt, zumindest wegen Anbiederung an den Feind. In anderen Ortschaften, wo Ähnliches passiert war, hatte man die US-Piloten dem «Volkszorn» preisgegeben. Es gab Fälle, wo einige von ihnen gelyncht wurden. Meine Mutter wusste das zu verhindern, dafür bewundere ich sie noch heute. Trotz der wutschnaubenden Menge akzeptierte sie die beiden Amerikaner als Menschen, redete mit ihnen, schaute sich an, ob sie verletzt waren. Tatsächlich folgte sie einfach ihrem antifaschistischen Herzen und sagte, diese beiden Piloten seien Soldaten und keine Verbrecher. Sie seien genauso in den Krieg, in ihren Bomber gezwungen worden wie unsere Leute. Was dann mit den Männern passierte, weiß ich nicht mehr, aber weil der Krieg bald danach vorbei war, hatten sie vermutlich keine lange Gefangenschaft zu überstehen.

Am 6. Mai verschwanden die deutschen Soldaten aus Rittersgrün. An ihrer Stelle flutete von der nahen böhmischen Grenze ein endloser Elendsstrom von Flüchtlingen ins Dorf: verwundete Soldaten, Zivilisten, Vertriebene, Mütter mit ihren Kindern an der Hand, aber auch viele, die sich aus eigenem Antrieb aufgemacht hatten. Sie kamen auf Lkws, umgerüsteten Kettenfahrzeugen der Wehrmacht, mit Pferdefuhrwerken oder zu Fuß mit Handwagen und hinten angebunden noch Kinderwagen oder kleine Puppenwagen. Chaos brach aus, denn alle suchten nach etwas Essbarem und nach einer Bleibe wenigstens für die nächste Nacht. Wir Kinder machten uns ein wenig nützlich, indem wir Wasser für die Menschen holten. Sonst konnten wir aber nichts weiter tun.

Am 8. Mai, als die bedingungslose Kapitulation der Wehrmacht in Kraft trat, erschütterten abends gewaltige Detonationen das ganze Tal. Die Armee Schörner sprengte oben im Wald ihre schweren Waffen. Meine Mutter, Tante Pimmer und Onkel Hans machten gleichzeitig etwas für mich zunächst Unverständliches: Sie tranken eine bis dahin wie einen Schatz gehütete Flasche Obstwein aus und riefen laut und fröhlich: «Jetzt ist der Scheißkrieg vorbei! Und mit ihm die braune Pest! Gebe Gott, dass alle unsere Leute heil durchgekommen sind.» Damals fand ich das frivol. Denn als fromm erzogener Junge hatte ich bis zuletzt, wenn ich abends ins Bett musste, gebetet: «Lieber Gott, mach, dass wir den Krieg gewinnen.» Mir war nicht eingefallen, dass es anders besser wäre.

Herbert und ich streunten wie die gesamte Dorfjugend schon am nächsten Tag durch die Wälder – und fanden leider nichts Essbares, aber dafür massenhaft zurückgelassene Waffen, Munition, Funkgeräte, Wehrmachtsradios, Panzerkopfhörer und mehrere gesprengte Geschütze, von denen wir die Richtfernrohre abmontierten. Mit den Panzerfäusten stellten wir gefährlichen Unsinn an, indem wir vorne den Kopf aufbördelten und den Sprengsatz herausnahmen. Das war so ein gelbes, steinartiges Zeug, das bitter schmeckte und an den Händen furchtbar abfärbte. Wenn man es anzündete, brannte es mit stark rußender Flamme friedlich ab. Später, als Chemiestudent, wusste ich, dass es sich dabei wahrscheinlich um Pikrinsäure, wissenschaftlich 2,4,6-Trinitrophenol handelte. Sie explodiert – in der Regel – nur mit einem Spezialzünder, weshalb wir unglaubliches Glück hatten. Die streichholzschachtelgroßen Brocken übergaben wir unseren Müttern, die sie arglos als Kohlenanzünder verwendeten.

Ein paarmal legten wir Granatzünder auf die Schienen unserer Kleinbahn. Fuhr diese dann darüber, knallte es laut. Natürlich musste man sich schleunigst verstecken, da der Lokführer jedes Mal verärgert anhielt, um zu überprüfen, was denn den Knall ausgelöst hatte. Als dann einer von uns nach derlei Unfug lauter winzige Aluminiumsplitter auf dem Rücken hatte – sie waren durch das Hemd in die Haut eingedrungen –, holten wir sie mit Jod und einer Pinzette einzeln wieder heraus, alles ohne Arzt. Danach unterließen wir diese Experimente, sie hätten auch buchstäblich ins Auge gehen können.

Den größten Coup landete Herbert Jungnickel ohne mich, als ich gerade Klavier üben musste: Er fand zwei verlassene VW-Kübelwagen mit je einem aufmontierten leichten Maschinengewehr und massenhaft Munition, die Tanks allerdings waren leer. Er schleppte sie mit einem Pferdegespann in den Hof der Schmiede und schenkte mir großmütig den einen. Wir hantierten viel damit herum, aber etwa mit den MGs zu ballern, trauten wir uns dann doch nicht. Die Sache hatte später, als ich schon nicht mehr in Rittersgrün war, für Herbert noch ein Nachspiel, das böse hätte ausgehen können. Irgendjemand hatte ihn angezeigt, und er wurde unter dem Verdacht, zum «Werwolf» – einer von den Nazis gegründeten Partisanentruppe – zu gehören, von der Besatzungsmacht verhaftet und nach Schwarzenberg gebracht. Der ihn verhörende NKWD-Offizier hatte aber wohl ein Einsehen. Jedenfalls sagte er nach ein paar Fragen zu dem vor ihm stehenden verschüchterten Zwölfjährigen nur: «Dawai, nach Haus, zu Mama.»

Die Bevölkerung stellte sich schnell auf die neue Lage ein. Einer der ortsbekannten ehemaligen «Goldfasane» hatte kein Problem damit, schon am 9. Mai eine rote Fahne aus dem Fenster zu hängen. Das machte Schule. Sah man jedoch genauer hin, konnte man in der Mitte dieser neuen Symbole der Arbeiterbewegung einen etwas dunkleren Kreis ausmachen, weil dort das Fahnentuch unter dem ursprünglich aufgenähten weißen Kreis mit dem Hakenkreuz noch nicht so ausgeblichen war. Ja, es war schon erstaunlich, wie schnell einige Leute ihre Meinung änderten. Die Nazi-Bonzen aus dem Ort schmissen all ihre bis dahin heiligen Insignien in den Pöhlbach, wo sie fröhlich im Wasser schwammen, bis sie sich bei uns in der Sägemühle im Fanggitter vor der Turbine sammelten. Orden kamen da an, Ehrenbänder, Parteibücher, *Mein Kampf*, sogar komplette Uniformen und auch – in einer Holzschatulle – ein «Ehrendolch» der SA.

Jetzt hätten eigentlich Besatzungstruppen einziehen müssen, aber die Befreier kamen nicht. Durch einen Fehler entweder der

West-Alliierten oder der Russen beziehungsweise aus gegenseitiger Rücksichtnahme – jeder Stab der Siegermächte dachte, die Gegend sei von den anderen besetzt. Und um ja keine Verwicklungen zu provozieren, blieb jeder, wo er war. Man hörte dann zwar, dass Oberwiesenthal von der Roten Armee und Aue von amerikanischen Truppen besetzt sei, aber der ganze Kreis Schwarzenberg blieb bis weit in den Juni hinein sich selbst überlassen. Für die Zivilbevölkerung der Region und die vielen hier gestrandeten Entwurzelten war diese Situation eher gefährlich, denn es existierte nun keinerlei Ordnungsmacht. Die Nazibonzen waren meist geflüchtet, der Ortsbauernführer auf einmal untergetaucht, die Zivilverwaltung brach praktisch vollständig zusammen und mit ihr die Lebensmittelversorgung. Deshalb hatten wir kaum noch zu essen, zumal auch die Vorräte unserer Verwandtschaft aufgebraucht waren.

Da Frühjahr war, fing die Natur wenigstens einiges zu bieten an. Wir sammelten stundenlang diverse Kräuter, die im Straßengraben wuchsen und schon früher in den Zeitungen als wertvolle Nahrungsmittel gepriesen worden waren: Brennnesseln, Ochsenzungen, Sauerampfer, Wegerich-Arten, Löwenzahn und Fette Henne. Die Mutter kochte daraus eine Suppe, die wir Kinder wegen ihrer giftgrünen Farbe und ihres widerlichen Geschmacks das «grüne Grauen» nannten. Meine Mutter besaß noch zwei Liter Lebertran, der zudem ranzig war, und benutzte ihn als Fett für alles. Als sie eines Tages «Kartoffelpuffer» aus Kartoffelschalen darin gebraten hatte, setzten wir Kinder gegen den Fischgestank Gasmasken auf – die wir erst wieder abnahmen, als unsere Mutter, die in dieser Hinsicht absolut keinen Spaß verstand, richtig böse wurde. Sehr unangenehm war auch, dass sie aus den angeblich vitaminhaltigen hellgrünen Mai-Trieben von Tannen, die nach Terpentin rochen, einen Tee machte. Ich bin überzeugt davon, dass der nicht nur schlecht schmeckte, sondern sogar giftig war. Einmal waren wir abends bei Nachbarn, wo die Kinder mit Brennspiritus bestrichene Brote erhielten, auf die man etwas Zucker gekrümelt hatte. Es schmeckte nicht wirklich schlecht, und man schlief danach ganz gut. Aber auch wenn wir wirklich Sachen aßen, die man besser nicht in größeren Mengen essen sollte: Wir verhungerten jedenfalls nicht.

Das Machtvakuum in unserer Gegend lockte viel marodierendes Volk an, SS-Leute, Fanatiker vom Werwolf, versprengte Soldaten mit Waffen. Sie waren keine Räuberbanden im herkömmlichen Sinn, aber sie terrorisierten die Bevölkerung und nahmen sich, was sie brauchten. An einem Sonntag hielt vor dem Gemeindehaus – wir kamen gerade aus der sogenannten Sonntagsschule – ein Lkw mit angehängter Panzerabwehrkanone. Ein junger Offizier schoss in die Luft und verlas einen «Tagesbefehl», wonach alle Männer zwischen vierzehn und siebzig Jahren zur Wehrmacht einberufen seien und sich bereitzuhalten hätten. Dann fuhren sie weiter. Aber das ging mich nichts an, ich war ja erst zwölf.

Da diese Zustände nicht länger tragbar waren, fing die Bürgerschaft langsam an, sich selbst zu organisieren. Alte SPD- und KPD-Mitglieder tauchten wieder auf, aus den KZs und Zuchthäusern befreite politische Häftlinge schlugen sich wieder in ihre Heimat durch. Sie taten sich mit einigen vernünftigen Arbeitern und Ärzten zusammen und bildeten in Schwarzenberg eine provisorische Kreisverwaltung mit eigenen Stempeln und Briefmarken und sogar mit einer Polizei. Der gelang es dann, den früheren Gauleiter Martin Mutschmann, der mit riesigen Lebensmittelvorräten nicht weit von Rittersgrün in seiner Jagdhütte untergetaucht war, aufzuspüren und zu verhaften. Die Lebensmittel wurden an die Flüchtlinge im Ort verteilt. Und die breite Masse der Mitläufer schlug sich an die Stirn und meinte, sie hätten bisher wohl manches irgendwie falsch gesehen, aber nun sei es ihnen wie Schuppen von den Augen gefallen.

In dieser Zeit stieß aus Bayern, wo er das Radium vergraben hatte, auch mein Vater zu uns. Zum einen wollte er wegen der unübersichtlichen Lage zunächst nicht an seinen Arbeitsort zurück, zum anderen wollte er sich um seine Familie kümmern. Da keiner wusste, was mit Deutschland passieren würde, bestand ja die Gefahr, dass wir auseinandergesprengt werden konnten – Ronneburg lag zunächst in der amerikanischen Besatzungszone, und wir lebten im Niemandsland. Eines Tages zog er mit einem jungen Burschen los und kam mit einem Zwanzig-Kilogramm-Sack voller Trockenkartoffeln wieder zurück, die so ähnlich aussahen wie heute Kartoffelchips, leicht gelblich, aber viel zäher. Wahrscheinlich war das ein Deal, ein Tausch gegen einen Ring, eine Uhr oder gegen seine Pistole. Er hatte sie im letzten Kriegsjahr illegal getragen, und einmal hatte er sie mir auch gezeigt. «Ich bin eigentlich gegen Waffen», sagte er, «aber wenn es hart auf hart kommt, werde ich meine Familie verteidigen.» Danach habe ich die Waffe nie wieder bei ihm gesehen. Von den Trockenkartoffeln konnten wir ein halbes Jahr leben.

Meine Eltern diskutierten damals viel darüber, welche Entwicklung Deutschland wohl nehmen würde. Dabei bemerkte sogar ich kleiner Junge, dass sie von den westlichen Alliierten nicht allzu viel erwarteten. Nun sprachen sie offen über die zögerliche Reaktion der Briten und Amerikaner, als Hitler in Polen einmarschiert war, als die halbe Tschechoslowakei und ganz Österreich annektiert wurden, sie sahen das als einen faulen Kompromiss nach dem anderen an. Wieso hatte man Hitler zugestanden, dass er Verträge brach?

Bis Mitte Juni war der Vater bei uns, dann wollte er sich doch lieber bei seinem Arbeitgeber melden. Außerdem wollte er so schnell wie möglich unsere Familienzusammenführung organisieren. Lange hörten wir aber nichts von ihm, und der Sommer schritt voran. Auch die «Republik Schwarzenberg» war inzwischen besetzt – durch die Rote Armee. Das bedeutete, dass auch Rittersgrün nun zu ihrem Befehlsbereich gehörte. Nach meiner Erinnerung kam am 9. Juli 1945 der erste Geländewagen – ein amerikanischer Jeep – mit russischen Soldaten in unser Dorf. Herbert und ich hatten gerade eine Rolle Kabel aus dem Wald geholt, eine weitere Hinterlassenschaft der Wehrmacht. Es war jetzt verboten, sich irgendetwas anzueignen, wir Jungen wussten das. Sofort nahmen wir Deckung im Straßengraben, so wie wir es beim Jungvolk gelernt hatten. Aber die Soldaten fuhren an uns vorbei, ohne uns weiter zu beachten.

In Rittersgrün zogen mit ihrem Auftauchen halbwegs geordnete Verhältnisse ein. Es gab dann eine winzige Ortskommandantur, die aus einem russischen Offizier und drei Soldaten bestand. Ein Bürgermeister wurde eingesetzt, Lebensmittelkarten wurden wieder ausgegeben. Die Kleinbahn nach Grünstädtel, einem Ortsteil von Schwarzenberg, nahm wieder ihren Betrieb auf, sogar die Post funktionierte. Auf den Briefmarken war der Hitlerkopf mit einem kreisrunden schwarzen Stempel unkenntlich gemacht. Wir warteten nur noch darauf, dass mein Vater kam oder wir zu ihm nach Ronneburg durften. Da es in Thüringen einen Besatzungswechsel gab – die Amerikaner waren entsprechend dem Abkommen von Jalta von den Russen abgelöst worden –, hatten wir nun Hoffnung, dass es nicht mehr lange dauern würde. Es gab ja nun keine Demarkationslinie mehr zwischen uns.

# 7 Hunger

Und dann war es eines Tages so weit. Ein Telegramm vom Vater traf ein, wir sollten unsere Sachen packen, ein russischer Soldat und er würden in einem Lkw kommen, uns vor der Sägemühle abholen und nach Ronneburg bringen. Es war ein heißer Julitag, unsere paar Habseligkeiten waren schnell auf der Ladefläche des Lastwagens verstaut. Es war einer dieser damals typischen Russen-Lkws, die klapprig aussahen, aber letztlich durch jeden Fluss fuhren, ohne stecken zu bleiben. Tränenreich verabschiedeten wir uns von den Verwandten, die uns so sehr und unermüdlich geholfen hatten. Tante Pimmer und Tante Lotte mit ihren Familien und Großmutter Weiss blieben vorläufig in Rittersgrün, denn niemand wusste, wie es in Dresden aussah und was aus Schlesien und Ostpreußen werden würde. Als ich vor Herbert Jungnickel stand, weinte ich natürlich nicht mehr; Männer durften nicht weinen, schon gar nicht ehemalige Jungvolkpimpfe, das saß noch tief in uns drin. Herbert schenkte mir zum Abschied etwas Elektrisches, einen Dynamo oder einen Motor, ich drückte ihm einen Klumpen Schwefel in die Hände. Oder war es Paraffin? Egal, es war auf jeden Fall ein Material, mit dem man etwas anstellen konnte.

Meine Mutter setzte sich wie selbstverständlich zu dem jungen russischen Soldaten ins Führerhäuschen, mein Vater und wir drei Geschwister suchten uns einen Platz auf der Ladefläche. Und dann fuhren wir erwartungsvoll Richtung Westen nach Ronneburg.

Am meisten verblüffte mich unterwegs, wie der Russe mit dem

Lkw umging. Er blinkte jedes entgegenkommende Fahrzeug an, wobei nicht viele auf den Straßen unterwegs waren. Das Anblinken war aber letztlich nicht weiter erstaunlich, weil alle Autos der russischen Besatzungsmacht gehörten. Viel irritierender war, dass er den größten Teil der Fahrt stehend lenkte. Dazu öffnete er die Tür an seiner Seite und stellte seinen linken Fuß auf das Trittbrett, mit dem rechten bediente er abwechselnd Gaspedal und Bremse. Diese Fahrweise habe ich später noch oft in der Sowjetunion beobachten können. Den Sinn habe ich nie richtig verstanden. Wahrscheinlich war es noch ein Imponiergehabe aus dem Krieg. An der Front fuhren die Rotarmisten oft im Stehen, um sehen zu können, was über ihnen passierte. Gerade wenn ein Soldat allein in der Kabine saß, war er hinter dem Steuer hilflos den Jagdbombern ausgeliefert. Hatte man einen Beifahrer, saß der stets auf der Kühlerhaube oder dem Kotflügel. Und vielleicht wollte dieser Soldat, der uns nach Ronneburg fuhr, nun demonstrieren, dass er ein Frontkämpfer war. Dazu gehörte auch, dass seine Mütze verwegen in die Stirn gezogen war und so schräg saß, dass sie haarscharf am Abrutschen war. Und die Stiefel waren ziehharmonikaförmig in Falten gelegt. Auch das sollte Kampferfahrung signalisieren, obwohl deutlich zu erkennen war, dass bei der Faltenlegung ein wenig nachgeholfen worden war.

Schließlich kamen wir in Ronneburg an. In einer düsteren Seitenstraße gleich neben dem Bahnhof hielt der Laster vor der uns schon bekannten stillgelegten Spinnerei, in der die Notlabors meines Vaters untergebracht waren und wo er selbst seine Unterkunft in der einstigen Kabine des Vorarbeiters oder Aufsehers hatte. Strahlend sagte er: «Da sind wir!» Als Familie bezogen wir direkt unter dem Dach zwei relativ große Räume, in denen als Betten Krankentragen aufgestellt wurden, auch ein Luftschutz-Doppelstockbett für Clemens und mich.

In Ronneburg wurde es für die Familie ganz hart. Ich erinnere mich eigentlich fast nur an Hunger. An nagenden Hunger, der uns

Tag und Nacht begleitete, der richtig wehtat und uns an kaum noch an etwas anderes denken ließ. Auf Lebensmittelkarten gab es erst hundert, dann achtzig Gramm Brot pro Person und Tag und sieben Gramm Fett, mehr nicht. Das Brot teilte uns die Mutter mit Hilfe einer Briefwaage zu. Alles Handeln und Denken drehte sich nur noch darum, zusätzlich etwas Essbares zu «organisieren». Dabei waren wir als Ortsfremde völlig auf uns allein gestellt. Die kleinen Extra-Päckchen, die meinem Vater früher noch von der Bäckersfrau oder der Fleischerstochter gelegentlich unter der Hand zugesteckt worden waren, blieben schlagartig aus, als er erkennbar kein Strohwitwer mehr war. Da die Eltern über keine Wertsachen wie etwa Teppiche oder Silberlöffel verfügten, konnten sie auch bei den Bauern in der Umgebung nichts eintauschen. Also zogen wir auf die umliegenden abgeernteten Felder, um aufzulesen, was zu finden war: Ähren oder gar einzelne Getreidekörner, vergessene Kartoffeln, Rüben. Und wir Kinder haben auch manchmal richtig gebettelt und – wenn sich eine Gelegenheit ergab – geklaut. In der Schule verhökerte ich nach und nach an die noch recht gut genährten Bauernsöhne meine schönen Briefmarken: die spanische *Nackte Maja* gegen eine Schmalzstulle, den kompletten elfteiligen Satz zum «Heldengedenktag» 1944 gegen zwei Schinkenbrote.

Unsere Mutter kämpfte wie besessen um ihre Familie und erfand immer neue Quasi-Nahrungsmittel. Die dünnen Schalen von Pellkartoffeln wurden auf dem Ofen getrocknet und anschließend in der Kaffeemühle gemahlen. Aus dem so hergestellten braunen Pulver versuchte sie mit Kaffeeersatz, den ausgepressten Mohnrückständen aus einer Ölmühle und Wasser Kuchen zu backen, der aber schwarz, klebrig, bitter und eigentlich ungenießbar war. Etwas besser war das aus den gleichen Zutaten fabrizierte «Knäckebrot». Als auf dem nahen Bahnhof ein defekter Kesselwagon mit Melasse, einem Abfallprodukt der Zuckerherstellung, abgestellt wurde, konnten wir trotz des Massenauflaufs einen ganzen Eimer davon ergattern. Obwohl Melasse wegen ihres Kaliumgehalts eigentlich nur als Tierfutter oder sogar als Düngemittel geeignet ist, aßen wir sie als Brotaufstrich.

Eines Tages traf Tante Tinchen aus Berlin bei uns ein. Sie war verhältnismäßig munter und berichtete vom Kriegsende in Berlin, von den unglaublichen Zerstörungen und den grausamen Kämpfen und auch von den Übergriffen der russischen Soldaten auf die Zivilbevölkerung. Sie war der Meinung, dass Berlin nie wieder aufgebaut werden könne. Ihre Wohnung in Berlin-Karlshorst war zwar wie durch ein Wunder weitgehend unversehrt geblieben, aber von den Russen konfisziert worden. Sie hatte also keine Bleibe mehr und auch keine Arbeit, da ihr Betrieb gegen Kriegsende völlig zerstört worden war.

Die einheimische Bevölkerung blickte eher scheel auf uns, die unerwünscht Zugereisten. Das spürten wir auch in der Schule. Abgesehen von meinen Tauschgeschäften, blieb ich in der Klasse weitgehend isoliert, die Kontakte beschränkten sich auf seltene Unternehmungen mit anderen Flüchtlingskindern. Ich zog mich auf meine neueste Leidenschaft, das Radiobasteln, zurück. Tatsächlich schaffte ich es zum großen Erstaunen meiner Geschwister, einen Detektorempfänger zusammenzulöten, mit dem ich – ganz ohne Strom – über meinen Panzerkopfhörer Musik hören konnte: «Guten Morgen, liebe Hörer, Leipzig sendet Frühmusik.»

Inzwischen war ich dreizehn, schoss trotz des ewigen Hungers in die Höhe und war spindeldürr. Die Eltern sahen das mit großer Sorge, und das nicht zu Unrecht, wie sich bald herausstellte: In der Schule wurde bei mir durch eine der häufigen Reihenuntersuchungen eine Hilusdrüsen-Tuberkulose festgestellt. Ich merkte nicht viel davon, musste aber mehrmals zum Arzt, der nur die Achseln zuckte und «viel frische Luft» empfahl. Allerdings bekam ich nun durch sein Attest zusätzlich 250 Gramm Fett pro Monat.

Unser Vater wurde in dieser Zeit immer häufiger zu Verhören

und Besprechungen in die örtliche sowjetische Kommandantur und nach Leipzig und Dresden geholt. Es kamen auch Offiziere zu uns in die Wohnung, um mit beiden Eltern zu sprechen: die Majore Agaletzki, Katschkatschjan und Krassin und ein Zivilist mit Namen Poljanski. Sie konnten sehr gut Deutsch und waren ausgesprochen höflich. Allmählich bekamen wir Kinder mit, dass es bei den endlosen Debatten um einen möglichen Umzug nach Russland ging. Unsere Mutter war strikt dagegen, unser Vater wohl eher dafür, es gab deswegen lautstarke Auseinandersetzungen zwischen den Eltern.

Anfang 1946 wurde der Vater unter irgendeinem Vorwand festgenommen und blieb für drei Wochen spurlos verschwunden. Als er wieder auftauchte, erzählte er, dass er in Schloss Albrechtsberg in Dresden festgehalten wurde, bei bestem Essen – jeden Morgen Grießbrei mit Butter und Zucker –, und dass ihm jeden Tag gesagt wurde, dass es seine Pflicht sei, im Sinne der Wiedergutmachung für einige Zeit – die Rede war von zwei Jahren – in der Sowjetunion zu arbeiten. Ab und zu sei auch gedroht worden: Man könne auch anders, aber dann wären die Bedingungen für die Familie mit Sicherheit schlechter. Und er solle sich aus dem Kopf schlagen, in den Westen zu fliehen, die Amerikaner warteten nur auf ihn.

Schließlich wurde eine Art Familienrat einberufen, und nach langer Diskussion, an der auch wir Kinder uns formal beteiligen durften und in der die Lebensmittel, die der Vater mitgebracht hatte – Pferdeknochen, Graupen und Butterschmalz –, eine wichtige Rolle spielten, war es entschieden: Der angebotene Vertrag, für zwei Jahre in der Sowjetunion zu arbeiten, mit der Option, ihn nach einem Deutschlandurlaub um zwei weitere Jahre zu verlängern, wird unterschrieben. Von da ab lebten wir – von der Kommandantur nun ab und zu mit zusätzlichen Lebensmitteln versorgt – nur noch auf Abruf in Ronneburg. Die Eltern nutzten die Zeit, um ihr letztes Geld auszugeben. Sie kauften zu Vaters gerettetem Cello noch zwei Geigen, eine Bratsche und einen Blüthner-Flügel – all das war in dieser Zeit geradezu unanständig billig zu haben – und als einzige Möbelstücke eine nagelneue Küchenkommode, einen Tisch und fünf Stühle.

Am Nachmittag des 22. August wurde es ernst mit der Übersiedlung: Wir stiegen wieder mal auf einen Militär-Lkw und fuhren zunächst nach Zeitz, wo der Chemiker Walter Hermann mit seiner Frau und seinem Sohn Justus, einem Säugling, zusteigen sollte. In Zeitz merkte mein Vater, dass er ausgerechnet sein Ein und Alles, das Cello, in Ronneburg vergessen hatte. Er wurde fast wahnsinnig. Da die Russen ihn aber nicht mehr zurückließen, wurde ich – sozusagen als sein Stellvertreter – mit einem Pkw der SMAD (Sowjetische Militäradministration in Deutschland) nach Ronneburg gefahren, um das kostbare Stück, falls es noch da war, zu holen. Mein Gott, war ich stolz! Nun ja, das Cello stand zum Glück noch da, wo er es hingestellt hatte: im Flur des Fabrikgebäudes. Und mein Vater musste bis an sein Lebensende den gutmütigen Spott der Familie ertragen: «Ja, ja, das Cello!»

Die Fahrt ging dann weiter über das in Trümmern liegende Leipzig und endete lange nach Mitternacht vor einem kleinen Häuschen in Berlin-Grünau. Dort erhielten wir Verpflegung und konnten auch ein paar Stunden schlafen. Aber es war eine unruhige Nacht: Offenbar handelte es sich um eine Telefonzentrale oder Befehlsstelle, denn pausenlos kamen und gingen Kuriere, hörte man das Klappern von Schreibmaschinen und lautes Lachen und Reden in der uns unverständlichen Sprache. Am nächsten Morgen wurden wir zu einem kleinen Militärflughafen – wahrscheinlich Schönefeld – gebracht. Dort standen noch viele zerstörte deutsche Flugzeuge herum, und auf der Rollbahn warteten ein kleines amerikanisches Transportflugzeug mit sowjetischen Hoheitszeichen und eine weitere Gruppe von deutschen Zivilisten auf uns.

Insgesamt waren es wohl fünfzehn oder zwanzig Leute, die nun ohne große Formalitäten in das Flugzeug stiegen. Dessen Einrichtung war spartanisch: längs der unverkleideten Wände zwei lange Gestelle aus Aluminiumrohren und Segeltuch als Sitzbänke, vorne links ein großer Benzintank mit einer Ruhemöglichkeit obendrauf. Den beiden Piloten vorne konnte man – das war für uns Kinder natürlich hochinteressant – über die Schultern sehen, an den Seitenwänden waren kleine viereckige Fenster, mit je einer bierdeckelgroßen Klappe in der Mitte, durch die wir ab und zu die Hand nach außen steckten und den unglaublichen Fahrtwind spürten.

Als wir über Minsk hinwegflogen, sahen alle stumm aus den Fenstern nach unten. Es war ein schauriger Anblick: wie bei einem erloschenen Lagerfeuer innen ein schwarz-grauer Kreis aus Trümmern und Asche, außen herum ein Kreis halbverkohlter oder halbwegs intakter Holzhäuser mit ihren grünen oder roten Blechdächern.

Nach gut sechsstündigem Flug landete die Maschine auf einem kleinen Militärflugplatz. Niemand sagte uns, wo wir waren. Stattdessen wurden wir aufgefordert, in einen altersschwachen kleinen Bus zu steigen, der mit unbekanntem Ziel losfuhr. Nach kurzer Zeit erreichten wir eine riesige Stadt mit einem Fluss. «Moskau», sagte mein Vater, «dort ist der Kreml.» Und: «Nun sind wir bald da.» Doch das erwies sich als gewaltiger Irrtum, der Bus fuhr zum Entsetzen der Deutschen wieder aus Moskau heraus!

# 8 Verbrannte Erde

Kolonnen von Kriegsgefangenen schufteten am Straßenrand, die meisten von ihnen mit nacktem Oberkörper. Der Schweiß glänzte auf Schultern und Rücken in der Herbstsonne. Es mussten Deutsche sein. Einige von uns im vorbeifahrenden Bus riefen den Arbeitenden durch die offenen Fenster ekstatisch zu: «Grüße aus der Heimat!» Die Gefangenen zeigten sich darüber überhaupt nicht begeistert, eher blickten sie skeptisch zu uns hoch. Wir waren betroffen von dieser Reaktion. Später konnten wir sie uns erklären: Diese Männer hatten einfach nur Angst. Sie hatten in den vergangenen Monaten die sowjetischen Verhältnisse kennengelernt, hatten erfahren, dass es besser war, sich nicht zu auffällig zu benehmen und bei unerwarteten Ereignissen immer schön mit dem Rücken an der Wand zu bleiben. Es schien ihnen nicht ratsam zu sein, diese seltsame Gruppe von Zivilisten, die aus einer anderen Welt zu kommen schien, auch nur wahrzunehmen. Mein Vater warf ihnen noch eine Schachtel Zigaretten zu, aber die Männer taten so, als hätten sie die nicht gesehen. Erst einmal. Später werden sie sich wahrscheinlich auf sie gestürzt haben, als unser Fahrzeug außer Sichtweite war.

Unendliche Zeit fuhr unser Bus auf einer fast schnurgeraden holperigen Straße gegen die untergehende Sonne, also nach Westen, über 130 Kilometer, wie wir später genauer sagen konnten. Entlang der Straße waren viele russische Soldatengräber zu sehen, manche Dörfer waren nichts weiter als eine Ansammlung von Ruinen, die Felder waren von Kratern und Schützengräben aufgewühlt, die Wälder ramponiert, den meisten Bäumen fehlten die Spitzen. Die Straße querte mehrere kleine Flüsse, aber die meisten Brücken waren gesprengt und noch nicht wieder aufgebaut. Der Bus wurde dann mit einem bereitstehenden schweren Kettenfahrzeug durch das Wasser zum anderen Ufer gezogen. Mit meinen dreizehn Jahren sah ich all das und wusste auf einmal, was es bedeutete, als die Nazis stolz verkündeten, sie hätten verbrannte Erde hinterlassen.

Schließlich kamen wir durch ein kleines Dorf mit einer Bahnstation. An der bogen wir nach rechts ab in eine Seitenstraße, und nach einigen weiteren hundert Metern hielt der Bus vor einem riesigen Holztor, das von einem wachhabenden Soldaten geöffnet wurde. Als wir das Tor passiert hatten, fing meine Mutter zu weinen an. «Das nimmt kein gutes Ende», flüsterte sie. Vermutlich auch deshalb, weil sich links und rechts vom Tor ein Stacheldrahtzaun auftat, der in den Wäldern verschwand.

Nach wenigen Minuten stoppte der Bus endgültig auf einer großen Lichtung mit drei dreistöckigen Steinhäusern, von denen zwei noch im Bau waren. Ein weiteres sehr großes Gebäude lag etwas abseits in einer parkähnlichen Umgebung und wirkte mit den riesigen Säulen, die das Hauptportal einrahmten, wie ein Schloss im Stalin'schen Zuckerbäckerstil. Wir wurden vom deutschen Direktor des zukünftigen Instituts, dem Kernphysiker Professor Heinz Pose, von einigen Offizieren der örtlichen Kommandantur und einem russischen Zivilisten, dem uns schon aus Ronneburg bekannten Poljanski, in Empfang genommen, «Wo sind wir hier?», fragte einer der Deutschen. «In Obninskoje, Bezirk Kaluga.» – «Und was ist das dahinten für ein riesiges Gebäude?» Man erklärte uns, dass es ursprünglich Ende der dreißiger Jahre für spanische Waisenkinder, die im Bürgerkrieg ihre Eltern verloren hatten, errichtet worden war und dass es nun das neue Institutsgebäude werden würde. Angesichts der vielen internationalen Brigaden, die gegen General Francisco Franco kämpften, war das Heim von der Sowjetunion wohl als Akt der Solidarität gedacht gewesen. Da aber die deutsche Wehrmacht bereits im Herbst 1941 bis in diese Gegend vorgestoßen war, konnten die armen Waisen nicht lange in dem Schloss geblieben sein. Auch an dem waren noch Zerstörungen zu sehen, ein Flügel war ausgebrannt und wurde gerade repariert. Außerdem gab es noch ein größeres zweistöckiges Blockhaus, in dem, wie uns gesagt wurde, die Kommandantur untergebracht war und auch die «stolowaja», also die Kantine. Dort sollten wir uns um 9 Uhr abends – sehr spät für unsere Verhältnisse – zum gemeinsamen Essen einfinden.

«Man hatte uns doch gesagt, dass wir nach Moskau kommen werden», flüsterte meine Mutter meinem Vater zu. «Was hat das alles zu bedeuten? Und warum gibt es hier einen Zaun?»

«Es wird sich schon alles klären, mach dir keine Sorgen.» Der Versuch meines Vaters, Sicherheit auszustrahlen, klang nicht wirklich überzeugend. Offenbar war ihm all das auch nicht ganz geheuer. Alle aus unserer Gruppe wirkten müde und bedrückt. Poljanski holte nun einen Zettel hervor, auf dem er laut vorlas, wer wo untergebracht werden sollte. Uns, der Familie Weiss, wies man im Erdgeschoss des fertigen Steinhauses eine Dreizimmerwohnung zu. In jedem Zimmer hing an zwei Drähten eine nackte Glühbirne, drinnen standen einzig ein paar Eisenbetten mit grauen Armee-Wolldecken, einige Stühle und ein klappriger Tisch. Es gab außerdem ein winziges Badezimmer mit einem Kohlebadeofen, aber – meiner Erinnerung nach – keine Küche. Der ewig fröhliche Poljanski sagte zu meinem Vater: «Sehen Sie, Herr Doktor, schön ist das Leben – schön! Bald werden Ihre eigenen Möbel ankommen, dann können Sie die Zimmer noch besser einrichten.» Was er wohl vergessen hatte: dass unser Haus abgebrannt war wie die Dörfer, die wir unterwegs gesehen hatten. Wir besaßen also kaum etwas, vor allem keinen einzigen Schrank. In den Transportkisten waren nur der Flügel, die neugekaufte Küchenkommode und Kleinkram. Alles Übrige, was wir unser Eigen nennen konnten, trugen wir in unseren Koffern mit uns. Später bekamen wir von der Kommandantur noch zwei rote Plüschsessel, die offensichtlich aus der Zarenzeit stammten, und einen Küchenherd, der mit Holz zu feuern war. Aber sollte das hier wirklich unser neues Zuhause werden? Unsere Mutter schluchzte und lamentierte laut und überhäufte den Vater vor uns erschrockenen Kindern mit Vorwürfen. Das sollten wir in den nächsten Jahren noch sehr oft erleben.

Wir waren froh, dass es Zeit war, zum Abendessen in die Kantine zu gehen, zumal wir auch sehr hungrig waren. In der «stolowaja» saßen an einem langen Tisch schon fast alle Angehörigen der kleinen deutschen Kolonie, die bereits früher hier angekommen waren: der Physiker Ernst Rexer, der ebenso wie Heinz Pose und Walter Hermann Mitglied des Uranvereins gewesen war, und der Ingenieur Hans Jürgen von Oertzen, einer der wenigen Beschäftigten der Heeresversuchsanstalt Peenemünde, der den Amerikanern entgangen war. Auch die beiden Mitarbeiter meines Vaters, die mit ihm im Frühjahr 1945 die Reichsradiumreserve in Bayern vergraben hatten, Hans Westmeyer und Gustav Wauschkun, waren mit ihren Familien da. Wir Neuen wurden mit einigem Hallo begrüßt, nach dem «Woher» befragt (ein «Wohin» gab es ja nicht) und sogleich über den dortigen Alltag aufgeklärt: wo und wie man einkaufen könne – in einem kleinen Laden, dem «Magazin», im Erdgeschoss des Steinhauses –, dass es einen reizenden kleinen Fluss, die Protwa, in der Nähe gäbe, in dem man baden könne, und dass im Wald viele Pilze wüchsen. Die erfreulichste Nachricht für uns Kinder war die, dass es – leider – noch keine Schule gäbe.

Doch zunächst einmal war Essen angesagt. Es gab für unsere Begriffe märchenhafte Dinge. So konnten wir Fischkonserven öffnen, so viele wir wollten. Heringe in Tomatensoße – so etwas Leckeres hatte ich noch nie gegessen. Dazu gab es gekochte Eier, russische Butter, die allerdings eher Butterschmalz war, und reichlich duftendes Schwarzbrot. Sogar unsere Mutter vergaß bei diesem paradiesischen Anblick ihre Befürchtungen und düsteren Ahnungen, jedenfalls für den Augenblick. Und Tante Tinchen erklärte: «Sollten wir wirklich zwei Jahre hierbleiben müssen, dann werden wir bei dem Essen wenigstens dick und rund in die Heimat zurückkehren.»

Die Männer, die sich alle persönlich kannten, aber zum Teil seit Kriegsende nicht mehr gesehen hatten, tauschten ihre Erlebnisse und Erfahrungen aus. Jeder konnte irgendwelche Neuigkeiten beisteuern: dass Heisenberg, Gerlach und viele andere Kernphysiker von den Amerikanern festgesetzt worden waren, dass Manfred von Ardenne, Max Vollmer und Gustav Herz schon seit geraumer Zeit irgendwo in der Sowjetunion arbeiteten, dass mehr als 200 Raketenleute aus Peenemünde in die USA verbracht worden seien. Die Männer meinten, dass sie beziehungsweise wir alle in das Räderwerk einer großangelegten Operation der Siegermächte geraten seien. Sie hatten recht damit.

Heute ist durch die zeitgeschichtliche Forschung erwiesen, dass vor allem die beiden Supermächte USA und UdSSR schon geraume Zeit vor Kriegsende umfangreiche Vorkehrungen getroffen hatten, um möglichst vieler deutscher Wissenschaftler, ihrer Forschungsergebnisse und ihrer Ausrüstung habhaft zu werden. Beide Alliierte gründeten geheime wissenschaftlich-technische Spezialeinheiten, die unmittelbar hinter der kämpfenden Truppe in die besetzten Teile Deutschlands einrückten. Auf sowjetischer Seite wurden diese Aktivitäten vom NKWD koordiniert, später auch von der SMAD. Die amerikanische «Mission Alsos»* galt speziell der Kernwaffenforschung und wurde bald nach Kriegsende beendet, die CIOS-Teams** suchten allgemein nach rüstungsrelevanten Forschungsergebnissen

---

* Der Name «Alsos» – griechisch für Hain, engl. «grove» – wurde zu Ehren des Chefs der Einheit, General Leslie R. Groves, gewählt.

** CIOS: Combined Objectives Sub-Committee. Angloamerikanisches nachrichtendienstliches Koordinationsgremium

und nach den beteiligten Personen, und die Aktionen «Paperclip» und «Overcast» dienten vor allem dem Transfer der deutschen Raketenforscher in die USA.

Die Alliierten fochten einen regelrechten Wettbewerb um die besten Köpfe aus, und das nicht immer mit den feinsten Methoden. So nutzten die Amerikaner zum Beispiel die zeitweilige Besetzung Sachsens und Thüringens durch ihre Truppen für die Zwangsevakuierung einer größeren Zahl von Wissenschaftlern in die Westzonen. Ganz ähnlich verfuhren die Russen in den Westsektoren der von ihren Truppen allein eroberten Stadt Berlin. Später erfuhren wir, dass die sowjetische Seite nicht nur Atomforscher angeworben hatte, sondern auch Raketen- und Radartechniker, Flugzeugbauer und Wissenschaftler aus dem Bereich der Optik, der Chemie sowie der Automobilindustrie. Viele von ihnen folgten der Aufforderung halb oder ganz freiwillig, wie die meisten Wissenschaftler und ihre Angehörigen, die zu unserer Gruppe gehörten. Viele wurden aber auch von der Straße weg verhaftet und als «Beute-Wissenschaftler» verschleppt.

Insgesamt waren es zeitweilig wohl an die 4000 «nemjetzkije spezialisti», mit ihren Familienangehörigen also mehr als 12 000 Menschen, die in der Sowjetunion lebten und arbeiteten. Die Aufenthaltsdauer und die Lebensbedingungen der verschiedenen Gruppen waren höchst unterschiedlich. Während die Chemiker und Automobilbauer maximal drei Jahre in Russland blieben, oft in großen Städten lebten und sich relativ frei bewegen konnten, wurden die rüstungsrelevanten Wissenschaftler meist in spezielle abgelegene *Objekte* (das war in der Sowjetunion die übliche Bezeichnung von militärischen oder sonstigen geheimen Einrichtungen) oder sogenannte geschlossene Städte gebracht, wo sie bis zu zehn Jahre bleiben mussten. Dass auch wir zu dieser letzten Gruppe gehörten, zeigte sich erst nach und nach.

In den nächsten Tagen sahen wir uns weiter auf dem Gelände um.

Etwa zwei Quadratkilometer der teilweise bewaldeten Fläche, auf denen auch die Häuser standen, waren mit Stacheldraht eingezäunt, es gab mehrere von Soldaten bewachte Tore, durch die wir aber ungehindert ein und aus gehen konnten. Knapp einen Kilometer westlich von unserem «Objekt» erstreckte sich ein breites Urstromtal mit dem wirklich idyllischen Flüsschen Protwa in der Mitte. Die Protwa führte damals noch kristallklares Wasser, war etwa zwei Meter tief und schlängelte sich zwischen Steilufern und weißen Sandstränden. Dort trafen wir gleich am ersten Nachmittag eine ganze Schar etwa gleichaltriger Kinder, die fröhlich in der Protwa schwammen und tauchten: Gerlind, Rudolf und Bärbel Pose, Helga Wauschkun, Jürgen und Sieglinde Rexer, Ingrid Uhlmann und die Zacher-Jungs Manfred und Wolfgang.

Wir freundeten uns schnell an, und da wir noch keine Schule hatten, streunten wir in diesem wunderschönen Herbst viel durch die umliegenden Wälder. Wir sammelten Pilze, entdeckten aber auch komplette Bunkeranlagen, Knüppelwege, zerstörte deutsche Geschütze und ausgebrannte Kettenfahrzeuge. Es war nicht zu übersehen, dass in dieser Gegend vor noch nicht allzu langer Zeit schwere Kämpfe getobt hatten. Sogar direkt vor unserem Wohnhaus verlief anfangs noch ein tiefer Schützengraben, dessen Wände mit Reisig ausgekleidet waren – vermutlich gegen die bittere Kälte; damals im Winter 1941/42 sollen hier wochenlang bis minus vierzig Grad geherrscht haben.

Nicht nur die Erwachsenen, sondern auch uns Halbwüchsige berührte sehr, dass es in der Nähe einen deutschen Soldatenfriedhof gab. Damals standen noch in streng ausgerichteten langen Reihen die Birkenkreuze mit den bereits verblichenen Namensschildern und den Stahlhelmen obendrauf. Da Birkenholz ganz schnell brüchig wird, weiß heute wohl niemand mehr, dass sich dort die letzte Ruhestätte vieler Menschen befindet. Wir fanden im Wald auch mehrere – teils intakte, teils in der Mitte durchgebrochene – ovale

Erkennungsmarken deutscher Soldaten. Die wurden dann von einem der Väter aufbewahrt, um sie später, nach der Rückkehr in die Heimat, dem Roten Kreuz zu übergeben. Uns wurde gesagt, dass jede dieser Marken dazu beitragen könne, das Schicksal eines der vielen Vermissten aufzuklären.

An den Wochenenden unternahm unser Vater mit meinen Geschwistern und mir ausgedehnte Wanderungen in die Umgebung. Zwar wurden wir dauernd von der Kommandantur gewarnt: «Da solltet ihr besser nicht hingehen, es gibt dort noch Räuberbanden.» Man wies uns auch auf die Gefahr hin, dass man auf eine Mine treten könnte. Zum Teil stimmten die Hinweise wohl, aber wenn wir sie alle berücksichtigt hätten, wären wir dazu verurteilt gewesen, den lieben langen Tag nur im Objekt herumzusitzen. Und das wollten wir eben nicht.

Bekamen wir unterwegs Durst, klopften wir an einem der winzigen Bauernhäuser an und fragten, ob wir einen Schluck Wasser haben könnten. Dabei stellten wir fest, dass es in diesen Dörfern kein Leitungswasser gab und in den seltensten Fällen Strom. Das Wasser holte man aus Brunnen oder Bächen, für Licht sorgten nachts Petroleumlampen oder Kerzen. Die bäuerlichen Blockhäuser bestanden meist aus einem kleinen Vorraum, in dem die Kleidung hing und ein Wasserbehälter, dahinter folgte ein einziger Raum mit einem großen Ofen, der Boden war festgestampfter Lehm. Tagsüber wurde der Ofen zum Kochen und Heizen benutzt, nachts schlief die ganze Familie auf ihm. In jedem Haus gab es einen Winkel, die sogenannte Rote Ecke, in dem eine mit einem weißen Tuch geschmückte Ikone hing. Manchmal brannte davor ein Öllämpchen, und sehr oft hingen dort auch Fotos von Familienangehörigen, die im Krieg gefallen waren. In einigen «fortschrittlichen» Häusern hing statt eines Heiligen ein Porträt Lenins oder Stalins in der Roten Ecke, auch mit einem Lämpchen davor. Oft war daneben noch ein Lautsprecher angebracht, von dem zwei Drähte nach draußen führten und aus dem den ganzen Tag lang Propagandanachrichten, populärwissenschaftliche Vorträge, Volksmusik oder gar klassische Symphonien quakten, von früh um sieben bis Mitternacht. Zum feierlichen Abschluss des Tages wurde stets die Sowjethymne gespielt. Alles klang furchtbar verzerrt, so, als würde man mit einem Nagel auf einer Blechschüssel kratzen.

Es beeindruckte uns, wie diese Menschen lebten – und wie herzlich sie in ihrer Armut waren. Wenn sie uns nur in der Tür sahen, holten sie alles hervor, was sie anzubieten hatten: in Salz eingelegte Pilze, Gurken, Preiselbeeren, Tee oder «Kwas» – ein aus vergorenem Brot hergestelltes russisches Nationalgetränk –, ohne Rücksicht darauf, dass sie vielleicht am nächsten Tag selbst nichts mehr zu essen hatten. Ihnen dafür Geld anzubieten wäre eine schlimme Beleidigung gewesen. Daran änderte sich auch nichts, als sie mitbekamen, dass wir Deutsche waren. Nie verloren sie ein böses Wort oder machten uns Vorwürfe. Sie sagten höchstens: «Ihr armen Leute. Gott sei Dank habt ihr den Krieg verloren, aber dass er angezettelt wurde, dafür könnt ihr nichts.» Diese Menschen konnten verzeihen. Sogar in den Familien, in denen man nicht wusste, wo die Männer geblieben waren – und das waren die meisten –, gab es diese Gastfreundschaft. Selbst als ich 1953 im vollkommen vom Krieg zerstörten Minsk mit meinem Chemiestudium anfing und das Internatszimmer mit schwerverletzten einstigen Soldaten teilte – einer war blind, der andere hatte die Arme ab dem Ellbogen amputiert –, gab es keine persönlichen Anfeindungen.

Die Eltern sahen mit Trauer, Scham und Wut, in welcher Not die Menschen in unserer Umgebung lebten. Im Vergleich zu ihnen ging es uns in materieller Hinsicht ja geradezu paradiesisch gut. Die deutsche Wehrmacht aber hatte der einheimischen Bevölkerung wirklich verbrannte Erde hinterlassen. Was nicht während der Angriffshandlungen zerstört worden war, hatte man beim Rückzug absichtlich in Brand gesteckt. Nun lag die ganze Last des Alltags in dem zerstörten Land und seines mühsamen Wiederaufbaus bei den russischen Frauen. Sie wussten in der Regel nicht, wo ihre Männer und Söhne waren. Dienten sie in der Besatzungsarmee in Deutschland, oder kämpften sie noch an den Fronten in Japan und der Mandschurei? Oder waren sie längst gefallen oder irgendwo in einem Lazarett? Es gab in der Sowjetunion keine reguläre Feldpost, wie es die deutschen Soldaten kannten. Man wurde in die Rote Armee eingezogen, und dann mussten die Angehörigen abwarten, ob der Mann, der Sohn oder der Bruder irgendwann wiederkam. Ohne die Männer konnten die Frauen ihre Blockhäuser nur notdürftig bewohnbar machen. Zudem hatten sie große Mühe, die Kolchos-Felder zu bewirtschaften – auch die landwirtschaftlichen Maschinen hatten die Deutschen mitgenommen oder zerstört. Ich habe gleich nach unserer Ankunft mit eigenen Augen gesehen, wie die Frauen das reife Getreide mit der Sichel mähten, nicht einmal eine Sense besaßen sie. Gebückt standen sie in der Spätsommerhitze auf den Feldern, banden die Ähren zusammen und stellten sie zum Trocknen in Bündeln auf. Da der größte Teil der Ernte in Sammelstellen abgeliefert werden musste, blieb für die Bevölkerung wahrscheinlich nicht viel, um durch den Winter zu kommen.

Mit dem Einzug des Winters kam das Leben der kleinen deutschen Gruppe allmählich in halbwegs gleichmäßige Bahnen. Die Wissenschaftler und Techniker gingen nun regelmäßig zur Arbeit. Auch Tante Tinchen arbeitete als Sekretärin in dem Institut. Die Männer hatten es insofern leichter als ihre Ehefrauen, als sie nun eine echte Aufgabe vor sich sahen, die sie herausforderte und mit der sie sich auch identifizieren konnten: der Aufbau einer völlig neuen großen Forschungseinrichtung. Es war im buchstäblichen Sinn ein Pionierprojekt, denn sie waren anfangs mit so wenig Equipment ausgestattet, dass sogar die alten Wehrmachtskabel, die wir Kinder im Wald entdeckt hatten, noch Verwendung fanden. Die meisten Laborgerätschaften, die die Russen in ihrer Besatzungszone mehr oder weniger wahllos beschlagnahmt hatten, kamen erst nach und nach in Holzkisten an. Sie standen nun im «Schloss» herum, in dem Institutsgebäude, gefüllt mit Messgeräten, Apparaturen, Werkstattausrüstung, Chemikalien und auch ganzen wissenschaftlichen Bibliotheken.

Meiner Mutter blieb ebenso wie den anderen Frauen keine andere Wahl, als sich irgendwie im Alltag einzurichten. Sie organisierte Blechtöpfe, um kochen zu können, dabei halfen ihr einige deutsche Frauen, die zur ersten Gruppe gehört und sich schon recht und schlecht eingelebt hatten. Lebensmittel gab es – wenn auch in unregelmäßigen Abständen – reichlich im Magazin, das von einem demobilisierten Soldaten verwaltet wurde, den wir wegen seines wahrhaft abenteuerlichen Aussehens und seiner offensichtlich halblegalen Nebengeschäfte «Galgenvogel» nannten: Mal war ein ganzer Zentner Butter eingetroffen, mal wunderbar schmeckender Trockenfisch, mal Zucker in riesigen Klumpen, die mit der Axt zerschlagen wurden, mal eine Kiste Moskauer Konfekt. Eines Morgens hörten wir einen lauten Knall aus Richtung Magazin. Als wir eilig hinliefen, torkelte der «Galgenvogel», vom Kopf bis zu den Füßen in einer weißen Masse gebadet und ganz benommen, aus der Ladentür. Und der Innenraum des Ladens sah aus wie eine schneeweiße Tropfsteinhöhle. Es stellte sich heraus, dass eines der gerade angelieferten Holzfässer mit saurer Sahne beim Versuch, es zu öffnen, explodiert war.

An den Wochenenden stellte die Kommandantur einen Lkw mit Sitzbrettern auf der Ladefläche zur Verfügung, damit die Objektbewohner – Deutsche und Russen – zum Einkaufen in die Kreisstadt Malojaroslawetz fahren konnten. Malojaroslawetz hatte die Größe einer deutschen Kleinstadt. Kriegszerstört, grau, kein befestigter Weg, im Winter war die Erde gefroren, im Sommer staubtrocken. Geschäfte, die für uns interessant waren, gab es dort nicht viele – unser eigener Laden auf dem Gelände wurde besser beliefert –, aber jeden Sonnabend war Markttag. Dort existierte eine Art freier Handel, und die Leute verkauften, was sie verkaufen wollten. Vom krummen Nagel über bereits beschriebene Postkarten bis hin zu Äpfeln, gerösteten Sonnenblumenkernen oder einzelnen Zuckerwürfeln. Man konnte sich dort die Schuhe reparieren lassen, und es gab auch kleine Schneidereien und Stände, an denen man irgendwelche dickflüssigen heißen Getränke zu sich nehmen konnte. Es war ein richtiger Jahrmarkt, nur kein bunter, sondern ein eher grauer. Voller Menschen, dazwischen viele Bettler – etwas, was ich nicht für möglich gehalten hatte und vor allem meine Eltern sehr beschäftigt hat. Sie dachten, das gäbe es nicht im Paradies der Werktätigen. Doch gerade auf dem Markt und vor den Kirchen versammelten sich die Ärmsten der Armen in Scharen, heischten um Mitleid, indem sie grässliche Narben entblößten oder Verstümmelungen zeigten und einen mit zitternder Stimme um ein paar Kopeken anflehten. Was meine Eltern noch mehr schockierte und worüber sie regelrecht sprachlos waren: Viele dieser Bettler waren ehemalige Soldaten. Sie hatten noch ihre Uniformen an, aber oftmals keine Beine mehr, oder nur noch eines. Sie saßen dann auf kleinen pultartigen Wägelchen und stießen sich mit den Händen ab. Die Menschen um sie herum traten zwar respektvoll zur Seite, wenn diese Männer, nur halb so hoch wie die anderen Menschen, an ihnen vorbeirollten, aber viel geben konnten sie auch nicht. Das allgemeine Elend war einfach zu groß.

Für uns Neuankömmlinge war es mit am wichtigsten, uns auf dem Markt mit mehreren Petroleumlampen, die es in den verschiedensten Ausführungen gab, und mit einem Kanister Petroleum einzudecken. Die Stromversorgung im Objekt war nämlich in den ersten Jahren sehr unzuverlässig, weil es noch kein richtiges Kraftwerk gab. Stattdessen ratterten hinter der Kommandantur zwei erbeutete mobile Dieselaggregate der Wehrmacht, die von Herrn Flach, einem Leipziger Elektriker, nach bestem Wissen gewartet wurden und dennoch mit Anbruch der Dunkelheit regelmäßig wegen Überlastung den Geist aufgaben. Außerdem kauften wir auf Anraten der Einheimischen für jeden von uns die im russischen Winter unentbehrlichen «walenki» – aus gut fünf Millimeter starkem Filz in einem Stück gepresste Filzstiefel – und «fufaiki» – etwa drei Zentimeter dicke gesteppte blaugraue Wattejacken mit Holzknöpfen. Die Filzstiefel nahm man am besten um drei Nummern zu groß, dann waren sie wärmer, und trug sie entweder barfuß oder mit Fußlappen – quadratische Flanelltücher, in die man die Füße einschlug. Da wir alle auch noch aus irgendwelchen Beständen stammende dicke Armeepullover besaßen, waren wir selbst für die grimmigste Kälte gut gerüstet.

Eines Tages kam unser Vater geheimnisvoll lächelnd vom Markt zurück. Mit den Worten «wir haben jetzt ein neues Familienmitglied» holte er aus seiner Manteltasche einen winzigen rehbraunen Welpen hervor. «Hasel» – wie das Hündchen getauft wurde – sprang sofort quicklebendig zwischen uns herum und wurde uns für die Jahre in Russland eine treue Kameradin. Sie war sehr gelehrig, konnte tauchen, vertrug sich später sehr gut mit unseren beiden Katzen und den anderen Haustieren und putzte sich sogar, bevor sie in die Wohnung kam, die Pfoten auf dem Fußabtreter vor der Tür ab.

Wir größeren Kinder waren vor allem daran interessiert, auf dem Markt ordentliche Äxte und große Schrotsägen aufzutreiben. Denn auch für uns hatte sich seit dem Spätherbst etwas geändert: Die vereinigten Eltern waren zu dem Schluss gekommen, dass es mit dem Schlendrian nun vorbei sein müsse, wir kämen sonst nur «auf dumme Gedanken». Das bedeutete vor allem, dass wir ab sofort eine Art Not-Schulunterricht bekommen sollten. Mein Vater unterrichtete abends Mathematik und Englisch, meine Mutter Musik, Religion und – mit mir als einzigem Schüler – Latein. Russisch lernten wir bei Herrn Poljanski. Weitere Fächer wurden von anderen

Eltern übernommen. Da es keine altersgerechten Lehrbücher gab, war das für alle Seiten ein schwieriges und lustloses Unterfangen. Für den Englischunterricht verwendete mein Vater den Roman *The Invisible Man* von H. G. Wells, von dem sich ein Exemplar irgendwie zu uns verirrt hatte. Er fand das Buch amüsant, mich langweilte es furchtbar, entsprechend waren meine Lernergebnisse.

Weitaus besser gefiel uns Jugendlichen der Beschluss des «Elternrates», dass wir in der freien Zeit auch «gemeinnützige» Arbeiten ausführen sollten: Uns wurde die Verantwortung für die Beschaffung und Zerkleinerung von Brennholz für die Küchenherde übertragen, und zwar nicht nur für die eigenen Eltern, sondern für alle. Eifrig zogen wir in den Wald zum Baumfällen, wobei wir uns aber nur an Bäume bis etwa 15 Zentimeter Durchmesser wagten. Vorzugsweise wählten wir Birken und Pappeln, weil deren Stämme sich erfahrungsgemäß besser als die von Nadelbäumen spalten ließen. Wir entfernten die Äste gleich an Ort und Stelle und zogen die Stämme dann mit Eisenkrampen vor die Häuser, wo wir sie in handliche Stücke sägten und zu Scheiten spalteten. Auf diese Weise entstand allmählich eine Schneise im Wald, die wir «Ziehweg» nannten und die später sogar befestigt und als reguläre Straße benutzt wurde. Ein positiver Nebeneffekt der vielen und schweren Arbeit an der frischen Luft war, dass wir, die wir halb verhungert aus Deutschland gekommen waren, mit der Zeit zur Freude der Eltern richtig gesund und stark wurden.

Kurz vor Weihnachten 1946 stand plötzlich abends ein riesiger Berg von Kisten vor den Häusern – nach langem Warten war endlich der Hausrat angekommen. Ich erinnere mich noch, dass es eine richtig kalte Nacht war, minus 30 Grad Celsius. Sofort zogen Posten auf, um Diebstähle zu verhindern. Sie trugen Bajonette auf ihren Karabinern und lange weiße Ledermäntel, die innen mit Schafpelz gefüttert waren, fast den Boden berührten und Kragen hatten, die noch über die üblichen Pelzmützen hinausragten. Am nächsten

Tag machten sich die Deutschen daran, die Kisten mit Stemmeisen und Äxten zu öffnen. Außen waren sie mit Kürzeln gezeichnet, so wusste jeder, welcher Familie welche Kisten gehörten. Unglaublich, was da an Möbeln und Geschirr zum Vorschein kam; manchen Leuten war im Krieg offensichtlich nichts abhandengekommen. Ich staunte nicht schlecht, als ich vornehme Bowlengläser sah, mit kleinen Gäbelchen, um Fruchtstückchen damit aufzuspießen. Für uns Ausgebombte waren nur fünf Kisten dabei, in der größten, übermannshohen war der Blüthnerflügel. Zum Schluss blieben einige Kisten übrig, sie waren ganz offensichtlich fehlgeleitet. Niemand wusste, wohin sie gehörten, besser gesagt: Die sowjetischen Behörden weigerten sich, darüber Auskunft zu geben oder sie an die rechtmäßigen Eigentümer, die offenbar in irgendeinem anderen Objekt lebten, weiterzuschicken. Nun waren die Kisten Gemeinschaftsgut; die Familien, die so gut wie gar nichts besaßen, erhielten einige Sachen, und wir Jugendlichen durften uns einen herrenlosen Rodelschlitten nehmen. Wir nannten ihn nach dem Namen des ursprünglichen Besitzers, den wir erst sieben Jahre später persönlich kennenlernten, den «Hottmannschlitten». Der ging allerdings bald zu Bruch – er wurde versehentlich von einem Lkw überfahren.

Die vielen Kistenbretter lieferten uns Jugendlichen eine weitere Chance, uns nützlich zu machen: Wir zimmerten Behelfsmöbel. Jeder von uns hatte seine Spezialität: Rudolf Pose baute hauptsächlich Regale, und zwar so viele, dass wir ihn irgendwann feixend aufforderten, nun noch ein Riesenregal zur Aufbewahrung der normalen Regale herzustellen. Andere bauten Hocker oder Tische, ich selbst konzentrierte mich auf die Fabrikation von Nachttisch- und Leselampen aus gebogenem Heizungsrohr und – natürlich – Holz.

An das erste Weihnachten in der Fremde erinnere ich mich nur dunkel. Es muss für die Erwachsenen wohl eher trübe gewesen sein. Sie hatten am 25. Dezember zwar arbeitsfrei, aber in dem umgebenden grauen Alltag konnte Festtagsstimmung gar nicht erst aufkommen. Das russische Weihnachtsfest findet wegen des gregorianischen Kalenders erst vierzehn Tage später statt und war in der atheistischen Sowjetunion sowieso kein Feiertag.

Der nachfolgende Winter war schneereich und sehr kalt, sodass ich mir die Nase und die Ränder der Ohren anfror. Und er wurde für uns trotz der schönen Skitouren in die Umgebung sehr, sehr lang.

Das Frühjahr 1947 kam dann fast über Nacht buchstäblich mit Brausen. Innerhalb weniger Apriltage schmolzen die Schneemassen, überall gluckerte in Rinnsalen und kleinen Bächen das Schmelzwasser, das der immer noch tief gefrorene Boden gar nicht so schnell aufnehmen konnte, und das ganze Land einschließlich der Straßen und Wege verwandelte sich in einen einzigen mehr als knöcheltiefen Morast. Die Russen nennen diese jährlich wiederkehrende Erscheinung «besdoroshije» – Wegelosigkeit – und stellen sich pragmatisch darauf ein. Sie zogen Gummigaloschen über ihre Filzstiefel, und an den schlimmsten Stellen wurden Stege und Bretter ausgelegt, auf denen man zur Arbeit oder in das Magazin balancieren konnte. Die russischen Kinder hatten schulfrei, und die Fahrten zum Markt in Malojaroslawetz wurden zeitweilig eingestellt, da auch die Lkws im Schlamm stecken blieben. Aus der Ferne hörten wir das laute Krachen der berstenden meterdicken Eisdecke der Protwa. Das im Sommer so friedliche Flüsschen stieg schnell über die Ufer und breitete sich über das ganze weite Urstromtal aus – ein faszinierendes Schauspiel.

Die Luft erwärmte sich unter der intensiven Sonne unglaublich schnell, es duftete bald intensiv nach Sommer, und schon Anfang Mai war der Matsch vergessen. Abgehärtete konnten in der Protwa, auf der noch einzelne kleine Eisschollen trieben, sogar schon wieder baden.

Inzwischen wurde von den Strafgefangenen ein Haus nach dem anderen fertig gebaut, wurden Stromleitungen, Wasser- und Kanalisationsrohre verlegt, und die Deutschen konnten nun Wünsche äußern, wo sie wohnen wollten; es war also vonseiten der Kommandantur einiges Entgegenkommen zu spüren. Das war auch notwendig, denn es verdichteten sich die Gerüchte, dass zu dem schon vorhandenen Zaun, der das Gelände umgab, Wachtürme errichtet werden sollten.

«Bedeutet das etwa, dass wir eingesperrt und beobachtet werden sollen?», fragte mein Vater den Oberst Sacharow.

Er wurde beruhigt: «Nein, nein, das ist nur zu Ihrem Schutz gedacht. Sie leben doch um so viel besser als die einheimische Bevölkerung, das könnte Neid und Schlimmeres erwecken.» Das war sogar plausibel, denn die Nachkriegsverhältnisse in dem zerstörten Land waren wirklich schrecklich. Allerdings hatten wir noch nie irgendwelche Aggressivität zu spüren bekommen. Eher im Gegenteil: manche Menschen begrüßten uns mit den Worten: «Ach, ihr seid Deutsche? Ihr seid gekommen, uns jetzt zu helfen. Ihr seid gute Deutsche.» Diese Aussage hat meine Eltern wie auch andere aus dem Lager einigermaßen motiviert und getröstet. Damit konnten sie sich seelisch aufbauen und sagen: «Seht mal, welche Gefühle wir hier bei den Menschen erzeugen. Wir haben wirklich etwas gutzumachen.»

Die Eltern wollten auf keinen Fall in einem der großen Mehrfamilienhäuser wohnen, sondern entschieden sich für eines der kleinen aus Fertigteilen gebauten Holzhäuser am Rande des Objekts. Diese «Finnenhäuser», mitten im Wald gelegen, waren wirklich winzig: im Erdgeschoss zwei Wohnräume, die sich die Eltern teilten, und eine Küche, im Dachgeschoss zwei Mansarden für uns drei Kinder. Geheizt wurde unten ähnlich wie in den Bauernhäusern mit einem großen, weiß gekalkten Ziegelofen, oben gab es keine Heizung. Es war – wohl wegen der fehlenden Kläranlage – auch keine Innentoilette vorhanden, deren Aufgabe übernahm ein kleines Klohäuschen am entferntesten Ende des Grundstücks. Der Gang dorthin konnte nachts und besonders im Winter einigermaßen beschwerlich werden. Dafür gab es eine wunderschöne überdachte hölzerne Veranda mit Glasfenstern.

Nach einem Jahr konnten wir das Häuschen beziehen. Die ganze Familie, ja, sogar unsere Mutter, war glücklich. Hier gab es keinen Krach von Nachbarn, keine aufdringlichen Essensgerüche, keine geplatzten Zentralheizungsrohre und vor allem keine Ratten, die uns in der ersten Wohnung sehr zugesetzt hatten. Wir machten den Boden urbar, und unsere Mutter baute Salat, Kräuter und Tomaten an, auch verschiedene Blumen. Die Samen und Setzlinge kaufte sie auf dem Markt in Malojaroslawetz. Zur Familie gehörten mit der Zeit auch eine Menge Haustiere: neben unserer Hündin Hasel zwei Katzen, eine aus dem Nest gefallene und von uns aufgezogene Dohle, zwei zahme Krähen mit ähnlicher Biographie und natürlich Enten und Hühner. Langsam entwickelte unsere Mutter das Gefühl, wieder ein Heim zu haben.

# 9 Die Scharaschka – ein Geheimobjekt des MWD

Wohl kaum jemand in Deutschland kennt das russische Wort «Scharaschka». Es lässt sich auch nicht ohne weiteres übersetzen. Erwähnt man es jedoch gegenüber einem Russen, wird man sofort einen langen Blick mit einer Mischung von Interesse, Verständnis und Wachsamkeit ernten. Alexander Solschenyzin schrieb in seinem Roman *Der erste Kreis der Hölle*: «Die Scharaschka ist ... der höchste, beste, der erste Kreis der Hölle. Sie ist – beinahe – das Paradies.» Kurz gesagt: Die «Scharaschki» waren in der Sowjetunion strengbewachte geheime Sonderlager für Wissenschaftler und Ingenieure, die entweder für die Rüstungsindustrie wichtig oder politisch missliebig oder beides waren.

Pjotr Iwanowitsch Sacharow war Oberst des sowjetischen Innenministeriums MWD*, also der Nachfolgeeinrichtung (seit 1946) des Volkskommissariats für Innere Angelegenheiten NKWD, und Verwaltungschef unseres Objekts. Ein vitaler kleiner Mann, der in extrem sauberer Offiziersuniform mit breiten Schulterstücken herumlief und unglaublich wichtigtat. Vermutlich war er das auch, denn er hatte in allen Fragen der Versorgung und Sicherheit das letzte Wort. Ihm unterstanden auch die das Objekt bewachenden MWD-Truppenteile. Und er verfügte offensichtlich über beste Beziehungen zu den zentralen Behörden in Moskau. Oberster Dienstherr des gesamten sowjetischen Atomprojekts war der damalige Innenmi-

* Abkürzung für «Ministerstwo wnutrennych del»

nister der UdSSR, der berüchtigte Marschall Lawrentij Berija. Sein erster Stellvertreter, Generalleutnant Awramij Pawlowitsch Sawenjagin, war Chef der speziell für den Einsatz der deutschen Spezialisten – also auch der Raketen-, Radar- und Flugzeugleute – geschaffenen 9. Verwaltung des MWD, und er soll es auch gewesen sein, der im Dezember 1945 den entscheidenden Befehl zur Gründung des neuen Kernforschungsinstituts in Obninsk gegeben hat. Berija soll ein- oder zweimal das Objekt inspiziert haben, allerdings wussten die Deutschen nicht, wer ihnen da die Ehre gab, sie sprachen daher nur vom «Weißwurst-Finger-Mann» – wegen der dicken Hände des Besuchers.

Unser Objekt hatte übrigens mehrere Namen: Nach außen galt die Tarnbezeichnung «Erstes Mechanisches Werk Malojaroslawetz» – wenigstens stand das am Tor, nach dessen Passieren meine Mutter in Tränen ausgebrochen war. Im Dienstgebrauch innerhalb des MWD waren wir das geheime Laboratorium «W». Und unsere Verwandten ersten Grades in Deutschland – mit anderen durften wir nicht korrespondieren – kannten nur die Deckadresse «Major Katschkatschjan, Berlin-Grünau, Postfach xxx». Wir lebten also nicht nur in einem Objekt, sondern in einem geheimen Objekt, eben in einer Scharaschka. Die negativen Konsequenzen wurden den Deutschen erst allmählich bewusst.

Niemand in Deutschland wusste, wo wir waren. Meine Großmutter hat sich daher sogar jahrelang gegrämt, weil ihr vermeintlich treuloser Sohn es nicht für nötig gehalten hat, sie von Berlin-Grünau aus mal zu besuchen. Unsere Post unterlag einer strengen Zensur: Es durften keinerlei Personennamen genannt und keine geographischen Angaben gemacht werden. Außerdem gab es eine Menge Tabuwörter, dazu gehörten insbesondere chemische, physikalische oder militärische Bezeichnungen. Als wir nach der Rückkehr in die Heimat unsere Briefe gezeigt bekamen, fielen wir aus allen Wolken: «verdächtige» Stellen waren nicht nur geschwärzt, sondern herausgeschnitten worden, sodass vielfach auch das auf der Rückseite eines Blattes Geschriebene völlig unverständlich blieb. Telefon gab es – für uns jedenfalls – überhaupt nicht. Allerdings durften die recht gut bezahlten Spezialisten zur Unterstützung ihrer nächsten Verwandten zu einem relativ günstigen Umtauschkurs Geld auf ein Konto bei einer ostdeutschen Bank überweisen. Ein Teil des Geldes, das unser Vater nach Deutschland schickte, war als Lebensunterhalt für seine Mutter gedacht, ein anderer als Rücklage für den Aufbau einer neuen Existenz nach unserer Rückkehr. Außerdem war es jeden dritten Monat erlaubt, eine Art von Carepaketen an die Verwandten zu schicken. In kleinen Sperrholzkisten konnte man Tee, Zucker, Sonnenblumenöl, Kaffee oder auch – zum Tauschen auf dem Schwarzen Markt – Zigaretten beziehungsweise Machorka (ein in Russland angebauter, süßlich riechender Verwandter des Tabaks) versenden. Die Kisten wurden anschließend in Gegenwart eines Mitarbeiters der Kommandantur zugenagelt und in Sackleinen eingenäht.

Mit der Zeit vergrößerte sich die deutsche Gruppe in Obninsk. Es kamen in kleineren oder größeren Schüben noch einige «Zufallsfänge» hinzu, zum Teil junge Leute, die bereits einige Semester studiert hatten, dann zur Wehrmacht eingezogen worden waren und entweder verwundet wurden und lange im Lazarett gelegen hatten oder bereits ein oder zwei Jahre in amerikanischer Kriegsgefangenschaft gewesen waren. Nach ihrer Entlassung in die Sowjetische Besatzungszone (SBZ) waren sie der SMAD in die Fänge geraten oder hatten sich dort selbst als wissenschaftlich-technische Spezialisten gemeldet. Es kamen auch einige völlig Fachfremde, zum Beispiel ein Straßenbahnfahrer, die aber alle irgendwie sinnvoll im Institut eingesetzt wurden.

Eine weitere Gruppe in Obninsk bildeten die deutschen Kriegsgefangenen. Die sowjetischen Behörden hatten gegen Kriegsende systematisch die Kriegsgefangenenlager nach Personen mit speziellen Fähigkeiten durchforstet. Und weil die Ausgesuchten hofften, vielleicht besser behandelt zu werden, wenn sie ihre Kenntnisse den Russen zur Verfügung stellten, willigten sie ein, in die entsprechenden Objekte gebracht zu werden. Sie konnten nicht ahnen, worauf sie sich einließen. Im Dezember 1949 verkündete nämlich die sowjetische Regierung offiziell, dass die Repatriierung der deutschen Kriegsgefangenen abgeschlossen sei. Noch in der Sowjetunion befindliche ehemalige Wehrmachtsangehörige seien dringend verdächtig, Kriegsverbrechen begangen zu haben, sie würden vor Gericht gestellt werden. Unsere armen Kerle, zum Teil schon seit 1942 in Gefangenschaft, erlebten also aus der Ferne, wie Schritt für Schritt ihre Kameraden in die Heimat entlassen wurden, sie selber aber wurden völlig im Dunkeln gelassen, was wann mit ihnen geschehen sollte. Schlimmer noch, sie galten plötzlich – zumindest in Ostdeutschland – auch als Kriegsverbrecher, denn sie hatten wegen der Briefzensur keine Möglichkeit, ihren Angehörigen plausibel zu erklären, warum ausgerechnet sie noch nicht zurückkamen.

Aber die Kriegsgefangenen hatten es auch in anderer Hinsicht nicht leicht: sie mussten mit ansehen, wie die meisten deutschen Zivilisten ein relativ normales Familienleben führten, gleichzeitig aber verlängerte sich für sie, die sie in den besten Jahren standen, das erzwungene Junggesellendasein auf unabsehbare Zeit. Das führte natürlich zu einigen amourösen Verwicklungen und Spannungen.

Zwei der Kriegsgefangenen sind mir besonders in Erinnerung geblieben. Der eine, Dr. Hans Keppel, hatte sich den Doktortitel, wie erst viel später nach der Rückkehr in die Heimat herauskam, im Kriegsgefangenenlager selbst zugelegt und wurde folgerichtig Chef des Chemischen Labors. Er war aber, wie mein Vater immer wieder bewundernd sagte, tatsächlich ein hervorragender Chemiker, der seiner Aufgabe voll gewachsen war. Groß, schlank, gut aussehend mit Glatze und schwarzem Bart, war er zudem – anders als die übrigen Wissenschaftler unserer Gruppe – ein Bilderbuch-Charmeur. Wenn er mit seinem samtweichen schönen Tenor den Solopart des

Volkliedes «Blau, blau, Blümelein» sang, flogen ihm die Frauenherzen nur so zu. Und er hatte ein Herz auch für uns Kinder. Als er bemerkte, dass meine Eltern es nicht schafften, meinen sehnlichen Weihnachtswunsch – ein Paar Ski – zu erfüllen, stellte er am Heiligabend seine eigenen als Geschenk vor unsere Tür. Der andere, Werner Möller, war ein mit dem Ritterkreuz hochdekorierter Haudegen, der im Krieg Hunderte von Kilometern mit einem Motorrad allein durch Partisanengebiet gefahren war, um einer abgeschnittenen Einheit Befehle zu überbringen. Als er sich einmal über das Verhalten eines unserer Wachsoldaten geärgert hatte, stieg er auf dessen Wachturm, nahm dem verdutzten blutjungen Kerl den Karabiner aus der Hand und verbog ihn so, dass man damit bestenfalls noch um die Ecke schießen konnte. Hinterher tat es ihm leid, weil er nicht an die bösen Konsequenzen für den Soldaten gedacht hatte. Möller kümmerte sich viel um uns Jugendliche, unter anderem brachte er uns die Grundlagen des Geräteturnens bei.

Auch die Zahl der russischen Mitarbeiter wuchs laufend an. Sie hatten sich entweder zur Arbeit in dem neuen Institut beworben oder waren abkommandiert worden. Unter ihnen waren führende sowjetische Wissenschaftler wie der spätere wissenschaftliche Leiter Alexander Iljitsch Leipunski und der sehr bekannte Atomphysiker Dmitri Iwanowitsch Blochinzew. Aber auch viele jüngere sowjetische Chemiker, Physiker und Ingenieure, die fast alle an der Front gewesen waren, kamen nach ihrer Entlassung aus der Armee nach Obninsk, beseelt von der Idee, die Uranspaltung für friedliche Zwecke, also vor allem für die Energieerzeugung nutzbar zu machen. Dass in unmittelbarer Nähe ein Atomkraftwerk – das erste in der Welt übrigens – gebaut werden sollte, wussten aber die deutschen Wissenschaftler zunächst noch nicht. Ebenso wenig wussten sie damals, dass einige der sowjetischen Kollegen, mit denen sie täglich zu tun hatten, in der Vergangenheit gefährliche Konflikte mit der Staatsgewalt erlebt hatten. Sie waren irgendwann in den dreißiger oder vierziger Jahren wegen «Kollaboration», «Spionage» oder «Kosmopolitentum» zu hohen Lagerstrafen verurteilt worden und nun nur «zeitweilig beurlaubt» oder auf Bewährung in Obninsk. Ihnen waren ähnliche Beschränkungen auferlegt wie uns. Zu ihnen gehörte zum Beispiel der bekannte Mathematiker Jurij Alexandrowitsch Krutkow und auch der stets so fröhliche Genosse Poljanski, unser Dolmetscher und Russischlehrer.

Ich muss nun noch auf eine weitere Gruppe, eigentlich eine ganze Armee, von Menschen zu sprechen kommen, die in der offiziellen Geschichtsschreibung der Stadt Obninsk bis vor kurzem völlig verschwiegen wurde, ohne die es aber weder das Institut noch die Stadt gegeben hätte – die «sakljutschonnije», wörtlich «die Eingeschlossenen», also die Tausende von Zwangsarbeitern. Die «katorga» (die mit Verbannung und Verlust aller Rechte verbundene Zwangsarbeit) hat in Russland eine lange und üble Tradition, sie geht auf Peter den Großen zurück. Unter Stalin wurde sie endgültig pervertiert und zu einem allgegenwärtigen Schreckens- und Herrschaftsinstrument. Jeden Morgen schlurfte auf der vom Bahnhof kommenden Straße eine lange Elendskolonne dieser Häftlinge, schwer bewacht von MWD-Soldaten und kläffenden Hunden, zur Arbeit auf den großen Baustellen direkt neben unseren Häusern. Diese sich weit nach Süden erstreckenden Gebiete waren ähnlich wie unser Objekt mit Stacheldraht eingezäunt und von Wachttürmen umgeben und wurden «verbotene Zone» oder einfach «Zone» genannt. Der uns trennende Zaun war kaum bewacht, da wir ja auch von einem Zaun umgeben waren.

Die Eltern fanden bald Kontakt zu den Strafgefangenen und verständigten sich mit ihnen in französischer oder englischer Sprache. Es stellte sich heraus, dass die Mehrheit von ihnen keine Kriminellen waren, sondern – zum Teil hochgebildete – politische Häftlinge mit den verschiedensten Berufen und den verschiedensten ihnen vorgehaltenen «Verbrechen». Einer von ihnen, ein Architekt, hatte irgendwann ein Gebäude mit zwei Seitenflügeln entworfen, von denen der linke nach hinten und der rechte nach vorne herausragte. Unter der Anklage, auf diese Weise ein halbes Hakenkreuz bauen und damit faschistische Symbole verherrlichen zu wollen, war er zu zehn Jahren Lager verurteilt worden.

Wir Jugendlichen betrieben dagegen vor allem mit den Kriminellen rege Tauschgeschäfte durch den Zaun: Brot, Wodka und Zigaretten gegen – sicherlich geklautes – Werkzeug, Draht und sonstiges Baumaterial. Obwohl die Kriminellen in der Minderheit waren, hatten sie, wie in allen sowjetischen Straflagern auch, klar das Sagen. Deutlicher gesagt, sie führten innerhalb der Lager ein zusätzliches Schreckensregiment und wurden dabei vom Wachpersonal kaum behindert. Auch innerhalb der Kriminellen bestand eine streng eingehaltene Hierarchie: Ganz oben standen die Polizisten- und Raubmörder, ganz unten die Kinderschänder. Die Zugehörigkeit zu einer der Kasten ebenso wie die wichtigsten Stationen seiner gesamten kriminellen Laufbahn trug jeder Kriminelle in verschlüsselter, nur für den Eingeweihten lesbarer Form als Tätowierung am Körper.

Irgendwann interessierte sich der lokale Kriminellenboss für diese merkwürdigen deutschen Halbwüchsigen, die Wertvolles gegen – in seinen Augen – Wertloses eintauschten. Ein Abgesandter überbrachte uns daher ganz formell dessen Wunsch, dass ihn eine «Delegation» von uns besuchen möge. Diese Delegation – meiner Erinnerung nach Rudolf und Gerlind Pose, Wolfgang Zacher und ich – schlüpfte zwischen den vom Abgesandten auseinandergezogenen Drähten in die Nachbarzone und wurde äußerst zuvorkommend zum Chef eskortiert. Der Weg führte die ersten hundert Meter durch Matsch und Dreck, dann über Bretterstege, die schließlich sogar überdacht waren, in ein Gewirr von Werkstattbuden und Baracken. Dort wurde uns ehrerbietig eine Tür geöffnet, und wir betraten ein völlig überheiztes Zimmer, in dessen Mitte auf einem thronartigen Sessel ein über und über tätowierter fetter Mann mit nacktem Oberkörper residierte. Rechts und links neben ihm standen unbeweglich je zwei grimmig aussehende Leute, offenbar seine Leibwächter oder Adjutanten. Die Wände des Raums waren bis zur Decke vollständig mit farbenfrohen Teppichen ausgekleidet. Das waren allerdings gar keine richtigen Teppiche, sondern alte Zuckersäcke, die höchst kunstvoll und detailgenau mit drastischen erotischen Szenen bemalt waren. Jedenfalls brauchten wir später keine speziellen Aufklärungsbücher oder -gespräche mehr. Der Mann auf dem Thron stellte uns huldvoll ein paar Fragen, die wir aber nur zum Teil verstanden und beantworteten, weil wir noch nicht genug Russisch konnten, dann wurden wir mit einem Wink entlassen und zum Zaun zurückgebracht.

Mein Vater meinte danach grinsend, wir sollten über dieses tolle Erlebnis und auch über unsere Tauschgeschäfte lieber den Mund halten, sonst gäbe es noch Ärger mit der Kommandantur. Damit hatte er wohl nicht ganz unrecht. Denn während unser Objekt der 9. Verwaltung des MWD unterstand, war für die sowjetischen Straflager und Gefängnisse die Hauptverwaltung der Lager (GULAG) und für die Kriegsgefangenenlager die Hauptverwaltung für die Angelegenheiten von Kriegsgefangenen und Internierten (GUPWI) des MWD zuständig. Wer in diesem Kompetenz-Durcheinander bei Konflikten das letzte Wort hatte, ist mir unklar. Jedenfalls hätte es unserem Oberst Sacharow bestimmt nicht gefallen, dass wir bei der Konkurrenz zu Besuch waren.

Zur 9. Verwaltung des MWD gehörten außer Obninsk noch weitere geheime Kernforschungsobjekte, in denen jahrelang deutsche Wissenschaftler arbeiteten: in der Stadt Elektrostal bei Moskau, in Sungul bei Tscheljabinsk und zwei – Sinop und Agudsery – in der Nähe von Suchumi am Schwarzen Meer. Allerdings gab es zwischen den Deutschen in diesen Instituten keinerlei Kommunikation. Wer wo mit welchen Forschungsthemen befasst war, blieb ihnen daher lange Zeit weitgehend unbekannt. Die wechselseitige Isolierung ging sogar so weit, dass in mindestens einem Fall eine junge deutsche Frau, die zu ihrem Verlobten in die UdSSR nachkommen wollte und durch ein Versehen der Behörden in ein falsches Objekt gebracht worden war, dort – getrennt von ihrem Verlobten – jahrelang bleiben musste.

Dass die sowjetischen Arbeiten auf dem Gebiet der Atomphysik nicht an zentraler Stelle durchgeführt wurden, sondern auf diverse weit voneinander entfernte Regionen aufgeteilt waren, hatte sicher vor allem militärstrategische Gründe: Im Krisen- oder gar Kriegsfall war die Forschung so weniger angreifbar. Die besonders sensiblen Anlagen zur militärischen Nutzung der Kernspaltung waren daher auch in riesigen Sperrgebieten mit Flächen von vielen hundert Quadratkilometern weit hinter dem Ural untergebracht. Von den deutschen Spezialisten hat sie wohl kaum jemand je betreten, geschweige denn dort gearbeitet. Der Umgang mit den Deutschen war ohnehin von dem uralten Prinzip «Divide et impera – teile und herrsche» bestimmt. Man traute den Deutschen nicht, daher sollten sie grundsätzlich nur so viel wissen, wie es für ihren engsten Arbeitsbereich unbedingt erforderlich war.

Nur die höchsten Spitzen der Wissenschafts- und Militäradministration hatten Einblick in das gesamte sowjetische Atomprogramm. Die deutschen Spezialisten ihrerseits waren auch nicht besonders daran interessiert, Dinge zu erfahren, die sie nicht direkt etwas angingen: Das brachte nur zusätzliche Gefahren mit sich. Im Nachhinein stellte sich auch heraus, dass man manche Aufgaben zeitgleich an verschiedene Kollektive oder Objekte vergeben hatte. Die Russen wollten damit wohl die Forscher kontrollieren und gegeneinander ausspielen. Es hätte ja sein können, dass sie absichtlich oder irrtümlich fehlerhafte Berichte ablieferten. So aber konnte überprüft werden, ob die deutschen Spezialisten wirklich die erwarteten Leistungen erbrachten.

Was die deutschen Wissenschaftler und Techniker in Obninsk

konkret bearbeiteten, habe ich nie genau erfahren. Sie durften nichts davon in der Familie erzählen und wollten es wohl auch nicht. Die sowjetischen Geheimhaltungsvorschriften waren damals übrigens geradezu grotesk: So musste jeder Beschäftigte nicht nur die Labortagebücher und Messprotokolle, sondern buchstäblich jedes beschriebene Schnipselchen Papier nach Feierabend in einer zentralen Stelle abgeben, wo es hinter einer versiegelten und von einem Posten bewachten Tür über Nacht aufbewahrt wurde und am nächsten Arbeitstag wieder abgeholt werden konnte. Und wenn bestimmte Papiere nicht mehr gebraucht wurden, mussten sie innerhalb des Institutsgeländes unter Aufsicht verbrannt werden. Die Russen waren da sehr pingelig.

Heute vermute ich aufgrund verschiedener späterer Publikationen, dass es sich um theoretische und experimentelle Grundlagenforschung zur Reaktorphysik handelte. Unser Vater jedenfalls betrieb mit einigen Mitarbeitern ein radiochemisches Laboratorium, das etwas außerhalb des eigentlichen Institutsgebäudes in einem Fertigteil-Holzhaus untergebracht war. Als es eines Tages zu stark verseucht war, wurde es kontrolliert abgebrannt und an gleicher Stelle ein neues errichtet.

Eine wesentliche Aufgabe der deutschen Spezialisten bestand auch darin, jungen russischen Wissenschaftlern ihr Know-how weiterzugeben. Man vermutete nicht ganz zu Unrecht, dass die Deutschen über einige Kenntnisse verfügten, die den sowjetischen Forschern in dem Umfang bis dahin nicht zugänglich waren. Die Sowjetunion hatte zwar, getreu dem Wort Lenins «Kommunismus ist Sowjetmacht plus Elektrifizierung des ganzen Landes», mit ihren Fünfjahresplänen voll auf die rigorose Industrialisierung und Elektrifizierung des Landes gesetzt, hatte aber insbesondere seit Beginn des Krieges die Atomforschung jahrelang vernachlässigt. Das hatte sicher auch etwas mit dem Misstrauen Stalins gegenüber der modernen theoretischen Physik zu tun. Vor allem die Heisenberg'sche

Unschärferelation soll ihm ein Gräuel gewesen sein, da sie dem marxistischen Prinzip von der Erkennbarkeit der Welt zu widersprechen schien. Erst die Zündung der ersten amerikanischen Bombe über Hiroshima führte dazu, dass Stalin umdachte und der Atomforschung Priorität einräumte.

Die UdSSR hatte also trotz ihrer eigenen hervorragenden Fachleute auf diesem Gebiet einigen Nachholbedarf. Die deutschen Spezialisten wussten das und dachten sich: «Je schneller und gründlicher wir unser Wissen weitergeben, desto früher sind wir wieder in der Heimat.» Die meisten von ihnen gingen davon aus, dass diese Aufgabe nach den im Vertrag vorgesehenen zwei Jahren erledigt sei, und waren insoweit einigermaßen zuversichtlich. Auch unser Vater, der ja ebenfalls einen Zweijahresvertrag unterschrieben hatte, ging davon aus, dass wir nach seinem Ablauf entweder nach Deutschland zurückkehren könnten oder aber – und zwar nur im gegenseitigen Einvernehmen – maximal zwei Jahre länger bleiben würden. Wenn also meine Mutter wieder einmal zu toben und zu weinen anfing, weil wir nicht nach Moskau gekommen waren, sondern in ein Waldgebiet im Nirgendwo, tröstete mein Vater sie: «Hildegard, in zwei Jahren sind wir wieder in Berlin …» Doch er irrte sich, der Vertrag wurde nie eingehalten. Das merkten er und all die anderen Wissenschaftler, die ähnliche Vereinbarungen unterschrieben hatten, aber erst allmählich.

Während mein Vater sich – je nach Stimmung – darüber ärgerte oder amüsierte, dass unter den Wissenschaftlern, die nun die sowjetische Atomforschung vorantrieben, auch ehemalige Nazis waren, schien das die Russen selbst nicht zu stören. Anscheinend war es ihnen völlig egal, welche politische Einstellung die Forscher hatten, ob sie jemals ein Parteibuch der NSDAP besaßen oder – vor 1933 – Mitglieder des Kommunistischen Jugendverbandes Deutschlands (KJVD) gewesen waren (doch, das gab es auch) – Hauptsache, sie machten ihre Arbeit ordentlich. Daher versuchte vonseiten der

Administration auch niemand, die Deutschen zu irgendwelchen politischen Schulungen einzuladen oder gar zu agitieren. Dennoch entwickelten sich vor allem einige ehemalige Hitler-Anhänger und Mitläufer zu beflissenen Obersozialisten, die dem Lagerkommandeur Sacharow Verbesserungsvorschläge unterbreiteten, um das Kollektiv voranzubringen. Einer ihrer Einfälle war es, die Stachanow-Bewegung auch in die Wissenschaft einzuführen und im Objekt eine «Straße der Besten» einzurichten. Der Bergarbeiter Alexej Stachanow hatte 1935 in einer Schicht 102 Tonnen Kohle gefördert, mehr als das Vierzehnfache der vorgeschriebenen Norm. Seitdem hatte der sowjetische Propagandaapparat um den Vorzeigearbeiter eine gewaltige Kampagne zur Steigerung der Arbeitsproduktivität durch «sozialistischen Wettbewerb» entfacht. Die «Straße der Besten» war eine in der Sowjetunion übliche Art Freiluft-Bildergalerie, in der die großformatigen Fotos der Sieger in diesem regelmäßig abzurechnenden Wettbewerb – also von ganzen Kollektiven oder von Einzelpersonen – gezeigt wurden. Unsere «Straße der Besten» scheiterte allerdings am Geheimhaltungsfimmel des MWD. Im Übrigen fürchte ich, dass sich die Russen über unsere eifrigen Opportunisten sogar heimlich lustig machten.

# 10 In der Lagerschule

Der Herbst 1947 brachte für uns Jugendliche eine einschneidende Veränderung: Wir hatten wieder regulären Schulunterricht. Zunächst getrennt von den russischen Kindern bei zwei wolgadeutschen Lehrerinnen, dazu wurden die vier Geburtsjahrgänge 1933 bis 1937 – insgesamt zehn Kinder – in einer Gruppe zusammengefasst. Der Unterricht erfolgte im ersten halben Jahr nur auf Deutsch und dann schon teilweise in Russisch. Ein Jahr später besaßen wir genug Sprachkenntnisse, um nun gemeinsam mit den einheimischen Kindern in die außerhalb des Objektes direkt vor dem Schlagbaum neu erbaute zehnklassige Oberschule zu gehen. Gerlind und Rudolf Pose, Helga Wauschkun und ich kamen in die sechste Klasse und setzten uns gleich am ersten Schultag spontan neben russische Klassenkameraden. Mein Banknachbar hieß Boris Generalow (diesen Familiennamen gibt es wirklich) und war ein Bauernsohn aus der Umgebung. Trotz unserer so völlig verschiedenen Herkunft verstanden wir uns wunderbar. Das war nicht immer so gewesen. Mit den Kindern aus den umliegenden Dörfern, die anfangs, als der Stacheldrahtzaun noch nicht bewacht wurde, öfter mal aus Neugier aufs Objektgelände kamen, hatten wir uns regelrechte Schlachten geliefert. Erst einmal bekämpften wir uns verbal: «Fritzi!», brüllten sie, wir «Iwans!». Anschließend schrien sie «Gitler kaputt» und «Urrah!», wir «Hurra», und dann stürmten wir aufeinander los. Die Prügeleien waren aber an sich bedeutungslos und hörten auch schlagartig auf, als wir gemeinsam die Schule besuchten.

Unsere Schule wurde anfangs von einer russischen Reformpädagogin geleitet. Frau Schatzkaja hatte in den dreißiger Jahren zusammen mit ihrem Mann Stanislaw Teofilowitsch Schatzkij neben dem sowjetischen Pädagogen Anton Semjonowitsch Makarenko neuartige erzieherische Ansätze entwickelt, jetzt war sie eine ältere Dame. Aus meiner Sicht war sie sogar uralt, da sie schon die Oktoberrevolution mitgemacht hatte. Ihr Gesicht war fein gefältelt, plissiert wie ein Kleidungsstück. Wir Kinder wussten nur, dass sie eine berühmte Frau war.

Mit Ausnahme von Deutsch wurden wir nun nur noch auf Russisch unterrichtet. Und zwar von Lehrern, die mit wenigen Ausnahmen kaum älter als wir Schüler waren. Sie waren zwar streng, verstanden aber in der Regel ihr Fach. Allerdings enthielten die sowjetischen Schulbücher damals eine Menge russisch-chauvinistischen oder ideologischen Unfugs. So waren praktisch alle großen Entdeckungen und Erfindungen von Russen gemacht worden, und angeblich war die Sowjetunion das weltweit erste Land, das die allgemeine Schulpflicht einführte. In solchen Fällen mussten wir den Lehrern natürlich widersprechen, einfach, weil wir es besser wussten. Unsere Lehrer respektierten übrigens, dass wir alle, auch die Russen, mindestens zwei Jahre älter waren, als es der Klassenstufe entsprach. Daher herrschte im Unterricht eine fast kameradschaftliche Arbeitsatmosphäre. Dazu trug gewiss auch bei, dass wir nach der langen schullosen Zeit richtig lernbegierig waren. Schließlich zwang uns auch die Not zusammen. Vor allem in der ersten Zeit herrschte nämlich Mangel an allen Lehr- und Unterrichtsmaterialien, manchmal sogar an Schreibpapier. Wir schrieben dann unsere Rechenaufgaben auf den Rändern alter Zeitungen.

Natürlich trieben wir gelegentlich mit den Lehrern auch unseren Schabernack. Über einem Aufsatz, ganz gleich ob er von Alexander Puschkin handelte oder vom Verhalten von Meeressäugern, musste damals oben rechts ein Motto stehen, möglichst ein passendes Zitat von irgendeiner Berühmtheit. Mein Schulfreund Rudolf Pose und ich fügten bei jeder unserer schriftlichen Ausarbeitungen die bereits erwähnte Maxime von Lenin über die Elektrifizierung des Landes ein. Die Lehrerinnen sagten dann jedes Mal: «Das passt doch gar nicht zum Thema!»

Erstaunt antworteten Rudolf und ich dann unisono: «Wieso? Das hat Lenin gesagt. Das ist immer richtig!»

Diese Antwort brachte sie in Verlegenheit, da sie darauf keine politisch korrekte Antwort parat hatten. Sie waren ja im Recht, aber dennoch ließen wir von unserem Spiel mit dem Lenin-Zitat nie ab.

Unser Lehrer für Deutsch war mein Onkel Frank Joachim. Onkel Frank war ein äußerst friedliebender Gymnasiallehrer, der gleich in den ersten Tagen des Krieges gegen die Sowjetunion als einfacher Infanterist an die Ostfront musste, wo er grauenhafte Kämpfe erlebte. Irgendwann geriet er in Gefangenschaft. Da unsere Eltern wussten, dass er in sowjetischer Kriegsgefangenschaft war und man auch viele kriegsgefangene Wissenschaftler und Techniker in unser Objekt gebracht hatte, beantragten sie bald nach ihrer Ankunft bei der Kommandantur, dass man ihn doch als Erzieher der Kinder einsetzen könnte. Sie glaubten, ihm damit etwas Gutes zu tun. Was ein Irrtum war, wie sich bald herausstellen sollte. Tatsächlich erschien er ein Jahr später, völlig abgemagert und fast ohne Zähne, in einer alten Fliegeruniform. Aber er brachte gute Nachrichten mit: In einem Durchgangslager bei Moskau hatte er kurz zuvor zufällig Eberhard und Gottfried getroffen. Die beiden Brüder meiner Mutter und von Onkel Frank waren also am Leben! Trotz des Zauns war mein Lehrer-Onkel froh, wieder unter halbwegs zivilen Verhältnissen zu leben. Er erholte sich schnell und wurde zu einer wichtigen Bezugsperson für uns deutsche Kinder.

Onkel Frank gehörte zu den wenigen Menschen, von denen ich eine kräftige Ohrfeige bekam. Nie sollte ich sie vergessen. Wir waren gerade zusammen in dem winzigen Wäldchen, das anfangs noch zum Objekt gehörte, um Pilze zu sammeln. Ich war sechzehn und fing an, mich leicht pubertär zu verhalten. Plötzlich hörten wir aus der Ferne Panzerketten rasseln, und reichlich unsensibel sagte ich grinsend zu ihm: «Na, dir altem Landser müsste der Lärm doch gefallen, du bist ihn doch noch vom Krieg gewohnt.» Zack! Seit diesem Moment wusste ich, dass er Dinge erlebt haben musste, die zu schrecklich waren, um darüber zu reden.

Das war mein erster Schritt zum bewussten Pazifismus. Auch eine zweite wichtige Erfahrung verdanke ich ihm aus dieser Zeit. Als unser Deutschlehrer ließ er uns einen Schulaufsatz über Thomas Manns *Buddenbrooks* schreiben. Mir Schnösel, der ich damals war, schien dieser Roman viel zu dick, um ihn ganz zu lesen. Also besorgte ich mir eine Kurzfassung davon, die es im russischen Verlag *Mir* gab, knappe fünfzig Seiten dünn, und schrieb auch noch einiges vom russischen Vorwort ab. Ein paar Tage später bekamen wir die Aufsätze zurück. Ich saß auf der Bank, Onkel Frank legte mir das Heft auf den Tisch, schaute auf mich herunter und sagte spöttisch: «Cornelius, wenn du dich mal wieder zu irgendetwas äußerst, dann mit dem Original im Hintergrund und mit eigenen Gedanken; die Kurzfassung und das Vorwort dazu kenne ich auch.» Das saß, genauso heftig, als hätte er mir noch eine reale Ohrfeige verpasst. Nie wieder schmückte ich mich mit fremden Federn, und das sage ich nicht nur als Wissenschaftler.

Frau Schatzkaja war eine sehr bestimmt wirkende, aber zugleich gutherzige Pädagogin. Sie rettete mich einmal davor, dass ich von der Schule flog. Es war ein Dienstag, ich musste vor der Klasse ein Kurzreferat über den russischen Schriftsteller Nikolai Tschernyschewski halten. Als ich wieder Platz genommen hatte, wurde ich von der Lehrerin gelobt, die wir nur «Tuschkasten» nannten. Und zwar deshalb, weil sie als Großstädterin – sie stammte aus Moskau – für die Provinz ungewöhnlich stark geschminkt war. Sie war eine höchst ekstatische Literaturfreundin und schwärmte unentwegt:

«Ist das nicht herrlich! Wie schön ist doch unsere russische Sprache! Könnt ihr das nicht verstehen?» Unsere schnöde Antwort: «Nein!» Sie konnte einem manchmal schon leidtun. Sie hatte es schwer, uns halbwüchsige Lümmel zu begeistern. Jeder von uns war durch eine Schule gegangen, die sich Krieg, Hunger, möglicherweise Evakuierung nannte. Wir glaubten das Leben meistern zu können, die Gedichte von Puschkin waren nicht gerade immer das, was man dazu brauchte.

Aber an diesem Tag genoss ich ihr Lob, immerhin hatte ich meine Sache also gut gemacht. Am nächsten Tag, am Mittwoch, hatten wir wieder Unterricht im Fach Literatur. Ich war nicht vorbereitet, da ich mir gesagt hatte: «Da du gestern dran warst, wirst du heute in Ruhe gelassen werden.» Ich wäre sicher auch nicht drangekommen, wenn nicht unangemeldet eine Schulinspektion aus dem Bezirk Kaluga ausgerechnet in unserer Klasse hospitiert hätte, um den Unterricht zu begutachten. Natürlich wollte die Lehrerin, unser «Tuschkasten», glänzen, und zwar mit ihrem «Liebling». Gemeint war damit ich, das war nicht zu leugnen. Zu meinem Entsetzen musste ich also erneut vortreten.

Anwesend waren die Direktorin, ihr Stellvertreter, ein scharfer Parteimensch und Politkommissar der Schule, sowie die Gruppe der Inspektoren. Und ich stand da nun vor der Tafel und wusste nichts. Um das zu kaschieren, fing ich an, mich ein bisschen schnodderig zu benehmen. Zum Schluss meines Drumherumgeredes sagte ich: «Ich kann ja nicht jeden Tag was wissen.» Und: «Das Thema liegt mir nicht.» Dummerweise trug ich an diesem Tag auch noch eine umgearbeitete Offiziersreithose, Schaftstiefel und die von meinem Onkel mitgebrachte Fliegerjacke, natürlich ohne jegliches Lametta, aber negativ fiel das trotzdem auf. Man hielt mir vor, ich hätte arrogant gesprochen und auf den Absätzen meiner Stiefel gewippt, kurz gesagt, ich hätte mich benommen wie ein faschistischer Offizier.

Da das vermutlich leider stimmte, konnte ich dagegen auch nicht protestieren. Das Ergebnis meines dämlichen Auftritts war, dass ich von der Schule flog. Frau Schatzkaja hatte aber am selben Nachmittag eine Unterredung mit meinem Vater, und am Ende hieß es dann, dass ich wieder am Unterricht teilnehmen dürfte. Über den Vorfall wurde nie mehr gesprochen.

Es war nicht das letzte Mal, dass ich von der Schule verwiesen wurde, in dem anderen Fall war ich aber nicht der Einzige, Rudolf Pose flog mit mir. Der Grund: Wir hatten einen Klassenstreik organisiert, weil die Schule nicht geheizt war. Aber auch dieser Rausschmiss währte nicht lange, Rudolf und ich wurden wieder in Gnaden aufgenommen.

Ein drittes Mal habe ich die Schule selbst unter Protest verlassen. Und wieder war der Auslöser das Fach Literatur. Wir behandelten Ilja Ehrenburg, den Sowjetdichter und Propagandisten, der auf Stalins Geheiß zu Kriegszeiten eine Reihe von wüsten Hetzartikeln für die Armee-Zeitung *Krasnaja Swesda* (Roter Stern) verfasst hatte. So schrieb Ehrenburg: «Deutsche sind keine Menschen. Deutsche sind zweibeinige Tiere, abscheuliche Geschöpfe, Bestien. Wir sagen nicht mehr ‹Guten Morgen› oder ‹Gute Nacht›. Wir sagen am Morgen: ‹Töte den Deutschen›, und in der Nacht: ‹Töte den Deutschen.›» Unsere russischen Klassenkameraden senkten verlegen die Köpfe, als einer von ihnen diesen Text vorlesen musste. Ich aber wurde zunehmend wütend, und irgendwann platzte mir der Kragen: «Wir hier sind auch Deutsche, sind wir etwa keine Menschen? Glaubt ihr etwa diesen Blödsinn?» Dann marschierte ich quer durch das Klassenzimmer und knallte von außen die Tür zu. Dem «Tuschkasten» war das sehr peinlich, er lief mir sofort hinterher und entschuldigte sich fast unter Tränen: «Wir mussten das durchnehmen, das gehört obligatorisch zum Lehrplan. Aber jetzt haben wir eine andere Zeit, wir beenden einfach das Kapitel.»

Die sowjetische Oberschule schloss damals nach zehn Schuljahren mit dem Abitur ab. Wir zehn – vier Deutsche und sechs Russen –

waren die Ersten, die an der Obninsker Oberschule dieses Ziel erreichen sollten. Dabei stand unsere Schule mit allen anderen Schulen in der *Oblast* im «sozialistischen Wettbewerb» um die besten Abiturzeugnisse – sozusagen ein PISA-Test auf sowjetischer Bezirksebene. Ich schien ein aussichtsreicher Kader zu sein, da ich ganz gute Noten hatte. Ich merkte es daran, dass die Lehrer plötzlich zu mir sagten: «Cornelius, du warst doch immer so gut in Mathematik, warum hast du jetzt auf einmal eine Zwei geschrieben? Denk mal darüber nach.» Und ich dachte darüber nach, setzte mich auf den Hosenboden und lernte, sodass es mich auch nicht wunderte, als ich schließlich ausgewählt wurde, die Schule zu vertreten. Alle Hoffnungen setzte man in mich, dass an unserer Schule eine Goldmedaille vergeben würde – was hieß, dass sie einen Schüler präsentieren konnte, der in allen Fächern eine Eins hatte. Silber bekam man, wenn man neben Einsen höchstens eine Zwei auf dem Zeugnis hatte. Die Goldmedaille erlaubte übrigens einem Abiturienten, an jeder beliebigen Hochschule der Sowjetunion – mit Ausnahme der Universitäten Moskau und Leningrad – ohne die sonst obligatorische Aufnahmeprüfung zu studieren.

Die Abiturprüfungen fanden im Sommer 1952 statt und damit der Wettbewerb. Zuerst ein Aufsatz in Russisch. In drei Stunden schrieb ich fünf Seiten, das Thema habe ich vergessen. Nicht aber, dass ich grüne Tinte benutzte. Welcher Teufel mich da geritten hatte! Tinte stellte man als Schüler selbst her, indem man spezielle Farbtabletten in einem Glas heißem Wasser auflöste. Ich hatte nun meinen Füllfederhalter mit dieser selbstgemachten Tinte gefüllt und meinen Aufsatz ganz in Grün abgeliefert. Danach mussten wir den Raum verlassen und auf dem Gang warten, ob auch alles in Ordnung war. Plötzlich kam unsere Literaturlehrerin, der «Tuschkasten», vor die Tür. In diesem Augenblick wollte sie aber nicht wie sonst die russische Sprache in den Himmel loben, sondern ich sollte ihr meinen Füllfederhalter geben. Etwas irritiert holte ich ihn aus meiner Tasche und reichte ihn ihr, und erst hinterher wurde mir klar, warum sie danach fragte. Da ich nicht perfekt Russisch konnte, schon gar nicht schriftlich, wollte sie offensichtlich meine Fehler ausbessern – und das konnte sie natürlich nur mit grüner Tinte. Ihr eigener Füllfederhalter war ja mit der üblichen violetten Tinte gefüllt.

Der Tuschkasten sorgte dafür, dass mein Aufsatz fehlerfrei wurde und ich wirklich eine Eins dafür bekam. In allen anderen Fächern lief es ebenso gut. Und tatsächlich: Ich war nun der Goldmedaillenträger, ein Vorzeigemensch, der bei der großen Schulabschlussfeier mit Lobreden und Blumen überhäuft wurde und der eine aufbauende Rede – natürlich auf Russisch – für die Erstklässler halten musste. Sogar Objektkommandant Oberst Sacharow persönlich beglückwünschte mich, und meine Eltern waren sehr stolz auf mich.

Vier Wochen später sollte ich Zeugnis und Medaille abholen. Die Direktorin übergab mir ein braunes Kuvert mit dem Zeugnis und eine kleine Pappschachtel mit der Medaille. «Herzlichen Glückwunsch, Cornelius», sagte sie. Mehr nicht. Zu Hause öffnete ich die Pappschachtel. Ich musste zweimal hinschauen. Die Medaille war nicht aus Gold, sondern aus Silber. Ich dachte erst: Das nennt sich wohl Goldmedaille, ist aber anscheinend aus Silber. Die machen das, um Geld zu sparen. Danach zog ich mein Zeugnis aus dem Kuvert. Und siehe da: In einem Fach – Russisch – hatte ich plötzlich eine Zwei. Das war sicher sachgerecht, aber man hatte mir doch etwas anderes gesagt! Was war passiert? Später erfuhr ich, dass man bei der Auswertung des Wettbewerbs auf Bezirksebene meinte, es könne nicht sein, dass die erste Goldmedaille in der kurzen Geschichte der Obninsker Schule ausgerechnet ein Deutscher erhalte. Na gut, dann eben eine Silbermedaille, ich nahm das ziemlich gelassen auf. Später, als wir in Suchumi interniert waren, erhielten drei Kinder aus den deutschen Familien wirklich Goldmedaillen. Da war man bei den Nachforschungen wohl nicht so gründlich. Oder es spielte in dieser Region des Landes nicht so eine große Rolle, woher man kam.

Als ich mir dann mein Zeugnis – immerhin aus Banknotenpapier – genauer ansah, stand da noch: «Ausgestellt von der ersten Oberschule Moskau». Nie hatte ich die auch nur für einen Tag von innen gesehen. Auch die Unterschriften waren unleserlich, also gefälscht. Berijas MWD machte es möglich. Vor der Rückkehr in die Heimat musste ich übrigens auch dieses seltene Exemplar bei der Kommandantur abliefern und erhielt dafür ein neues, auf dem nun überhaupt keine Angaben zur Schule mehr standen.

Wenn ich nach dem Abitur jemanden vermisste, dann war es unser Mathematiklehrer Jewgenij Fjodorowitsch Woroschejkin. Meine Schwester Bettina, die in eine Klasse unter mir ging, schwärmte regelrecht für ihn. Aber auch wir Jungen fanden ihn toll. Jewgenij Fjodorowitsch war um die dreißig und ein richtiger Naturbursche im Holzfällerlook. Er wanderte gern, schlief im Freien und hatte – ohne kumpelhaft zu werden – viel Verständnis für uns junge Leute. Machte einer von uns einen Fehler, drückte er öfter ein Auge zu, wobei er sagte: «Du weißt, dass das blöde war, mein Lieber. Mach das nicht noch einmal.» Nach dem Abitur organisierte er für uns noch eine Klassenfahrt. Dazu trieb er einen Lkw mit Ladefläche auf, auf die Bänke gestellt wurden. So fuhren wir – selbstverständlich mit MWD-Begleiter – eine gute Woche lang durch Zentralrussland, besuchten Museen, sahen Jasnaja Poljana, das Landgut, auf dem Leo Tolstoi gelebt hatte. Wir haben unterwegs gezeltet, am Lagerfeuer gekocht, in Flüssen gebadet und abends zur Ziehharmonika romantische oder temperamentvolle russische Volkslieder gesungen. Besonders angetan hatte es uns das Lied vom Mädchen Katjuscha, das am Fluss von seiner Liebe singt:

*«Raszwetali jabloni i gruscha,*
*poplyli tumani nad rekoi,*
*wychodila na bereg Katjuscha,*
*na wysoki bjereg, na krutoi.»*

*(Es blühten die Äpfel und Birnen,*
*Nebelschwaden lagen überm Fluss,*
*als ans Ufer hinaus ging Katjuscha,*
*hinaus an das Ufer hoch und steil.)* *

Durch Zufall traf ich Jewgenij wieder, als ich als Student im Kaukasus an einer Exkursion teilnahm. Wir umarmten uns, sehr zum Entsetzen unseres damaligen Bewachers, der nicht wusste, dass wir zuvor beide in einem anderen Objekt des MWD gelebt hatten.

Als ich Jahrzehnte später, im Mai 1999, im Auftrag der Hochschulrektorenkonferenz zu einem deutsch-russischen Seminar der Staatsduma der Russischen Föderation nach Moskau reiste, war nach vielen Verhandlungen mit Delegierten und mit den zuständigen Ministern ein Besichtigungstag angesetzt. Ich sagte:

«Entschuldigt, aber ich klinke mich da aus, ich würde gern nach Obninsk fahren. Ich bin dort aufgewachsen, seit fünfundfünfzig Jahren war ich nicht mehr dort, ich muss diesen Ort wiedersehen.»

Sehr entgegenkommend gab man mir zu verstehen: «Herr Weiss, Sie müssen da aber nicht den Zug nehmen, wir stellen Ihnen einen Dienstwagen zur Verfügung und fahren Sie dorthin.»

Der Weg führte über dieselbe Straße, die damals der Bus genommen hatte, um uns vom Moskauer Flughafen nach Obninskoje zu bringen; inzwischen war es eine breite, vierspurige Chaussee. Die deutschen Soldatengräber waren nicht mehr zu entdecken, sie waren wohl zugewachsen oder ins Landesinnere umgesetzt worden. Aber die sowjetischen Kriegsdenkmäler, ein Panzer, der in Richtung Westen zeigte, und ein einbetoniertes abgestürztes deutsches Flugzeug, waren noch da. Als wir schließlich die Stichstraße nach Obninsk er-

---

* Nach der Heldin dieses Liebeslieds benannten die jungen Rotarmisten während des Krieges einen neu entwickelten sowjetischen Mehrfachraketenwerfer. Auf deutscher Seite hieß er «Stalinorgel».

reichten, erkannte ich nichts mehr wieder. Das einstige Provinznest war zu einer Stadt mit rund 110 000 Einwohnern herangewachsen, mit Plätzen, auf denen Springbrunnen standen, mit Parks und Kinos und sogar einer Universität.

Zu dieser fuhr man mich zuerst, das war von Moskau aus organisiert worden, und der Rektor der Hochschule fragte mich bei Keksen und Tee:

«Wollen Sie sich denn auch Ihre frühere Schule anschauen?»

Ich antwortete: «Unbedingt. Deswegen bin ich hier. Und auch unser früheres Wohnhaus würde ich gern sehen.»

«Und Ihren alten Lehrer Jewgenij Fjodorowitsch, ihn auch?»

«Aber natürlich, furchtbar gern.» Ich konnte kaum fassen, was ich hörte.

«Er steht vor der Tür.»

Auch das hatte man also vorbereitet. Und nun trat Väterchen Jewgenij in den Raum. Er sah aus wie ein russischer Pope oder wie Karl Marx, in beiden Fällen bezogen auf die Frisur: weißes, wallendes Haupthaar, das ohne Übergang in einen nicht minder weißen Vollbart mündete. Dazu trug er einen abgeschabten, etwas vergilbten dunklen Anzug mit einem schwarzen Stehkragenhemd und einem gigantischen Orden auf der Brust. Unter dem Arm hielt er einen Stoß mit Klassenbüchern, in denen sämtliche Noten von uns Schülern verzeichnet waren. Nach einer herzlichen Umarmung musste er mir auch gleich vorhalten: «Cornelius, was war hier bloß los? Da hast du zwei Zweier hintereinander gemacht. Ich war so enttäuscht.» Danach sprachen wir über die einzelnen russischen Schüler, die mit uns die Lagerschule besuchten. Einige waren schon gestorben. Schließlich wagte ich zu fragen:

«Jewgenij Fjodorowitsch, ich weiß, Sie waren im Krieg an der Front, als Leutnant, und dann kamen Sie zu uns. Wieso wurden Sie gerade an diese Schule geschickt?»

Mein früherer Lehrer begann nun seine Geschichte zu erzählen:

«Ich wurde in Unehren aus der Roten Armee entlassen. Als meine Einheit in Ostpreußen die Grenze überschritten hatte, fingen meine Soldaten an zu plündern. Ich sagte dann: ‹Leute, das geht nicht!›, und stellte mich vor die deutsche Zivilbevölkerung. Das galt damals als Verbrüderung, und so kam ich genauso in diese Scharaschka wie ihr Deutschen und durfte nicht raus, einzig zum Unterrichten.»

«Ja, und jetzt?» Dabei hatte ich den großen Orden im Auge.

«Jetzt bin ich rehabilitiert. Ich bin sogar Ehrenbürger der Stadt Obninsk und bekomme eine Ehrenrente.» Danach sagte er mir den Betrag, den er monatlich erhielt, umgerechnet waren das wohl 7,50 Dollar. Schließlich schenkte er mir eine Denkmalsnachbildung oder das Wappen der Stadt, genau erinnere ich mich daran nicht mehr. Aber es rührte mich sehr, gerade angesichts seiner niedrigen Rente.

«Jewgenij Fjodorowitsch, Sie sind ein stolzer Russe, und wenn ich gewusst hätte, dass ich Sie hier treffe, dann hätte ich Ihnen auch gern ein angemessenes Geschenk mitgebracht. Aber darf ich Ihnen vielleicht ein Präsent in Geldform machen?» Ich hatte als eiserne Reserve einen Fünfzigdollarschein bei mir, und als ich ihn Jewgenij überreichte, war er selig.

Für mich war er der Prototyp des gutmütigen, hilfsbereiten, durch alle Zeiten und Gefahren hindurch anständig gebliebenen russischen Normalbürgers. Einige Jahre nach meinem Besuch starb Jewgenij Fjodorowitsch. Ich bin dankbar, dass ich ihn noch einmal sehen konnte: unseren Jewgenuschka.

Nach dem Treffen mit meinem früheren Lehrer wurde mir ein junger Physiker zur Seite gestellt, dessen Vater schon mit dem meinen zusammengearbeitet hatte. Ich war ihm gegenüber zurückhaltend, denn es war nicht auszuschließen, dass er mich überwachen sollte.

«Wo wollen Sie denn zuerst hin?», fragte er.

«Meine frühere Schule würde ich gern sehen.»

Mittlerweile war sie im engeren Sinne keine Schule mehr, sondern eine Weiterbildungsanstalt für Erwachsene, vergleichbar mit einer Volkshochschule. Als wir das Gebäude betraten, roch es aber noch genauso wie damals, nach Bohnerwachs, Holzfußboden und Linoleum. In meinem Klassenzimmer standen nicht mehr dieselben Möbel wie einst, aber es war immer noch «mein Klassenzimmer». Als ich nach dem «Tuschkasten» fragte, sagte man mir, sie sei wieder nach Moskau zurückgekehrt.

«Ich würde gern noch unser altes Wohnhaus sehen, das Finnenhäuschen», sagte ich. Mit dem Holzhaus verband ich die schönsten Erinnerungen.

Wir gingen über eine asphaltierte Straße mit befestigten Fußwegen, in meiner Jugend war hier eine wilde Waldlandschaft gewesen. Das Häuschen stand tatsächlich noch da, mit seinen Ornamenten an den Fenstern, die Onkel Frank aus Holzresten geschnitzt hatte. Das Mansardengeschoss fehlte, stattdessen hatte das Haus nun ein Flachdach, alles wirkte sehr abgewohnt. Der Bewohner, ein älterer Mann, kam heraus und bat mich freundlich in seine Küche. Innen waren viele Umbauten vorgenommen worden, sodass ich mich erst einmal zurechtfinden musste. Der große Ofen war auch weg, an seiner Stelle gab es Fernheizung. Schließlich gingen wir hinaus und schauten auf den Hof. Es war seltsam, aber ich konnte den Weg erkennen, den mein Bruder und ich aus Bruchziegeln zu unserem Toilettenhäuschen gelegt hatten, um im Frühjahr, wenn alles matschig war, besser dorthin zu gelangen.

Der Mann sah meinen Blick, zeigte mit der Hand auf eine Stelle im Hof und sagte: «Dahinten ist auch noch ein Stapel Ziegel, den ich ausgebuddelt habe.»

«Ja», erwiderte ich, «die habe ich alle schon mal in der Hand gehabt, aber das ist lange her.»

Danach gingen der ältere Mann, der Jungphysiker und ich zu dem Steinhaus, in dem wir anfangs gelebt hatten. Es war völlig unverändert. Auch den Objektladen gab es noch, ebenfalls das zweistöckige Kommandanturgebäude, in dem wir unseren ersten Abend verbrachten. Plötzlich wurden Erinnerungen wach, und ich sagte zu dem älteren Mann: «Da ich so ein schwächlicher Junge war, brachte mein Vater hinter diesem Gebäude zwischen zwei Birken eine Brechstange an. Daran sollte ich täglich Klimmzüge üben, und wenn ich erstmals fünf schaffte, sollte ich von ihm genauso viel Rubel bekommen. Ich schaffte das relativ schnell, mein Vater war aber leider nicht bereit, für weitere sportliche Leistungen weitere Rubel auszuloben. Später konnte ich am Reck sogar die Bauchwelle und die Rückenwelle, das hatte uns ein Kriegsgefangener beigebracht, der auch auf dem Gelände hier arbeitete.» Die Verletzungen an den Bäumen, wo die Stange angebracht worden war, konnte man noch gut erkennen, die Eisenstange selbst war inzwischen verschwunden.

Alles erschien mir wie ein Traum. Es war ein Eintauchen in eine fast vergessene Welt, die aber offensichtlich einmal ganz real war. Während unserer Unterhaltung fing der ältere Mann mit dem Fuß in der Erde zu scharren an und förderte plötzlich einige weiße Porzellanisolatoren zutage, die bei der Verlegung von Stromleitungen übrig geblieben waren. In seinem Gesicht arbeitete es. Ich sagte: «Davon lag 1947, als die Sträflinge im Lager waren, an dieser Stelle ein ganzer Haufen, wir haben uns als Kinder auch welche davon genommen.» Warum der Mann in der Erde gegraben hatte und welche Erinnerungen bei ihm an die Oberfläche kamen, fand ich nicht mehr heraus. Es müssen sehr schmerzhafte gewesen sein. Offenbar war er ein ehemaliger Sträfling, der dort hängengeblieben war. Ich wiederum nahm aus einer etwas sentimentalen Eingebung heraus einen der durch das Wühlen in der Erde freigelegten Knopfisolatoren mit.

Ich persönlich verbinde keinen Zorn oder gar wirklichen Schmerz mit dem, was ich dort im Lager erlebt hatte. Vielmehr habe ich überwiegend positive Erinnerungen an diese Zeit. Wir Jugendlichen haben ja nicht echt gelitten, wir haben auch nicht viel vermisst. Man kann nicht vermissen, was man nicht kennt. Wir haben nicht gewusst, wie es ist, wenn man sich als junger Mensch seine Freunde aus einem großen Kreis von Gleichaltrigen und Gleichgesinnten aussuchen kann. Wir haben kaum gewusst, wie es ist, wenn man sich frei bewegen kann. Und wenn wir doch Vorstellungen davon hatten, dann waren das eher vage Erinnerungen aus der Kindheit in Deutschland.

Wir hatten auch keine Ahnung, wie es ist, wenn man sich selbst im rauen Leben zurechtfinden muss. Im Grunde lebten wir in einer doppelt beschützten Welt, wie in einer Glaskugel. «Außen» gab es die MWD-Soldaten, im inneren, familiären Kreis sorgten die Eltern für uns. Es existierten keine unüberschaubaren Gefahren innerhalb dieser Glaskugel. Mit diesen beiden Konstanten wuchsen wir auf. Wir saßen wie die Kaninchen in einem Käfig, fühlten uns aber mit den regelmäßig zugeteilten Möhren und dem Wasser und den Streicheleinheiten, die wir erhielten, durchaus wohl, weil wir das Leben eines Hasen in freier Wildbahn nicht kannten. Der hätte vielleicht das Kaninchengitter mit seinen Zähnen zernagt. Selbst eine Maus kann Draht durchbeißen, wenn sie gefangen gehalten wird. Wir wollten das gar nicht. Es gab nichts Wesentliches für uns zu entscheiden, und so blieben wir psychisch eigentlich alle auf dem Level von Vierzehnjährigen stehen. Natürlich bestand die Gefahr, dass wir dadurch auf Dauer sozial unreif bleiben, in diesem Bereich keine Kompetenzen entwickeln könnten. Das aber verhinderten Schule und Eltern. Und später das Studium.

# 11 Alltag in Obninsk

Die Angehörigen der deutschen Kolonie in Obninsk richteten sich allmählich auf die gegebenen und offensichtlich unabänderlichen misslichen äußeren Umstände ein. Man kann auch sagen: Sie fanden sich mit ihnen ab. Nachdem alle primären Fragen – Wohnung, Versorgung, Arbeitsorganisation – halbwegs geklärt waren, rückten Geselligkeit, Kultur und Unterhaltung wieder mehr in den Vordergrund. Und gerade in dieser Beziehung hatten wir Glück: Unter den Deutschen in Obninsk gab es eine ganze Reihe musisch interessierter und hochtalentierter Leute. Sie alle waren natürlich keine Profis, aber wie mein Vater schon als Student zu sagen pflegte: «Lieber ein guter Dilettant als ein schlechter Profi.»

Es dauerte nicht lange, bis sich im Objekt ein reges Kulturleben entwickelte. Der deutsche Chef selbst, Heinz Pose, der über einen schönen Bariton verfügte, gab ebenso wie unsere Mutter gut besuchte Liederabende, Ernst Rexer und Jürgen von Oertzen, beide hervorragende Pianisten, veranstalteten in ihren Wohnungen Klavierkonzerte, unsere Mutter gründete einen Madrigalchor, in dem Kinder und Erwachsene sangen und der regelmäßig auch zu Konzerten einlud. Zu Pfingsten und zum 1. Mai spielte Kurt Flach auf einer idyllischen Lichtung im Wald hinreißend schön Volksmusik und Schlager auf seinem Bandoneon. Wir hatten sogar eine Theatergruppe, die mit Stücken von Curt Goetz wahre Triumphe feierte.

Eine feste Größe wurde für viele Deutsche auch der von meinem Vater regelmäßig durchgeführte «Leseabend». An jedem Freitagabend las er – meist im Licht einer großen Petroleumlampe – vor knapp zwanzig Zuhörern zwei Stunden lang alles, was irgendwie an Literatur aufzutreiben war, von den Klassikern über Thomas und Heinrich Mann bis Rosa Luxemburg. Danach wurde noch bis Mitternacht bei Tee und Keksen das Gehörte diskutiert.

Zwei Bücher haben mich damals regelrecht geprägt. Sie waren 1949 in Ostdeutschland erschienen und uns von Freunden geschickt worden: das schmale Erinnerungsbuch meines Patenonkels Harald Poelchau *Die letzten Stunden* und Theodor Plieviers *Stalingrad*. Poelchau berichtet in seinem Buch von den Menschen des Widerstands, die er in der Nazizeit als Gefängnisseelsorger in Plötzensee und Berlin-Tegel kennengelernt und auf ihrem Weg zur Hinrichtung begleitet hatte. Der Anstand, der Mut und der Stolz dieser Frauen und Männer aus den verschiedensten Bevölkerungsschichten machten einen unauslöschlichen Eindruck auf mich. Sie wurden – und blieben es bis heute – für mich die eigentlichen Helden der Geschichte. Ich habe es als große Auszeichnung empfunden, viel später einige ihrer Angehörigen persönlich kennenlernen zu dürfen. Die Faszination, die Plieviers Antikriegsroman auf mich ausübte, wurde dadurch verstärkt, dass mir das dort beschriebene Leiden und Sterben der Soldaten beider Seiten durch die in unserer Gegend überall noch sichtbaren Zerstörungen und die vor sich hin rostenden Hinterlassenschaften der Wehrmacht sehr nahe rückte. Das galt noch mehr für seinen 1952 in Moskau erschienenen Roman *Moskau*. Der spielte nämlich zu großen Teilen direkt in unserer Gegend, in Malojaroslawetz, an den Protwa-Brücken und an der Minsker Chaussee.

An dieser Stelle muss ich noch über ein tragisches Schicksal berichten, das uns alle damals sehr berührte. Zu unserer Gruppe gehörte ein Physikstudent, der sehr schön singen konnte und Blockflöte spielte. Er war nach dem Überfall auf die Sowjetunion sehr jung eingezogen worden und musste in der Heeresgruppe Mitte die schweren Kämpfe vor Moskau mitmachen. Als er dabei schwer verletzt den Anschluss an seine Truppe verlor, verkroch er sich nachts im Wald. Am nächsten Tag wurde er zwar von einem Suchtrupp gefunden, aber beide Beine waren bis zu den Knien hart gefroren. Sie mussten amputiert werden. Nach seiner Genesung setzte er sein Physikstudium fort, verpflichtete sich aber schon vor dessen Abschluss freiwillig zur Arbeit in der Sowjetunion. Und landete dort, wo er seine Beine verloren hatte – in der Nähe von Malojaroslawetz! Es gelang ihm eines Tages sogar, mit Hilfe einiger Kriegsgefangener den genauen Ort ausfindig zu machen. Ich kann nur ahnen, was in ihm dabei vorging. Und ich verstehe gut, dass sich die jungen Männer an diesem Abend sinnlos betranken.

Was die Musik betraf, hatte unser armer Vater allerdings Pech: Niemand im Objekt spielte ein Streichinstrument, das heißt, er konnte zwar mit einem der Pianisten Cellosonaten spielen, aber die Geigen und die Bratsche hatte er umsonst gekauft. Zunächst! Denn meine Mutter erbarmte sich, brachte sich selbst mit Hilfe einer alten russischen Geigenschule die Grundlagen des Geigenspiels bei und gab die dann – mit einem Kenntnisvorlauf von vier Wochen – ungebeten und recht energisch an meine Schwester (Geige) und mich (Bratsche) weiter. Nach knapp einem Jahr stand tatsächlich das ersehnte Streichquartett. Wir spielten zuerst einfache Mozartquartette, später aber auch Haydn (zum Beispiel das *Rasiermesser-Quartett*)* und versuchten uns sogar an Beethoven. Ich wage mir gar nicht vorzustellen, wie es geklungen hat; jedenfalls sind wir glücklicherweise nie vor Publikum aufgetreten. Natürlich hatten einige aus der Gruppe auch – damals noch mechanische – Grammophone und alte Schellack-Schallplatten über den Krieg gerettet. Die wurden nun untereinander ausgetauscht und so lange in kleinen Hauskonzerten gespielt, bis sie völlig abgeschliffen waren.

---

* Streichquartett f-Moll, opus 55, Nr. 2

Sport wurde ebenfalls großgeschrieben. Leni von Oertzen gründete eine Gruppe für rhythmische Gymnastik und organisierte Turnfeste, die Kriegsgefangenen bauten mit Hilfe schweren Geräts, das die Kommandantur zur Verfügung stellte, einen Tennisplatz und später gleich noch daneben einen Volleyball- und einen Faustballplatz. Wir Jugendlichen hatten nun das Privileg, jeden Morgen vor der Schule – wenn es das Wetter zuließ – ein bis zwei Stunden Tennis zu spielen. Und für die Winterzeit richteten wir uns einen Tischtennis-Keller ein. (Die Sportplätze bestehen übrigens heute noch, sie sind bei Google Maps klar zu erkennen.) Außerdem gab es natürlich noch eine ganze Reihe von festen Skat-, Doppelkopf- und Bridgerunden.

Eine echte weihnachtliche Attraktion wurden ab dem zweiten Jahr die musikalischen Krippenspiele, die unsere Mutter aus Bibeltexten und Gesangbuchversen zusammenstellte und mit uns Kindern und Jugendlichen einstudierte. Andrea von Oertzen hatte das sanfteste Gesicht, deshalb spielte sie regelmäßig die Maria. Ich hatte die Rolle eines der Drei Könige, dabei musste ich auf der tiefen C-Blockflöte spielen. Das misslang allerdings einmal, da Rudolf Pose seinen kleinen Finger in das Schallstück der Flöte gesteckt hatte und ihn vor meinem Auftritt nicht mehr herausbekam. Zu den je zwei Aufführungen leuchteten einladend zwei festlich mit Kerzen bestückte Fichten rechts und links vom Eingang zu unserem Finnenhäuschen in die Nacht. Das Häuschen musste allerdings vorher fast leer geräumt werden, da sich kein Angehöriger der deutschen Gruppe die hier herrschende Weihnachtsstimmung entgehen lassen wollte.

Dass es in Obninsk ein derart reges Kultur- und Geistesleben gab, war angesichts der Isolation und der völlig unsicheren Zukunft ein ganz wesentlicher Grund dafür, dass alle gesund zurückgekommen sind. Es gab zwar einige ernsthafte Erkrankungen, es gab natürlich wie überall gewisse Animositäten und auch mal offenen Streit, aber diese Dinge eskalierten nie ins Bedrohliche. Es gab auch keine gefährlichen Depressionen. Das war keineswegs selbstverständlich. In anderen Objekten, wo die Deutschen nicht selbst für sinnvolle geistige Beschäftigung sorgten, kamen durchaus Schlägereien, schwerer Alkoholismus und auch – vergebliche – Fluchtversuche vor.

Bei der Gelegenheit muss ich erwähnen, dass die Deutschen in Obninsk, wie einst die Urchristen, aus ihrer Mitte auch einen amtierenden Pfarrer gewählt hatten, nämlich den Chemiker Walter Herrmann. Seine ruhige Art, die Fähigkeit, zuhören zu können, prädestinierten ihn trotz seiner Jugend – er war damals kaum vierzig – für diese Aufgabe. Seine Amtsgeschäfte waren natürlich immer nur vorläufiger und Gott sei Dank auch immer erfreulicher Natur: mehrere Kindstaufen und, wenn ich mich richtig entsinne, zwei Eheschließungen.

Und einen weiteren für uns wichtigen Menschen muss ich unbedingt erwähnen: unsere wunderbare russische Lagerärztin Sinaida Fjodorowna Kruschko. Sinaida Fjodorowna, eine typische «russkaja krassawiza» (russische Schönheit), hochgewachsen mit strengem blondem Haarknoten, hatte Schreckliches hinter sich. 1941 war sie, Studentin der Medizin und im 6. Monat schwanger, immer vor der Wehrmacht her zu Fuß von Smolensk bis Moskau geflohen. Dort wurde sie als Truppenärztin im Range eines Leutnants eingezogen und war bis Kriegsende unmittelbar an der Front. Über das Schicksal ihres Kindes weiß ich leider nichts. Nun also war sie als Chefin des «medpunkt» (russisch für kleine Krankenstation) in unser Objekt kommandiert worden. Wir kannten sie nur im stets offenen weißen Kittel, unter dem sie stolz die Uniformbluse mit mehreren hohen Orden, den knielangen blauen Uniformrock und natürlich Stiefel trug. Streng genommen war sie, da sie nur drei oder vier Jahre studieren konnte, keine approbierte Ärztin, sondern «Feldscher». Aber sie verstand ihr Handwerk (und kannte, das war genauso wichtig, ihre fachlichen Grenzen), war immer da, wenn sie gebraucht wurde, kümmerte sich Tag und Nacht rührend um ihre Patienten und hat viel Übel auch von uns Kindern abgewendet. So rettete sie durch ihren energischen Einsatz vermutlich meinem schwer erkrankten Vater das Leben. Und mir den kleinen Finger, den ich mir in der Schule beim Transport eines Sportgeräts fast abgeschnitten hätte.

Irgendwann wurde im Objekt auch das «Kulturhaus» fertig. Dort fanden gelegentlich kleine Estraden-Konzerte statt. Die Künstler, zum Beispiel ein rumänisches Vokal- und Instrumentalensemble, kamen meist aus dem mit uns benachbarten Strafgefangenenlager. Regelmäßig gab es auch Kinoabende. Da wurden viele «Beutefilme» gezeigt, die die Rote Armee in den Babelsberger Filmstudios requiriert hatte. Darunter waren verstaubte Ufa-Produktionen, Komödien mit Theo Lingen, Harry Piel oder Marika Rökk und Schmachtfetzen, in denen Männer an einem weißen Flügel saßen und schnulzige Liebeslieder von sich gaben und Damen mit Korkenzieherlocken oder Ponyfrisur in glänzenden Kleidchen Charleston tanzten. Auf dem Programm standen aber auch *Frau meiner Träume*, einer der ersten deutschen Farbfilme, und die von Deutschland aus Amerika importierten Filme der *Tarzan*-Serie. Die Letzteren waren teils schon fertig auf Deutsch synchronisiert, teils noch in englischer Originalfassung. Es war also eine bunte Zufallsmischung, die im Kino gezeigt wurde. Die Russen rissen die Augen auf und glaubten, das wäre das richtige Leben, das irgendwann nach dem Sieg der Weltrevolution auch das ihre sein würde, die Deutschen schwelgten in Erinnerungen an ihre untergegangene Welt. Auf uns Jugendliche wirkten diese Filme eher komisch, wir konnten mit dem in ihnen gezeigten Lebensstil nichts anfangen. Wir fanden es lächerlich, wie dandyhaft die Filmhelden gekleidet waren und welch armselige Sorgen und Konflikte sie hatten.

Die deutschen und russischen Wissenschaftler arbeiteten in der Regel kollegial zusammen. Anfangs suchten sie durchaus auch private Kontakte – bis sich die sowjetische Bürokratie einschaltete. Es war auf einmal unerwünscht, sich gegenseitig zu besuchen. Plötzlich stotterten die Russen bei Einladungen verlegen herum: «Nein, heute keine Zeit, morgen auch nicht. Vielleicht später mal.» Sie waren offensichtlich aufgefordert worden, solche Kontakte zu unterlassen. Selbst die unvermeidlichen Tennis-Ranglisten wurden für Russen und Deutsche getrennt geführt.

Dreimal im Jahr sollten aber alle zusammen im neuen Klubhaus feiern: am Kampftag der Arbeiterklasse, dem 1. Mai, zur Revolutionsfeier im November und zu Neujahr, dem Weihnachtsersatz in der Sowjetunion. «Deduschka Moros» (Großväterchen Frost), der slawische Weihnachtsmann, war die Symbolfigur des Jahreswechsels. Auf diesen Feiern wurde natürlich die deutsch-sowjetische Freundschaft beschworen, der Friede in der Welt und die lichte Zukunft im Kommunismus. Und Kurt Flach spielte zum Tanz auf. Meist endete das in einem riesigen Saufgelage, wobei die russischen Gastgeber versuchten, die Deutschen unter den Tisch zu trinken, und zwar mit einigem Erfolg. Was auch daran lag, dass die Deutschen glaubten, man müsse, wenn auf Stalin, das Politbüro oder den Frieden angestoßen wurde, das Glas mit den allgemein üblichen hundert Gramm Wodka bis zum letzten Tropfen austrinken. Die erfahrenen Russen hatten aber ihre Techniken, um diese Exzesse zu überstehen. So aßen sie im Vorfeld viele fette Sachen, etwa Ölsardinen, dazu tranken sie eventuell noch einen Schluck Sonnenblumenöl. Und wenn sie merkten, dass das alles nichts mehr half, kippten sie den Wodka in einem unbemerkten Moment in eine Blumenvase oder notfalls in den Stiefel. Nasse Füße waren allemal weniger lästig als der Kater am nächsten Tag.

Mehrmals kehrte mein Vater von diesen Feiern höchst angeheitert nach Hause zurück, aber ob er wirklich betrunken war, weiß ich nicht. Doch ein paarmal gab es Suchaktionen, weil einige Männer ewig nicht nach Hause kamen. Die besorgten Frauen lösten Alarm aus, denn Betrunkene darf man nicht im Schnee liegen lassen, sie wären sonst erfroren.

# 12 Eingesperrt!

Im Jahr 1949 erfüllten sich die schlimmen Vorahnungen der Deutschen: Der uns umgebende Stacheldrahtzaun wurde hermetisch dicht gemacht. Wie früher in KZs war der Zaun oben angeschrägt, mit der Schräge nach innen. Davor ein zwei Meter breiter Bodenstreifen, gepflügt und geharkt, und an besonders unübersichtlichen Stellen hatte man Stahlseile gespannt, an denen, mit Karabinerhaken eingehängt und an kurzen Leinen gehalten, Schäferhunde entlangliefen. Die Hunde waren auf Menschen abgerichtet, sie bellten nicht nur, sondern hätten auch gebissen. Und an jeder Ecke befand sich auf vier Baumstämmen ein Holzhäuschen, vergleichbar mit einem Jägerstand, von dem die Soldaten, die dort Tag und Nacht Wache schoben, Sicht nach allen Seiten hatten. An manchen Stellen waren auch Scheinwerfer angebracht, die natürlich nur ihren Zweck erfüllten, wenn es Strom gab.

Anstelle des großen Tors gab es nun einen Schlagbaum, die meisten kleineren Tore wurden verschlossen. Wir durften fortan das Objekt nur noch in Begleitung eines Sicherheitsbeamten verlassen. Wurden wir – etwa auf dem Markt – von irgendwelchen Leuten angesprochen oder von Bettlern, zückten die Begleitoffiziere des MWD einen kleinen Ausweis, der dafür sorgte, dass auf den Gesichtern der Menschen sofort Angst und Schrecken sichtbar wurden und sie das Weite suchten. Aber es passierte eher selten, dass man uns neugierige Fragen stellte. In Russland galt der Satz: «Man fragt besser nicht» – man könnte nur ein Geheimnis zu hören bekommen, und das ist erfahrungsgemäß höchst unzuträglich. Es gibt glaubwürdige Hinweise, dass Berija selbst den Befehl gegeben habe, ein Begleiter dürfe sich nie mehr als eineinhalb Meter vom zu bewachenden Wissenschaftler entfernen. Auch wir Kinder durften nicht mehr allein zur Schule gehen, obwohl sie nur hundert Meter vor dem Schlagbaum lag. Wir versammelten uns also jeden Morgen hinter dem Schlagbaum, um dann von einem Begleiter zur Schule gebracht zu werden. War der Unterricht aus, wiederholte sich die Prozedur in umgekehrter Richtung, der Offizier brachte uns wieder zurück zum Schlagbaum.

Die Soldaten, die den Schlagbaum bedienten, mussten noch eine besondere Sicherheitstechnik anwenden. Wollte man – als Deutscher natürlich nur mit Begleiter – an ihrem Wachhäuschen vorbei, musste man neben dem eigenen Namen noch die vierstellige Nummer eines speziellen Ausweises, des «propusk», sagen. Der Propusk selbst lag in einem kleinen Brieffach, der kontrollierende Soldat verglich dann die gehörte Nummer mit der, die er in dem Dokument vorfand. Nickte er, war alles in Ordnung, und der Propusk wurde wieder weggesperrt. In meiner Erinnerung waren unsere Ausweise zudem mit einem roten Querstrich versehen, was eben bedeutete, dass wir nicht ohne Begleiter das Objekt verlassen durften. Auch einige Russen hatten solcherart markierte Dokumente, politisch missliebige Institutsangehörige etwa und wohl auch unser Mathematik- und Physiklehrer Jewgenij Fjodorowitsch.

An meine eigene Zahl kann ich mich nicht mehr entsinnen, aber es gibt dazu eine Geschichte, die so erstaunlich ist, dass sie an dieser Stelle erzählt werden muss, obwohl sie erst später passierte. Ich war damals siebzehn, wir waren schon vier Jahre in Obninsk. In dieser Zeit erkrankte mein Vater ernsthaft, er litt schon seit einiger Zeit unter Depressionen, vermutlich ausgelöst durch das Eingesperrtsein und die völlig unsichere Zukunft, nun bekam er eine schwere Lungenentzündung, die man nicht aufklären konnte – war sie durch

Strahlenschäden verursacht oder durch ein Virus? Niemand wusste es. Nichts schlug an von den damaligen Heilmitteln. Schließlich ließ ihn unsere ratlose und verzweifelte Ärztin Sinaida Fjodorowna ins Moskauer Regierungskrankenhaus bringen, wo er tatsächlich wieder kuriert wurde. Sinaida Fjodorowna hielt es für ratsam, für ihn eine Reha-Kur in Sotschi durchzusetzen. Sotschi, am Schwarzen Meer gelegen, nah an Georgien, war schon zur Zarenzeit ein berühmter Badeort, für jeden Werktätigen in der Sowjetunion war es ein Traum, dort einmal Urlaub machen zu können. Die Kur war also in unserer Familie ein großes Ereignis, und damit mein Vater dort nicht erneut in Depressionen verfiel, durfte er eine Person auf diese Reise mitnehmen. Die Wahl fiel auf mich, obwohl es November war und damit mitten in der Schulzeit. Meine Mutter musste ja die Zwillinge versorgen, und wahrscheinlich wollte sie auch, dass wenigstens eines der Kinder mal aus der Enge des Objektes herauskam.

Und so brachte uns eines Tages ein Dienstwagen der Kommandantur mitsamt Begleiter nach Moskau zum Kursker Bahnhof. Dort stiegen wir in einen Zug, der Punkt Mitternacht unter den feierlichen Klängen der Sowjethymne abfuhr. Die Fernzüge in der Sowjetunion bestanden nur aus – zum großen Teil als Reparationsleistung in Ammendorf gebauten – Schlafwagen und waren schon damals für die zum Teil ja extrem langen Strecken zweckmäßig und – jedenfalls in der 1. und 2. Klasse – sogar komfortabel eingerichtet. In jedem Waggon fuhren zwei Schaffner mit, die täglich Staub saugten, die autarke, mit Kohle befeuerte Zentralheizung bedienten und jederzeit auf Wunsch frischen Tee brühten. Die Züge fuhren allerdings sehr langsam und hielten auf den Zwischenstationen bis zu einer Stunde, daher brauchten wir für die knapp tausend Kilometer bis Sotschi etwa zweieinhalb Tage. Wir «wohnten» zusammen mit unserem Begleiter und einem uns unbekannten Russen in einem Vierbettabteil und vertrieben uns die Zeit mit Dominospielen, Gesprächen und

Lesen. Zuvor hatte unser Begleiter uns instruiert, dass wir nichts irgendwie Verfängliches sagen dürften, jedenfalls nicht, warum wir als Deutsche in Russland waren und woher wir kamen. Das war tabu.

Sotschi war die Reise wert. Das Meer und die Luft waren noch sommerlich warm, man konnte unter Palmen baden oder ein Freiluftkino besuchen. Mein Vater und ich fühlten uns nicht wie Vater und Sohn, sondern waren gleichberechtigte Kameraden. Und so standen wir häufig zusammen an einem Kiosk und tranken schweren Rotwein oder Kognak aus der Gegend. Untergebracht waren wir im Sanatorium *Swetlana*, die anderen Kurgäste bildeten eine bunte Mischung aus Offizieren, höheren Beamten, Schauspielerinnen und auch einigen Arbeitern. Auffällig war der hohe Anteil an Leuten aus Sibirien. Uns wurde gesagt, dass sie bevorzugt mit Erholungsreisen in die subtropischen Gebiete am Schwarzen Meer versorgt wurden.

Die Untersuchungen, die bei meinem Vater durchgeführt wurden, ergaben außer allgemeiner Erschöpfung keinen eindeutigen Krankheitsbefund. Die therapeutischen Maßnahmen bestanden folglich einzig in Schwefelbädern, diversen Wassermassagen und gutem Essen. Ich wurde gleich mit untersucht; bei mir entdeckte man einen Zahn, der zu reparieren war, und natürlich probierte ich – schon aus Neugier – alle Anwendungen aus.

Wir hatten viel Freizeit, doch langweilig wurde es in Sotschi nie, denn man sorgte mit Ausflügen in die grandiose Bergwelt des Kaukasus, mit Kulturabenden und Konzerten für reichlich Abwechslung und Unterhaltung. Für unsere Begriffe war in der kleinen Stadt richtig was los. Eines Abends trat in unserem Sanatorium ein berühmter Zauberer auf, Mikhail (Moishe) Kuni hieß er, in der Sowjetunion kannte ihn jeder. Er war ein Jugendfreund von Marc Chagall und hatte an dessen Kunstschule in Witebsk, im Norden Weißrusslands, Malerei studiert, bis er sich der Psychologie und Parapsychologie zuwandte. Er trat Ende der vierziger, Anfang der fünfziger Jahre mit seinen telepathischen Experimenten auf den Bühnen überall im

Land auf. Die Parapsychologie hatte damals in der Sowjetunion, auch weil der weise Stalin viel davon hielt, Hochkonjunktur.

Mein Vater und ich saßen in der ersten Reihe, und Kuni fing mit Zahlenexperimenten an. So forderte er einige Zuschauer auf, zehn beliebige neunstellige Zahlen auf zwei große Tafeln zu schreiben, ohne dass Kuni einen Blick darauf warf. Erst als man die Tafeln in Rotation versetzte, sah er kurz hin, vielleicht eine halbe Sekunde. Sofort anschließend sagte er die Summe sämtlicher aufgeschriebener Zahlen.

Mein Vater konnte das nicht glauben: «Das geht nicht mit rechten Dingen zu», flüsterte er mir zu. «So schnell kann keiner rechnen, ich brauche mindestens eine Viertelstunde dazu. Die Leute haben ihm bestimmt vorher gesagt, was sie auf die Tafel schreiben werden. Oder die Zahlen wurden dem Zauberer irgendwie per Funk mitgeteilt.»

Wir wollten der Sache auf den Grund gehen. Bei der nächsten Aufgabe hoben wir beide schlagartig die Hand, sehr zum Entsetzen unseres MWD-Bewachers. Ärgerlich knurrte er: «Hören Sie, Sie können doch nicht einfach als Versuchskaninchen herhalten, da gerät womöglich alles außer Kontrolle.»

Wir kümmerten uns nicht darum, und tatsächlich wurden wir auf die Bühne gebeten. Ich stand links von Kuni, mein Vater rechts, wobei der Magier unsere Handgelenke umfasste, und je nachdem, wem er sich zuwandte, wurde der Druck etwas stärker. Die erste Frage stellte der Bühnenstar meinem Vater: «Sie sind Anfang des Jahrhunderts geboren, 1901, im ersten Monat des Jahres, am 24. Januar. Stimmt das?» Mein Vater nickte. Als ich an die Reihe kam, lag er auch richtig: 14. März 1933. Unten, in der ersten Reihe, war das Gesicht unseres Begleiters schon dunkelrot vor Wut. Wir waren ja gehalten, nie persönliche Daten weiterzusagen.

«Und jetzt werde ich Ihnen Ihre Passnummer verraten», kündigte Kuni an.

Mein Vater und ich grinsten uns an, wir glaubten Kuni in der Falle: wir besaßen ja gar keine Pässe. Wie sollte der Zauberer da an deren nicht existierende Nummern kommen?

Kuni sah aus, als müsste er eine Weile nachdenken, und um die Spannung zu steigern, sagte er, dass die Zahl deutlich über tausend liegen würde. Und nachdem er noch ein wenig drum herumgeredet hatte, tat er schließlich zwei Zahlen kund, und das waren die Nummern unserer persönlichen Propuski für Obninsk. Sie waren richtig, verblüfft schauten Vater und Sohn Weiss sich an, und bis heute ist es mir ein Rätsel, wie Kuni dies bewerkstelligt hatte. Seitdem bin ich davon überzeugt, dass es mehr Dinge auf dieser Welt gibt, als manche Naturwissenschaftler glauben. Da ich selbst einer bin, habe ich deswegen schon manchen Krach mit meinen Kollegen gehabt. Offenbar ist besonders sensiblen Menschen das «Gedankenlesen» durch Berührungskontakte möglich, vermutlich können sie kleinste Muskelspannungen oder Änderungen der Hauttemperatur als Reaktion auf unhörbar gestellte Fragen erfühlen und interpretieren.

Zurück zum Zaun. Auf einmal durften wir also nicht mehr allein in der Umgebung umherstreifen, nicht mehr Pilze sammeln, nicht mehr Fahrradtouren in die umliegenden kleinen Dörfer unternehmen. Anfangs gab es vom Zaun aus noch einen Sonderzugang zur Protwa. Schließlich wurde uns auch dieser Zugang zum Wasser verwehrt. Einfach hinnehmen wollten die Deutschen das nicht. Eingedenk der Devise, dass der Streik die schärfste Waffe der Arbeiterklasse ist, legten sie im Institut für eine Stunde die Arbeit nieder. Sie wollten durch ihren Protest nur das einfordern, was man ihnen auf dem Papier zugesichert hatte: Bewegungsfreiheit und, wenn schon keine Heimkehr, dann wenigstens Urlaub in Deutschland. Der Aufstand endete damit, dass zwei Leute, der Physiker Karl-Heinz Riewe und der Elektroniker Karl Renker, als willkürlich ausgesuchte «Rädelsführer» bei Nacht und Nebel aus der Gruppe gerissen wurden und mit unbekanntem Ziel verschwanden. Später sickerte durch, dass sie wegen «feindseliger Handlungen gegen den Sowjetstaat» zu fünfundzwanzig beziehungsweise zehn Jahren Arbeitslager verurteilt worden waren. Das war natürlich eine ganz klare Drohung für alle, und sie wirkte auch nachhaltig. Die Deutschen gaben jeden Gedanken an Widerstand auf, fügten sich in ihr Schicksal und verrichteten immer lustloser ihre Arbeit.

Karl Renkers Ehefrau, die mit den zwei Kindern in Leipzig geblieben war, wurde jahrelang über das Schicksal ihres Mannes im Unklaren gelassen. Weil plötzlich keine Post mehr kam und auch die regelmäßigen Geldüberweisungen ausblieben, konnte sie nur ahnen, dass dem Familienvater etwas Schlimmes passiert sein musste. Die SMAD und die deutschen Behörden lehnten trotz aller ihrer Anfragen und Gesuche jegliche Auskunft über das Ergehen des Verurteilten ab. Frau Riewe, die mit ihrer siebenjährigen Tochter von einem Tag auf den anderen ohne jedes Einkommen dasaß, wurde von den anderen Deutschen notdürftig versorgt, bis auch sie irgendwann verschwand. Wir trafen sie und ihr Kind 1953 in Suchumi wieder. Renker und Riewe wurden wenige Wochen nach uns repatriiert. Sie berichteten, dass sie im Kupferbergbau und als Filmvorführer in einem Lager bei Karaganda gearbeitet hätten, mehr durften sie nicht erzählen.

Natürlich merkte auch die Kommandantur, dass sich die Stimmung der Deutschen unter diesen Bedingungen stetig verschlechterte. Wir hatten auch kaum noch ein Interesse daran, das Objektgelände zu verlassen: eine Wanderung unter Bewachung – nein, das machte wirklich keinen Spaß. Die Tatsache, dass das Leben perspektivlos verstrich, dass man als Forscher immer im eigenen Saft kochen musste, diese Isolation, sie zehrte an den Nerven aller. Letztendlich litten darunter auch die Arbeitsergebnisse. Zur Aufmunterung wurden daher mehrmals im Jahr Angebote zu Fahrten – natürlich unter Bewachung – nach Moskau unterbreitet. Dabei ging es um Konzert- und Museumbesuche, oft auch kombiniert mit Einkäufen in den großen Warenhäusern der Hauptstadt. Konzerte in der Moskauer Philharmonie wurden weniger frequentiert, Fahrten in das Bolschoitheater waren dagegen immer begehrt. Diese Veranstaltungen waren eigentlich für die Erwachsenen gedacht – sie wurden von den Deutschen selbst möglichst gerecht verteilt oder gelegentlich auch verlost. Wenn die Eltern eines der Jugendlichen Plätze bekamen, sagten sie aber meist: «Nein, nein, wir müssen nicht mitfahren, wir kennen das schon. Es ist viel wichtiger, wenn ihr Kinder mal was anderes zu sehen bekommt.»

Zu den Moskaufahrten wurde meist der kleine Objektbus benutzt, der wegen seines Aussehens «korobotschka» (kleine Schachtel) genannt wurde. Er hatte Motor und Fahrgestell eines Lkw, bloß mit einem anderen Aufbau. Es gab zweimal vier Reihen Sitze für jeweils zwei Leute, im hinteren Teil befand sich eine durchgehende Bank. Hart gefedert, war es ein sehr robustes Fahrzeug, das mit der Handkurbel gestartet werden konnte, wenn es mal stecken blieb. Der Chauffeur war ständig auf alle Eventualitäten vorbereitet und wusste sich immer zu helfen. Bei einer Reifenpanne wurde zum Beispiel der defekte Schlauch gleich am Straßenrand vulkanisiert. Das ging so vor sich, dass der Schlauch mit dem Defekt nach oben auf ein Brett gelegt wurde, darauf kam ein Gummiflicken und darauf ein alter Motorenkolben mit der flachen Seite nach unten. Das Ganze wurde mit Hilfe des Wagenhebers zusammengepresst und die hohle Seite des Kolbens mit etwas Benzin gefüllt. Das Benzin wurde angebrannt, die Hitze übertrug sich vom Kolben auf den Flicken, und nach einiger Zeit klebte der Flicken unlösbar am Schlauch. Das klingt abenteuerlich, funktionierte aber. Die Fahrzeit für die rund 130 Kilometer bis Moskau lag bei mindestens drei Stunden, mehr als fünfzig Stundenkilometer gaben wohl weder das Fahrzeug noch die Straßenverhältnisse her. Im Winter kamen noch Schnee und Eis hinzu, im Sommer die Tatsache, dass die Kolchosbauern kilometerlang ihr Getreide auf der Straße zum Trocknen ausbreiteten. Am

Stadtrand von Moskau gab es jedes Mal einen zusätzlichen Aufenthalt, da jedes einfahrende Auto auf äußere Sauberkeit kontrolliert wurde und gegebenenfalls an Ort und Stelle vom Straßenschlamm befreit werden musste.

Mein erster Moskauer Opernabend war unvorstellbar schön. Es war mitten im Winter, 20 Grad Kälte, und da die Korobotschka keine Heizung hatte, lieh die Kommandantur allen Mitreisenden riesige weiße Schafspelze aus, wie sie sonst nur die Wachposten anhatten. Diese Pelze machten uns so dick, dass nur noch eine Person auf jede Doppelbank passte. Wir älteren Jugendlichen – ich war siebzehn – setzten uns zu viert auf die Rückbank. Wir hatten in unserem Objektladen eine große Flasche Kirschlikör gekauft, «Für die Rückfahrt», wie wir unserem Deutschlehrer – also Onkel Frank – sagten. Er trug es mit Fassung. Ob außer ihm noch weitere Erwachsene an Bord waren oder nur andere, jüngere Jugendliche und die obligatorischen Begleiter, weiß ich nicht mehr.

Unserem Fahrer hatte man am Platz der Revolution einen speziell für das MWD reservierten Parkplatz zugewiesen, an dem wir uns auch alle wieder treffen sollten, wenn die Oper vorbei war. Die Pelze ließen wir beim Aussteigen im Bus, wir wollten durch sie im Bolschoitheater nicht unbedingt als Provinzler auffallen. Da noch etwas Zeit blieb, machten wir einen Abstecher zum Roten Platz und zum Kreml, dieser riesigen Burg aus dem Mittelalter mit ihren roten Befestigungsmauern und Türmen, auf denen je ein großer roter Sowjetstern leuchtete. Davor die prächtige Basilius-Kathedrale mit ihren vielen verschiedenfarbigen Zwiebeltürmen, alle hell angestrahlt. Das alles mit eigenen Augen zu sehen war schon beeindruckend. Wir wussten, in dieser Festung, in der die Zaren und Großfürsten regiert hatten, arbeitete nun Stalin, der Bezwinger der Nazis, der Kriegsheld, der niemals schlief und in seiner Weisheit alles lenkte. Meine Eltern hatten nie besonders respektvoll über ihn gesprochen, aber nun empfand ich doch eine gewisse Ehrfurcht, als ich zum ersten Mal über den Platz lief. Und als wir vor dem Lenin-Mausoleum standen, sprachen wir nur noch im Flüsterton.

Als wir das Bolschoitheater betraten, tat sich eine Märchenwelt auf. Vergoldete Treppenläufe, Marmor, fünf Ränge. Und überall vornehm gekleidete Menschen. Wahrscheinlich waren sie gar nicht so furchtbar fein angezogen, aber damals erschien es mir so. Und die Frauen, grell geschminkt, hatten sich offenbar regelrecht übergossen mit «Kremljowskaja baschnja» (Kremlturm), so hieß wegen der Form des Flakons ein damals populäres Parfüm mit einem reichlich aufdringlichen Maiglöckchenduft. Später habe ich gehört, dass der sowjetische Modezar Slava Saitzew einen Duft gleichen Namens kreiert hat, aber der wird hoffentlich besser gerochen haben.

Wir flanierten staunend von Etage zu Etage, überall waren riesige Buffets mit Cremetorten in allen Farben aufgestellt, dazu gab es das berühmte Moskauer Eis, das auf kleinen Waagschalen abgewogen wurde, auch Limonade, Wein und Krim-Sekt. Schließlich nahmen wir in aufgekratzt-feierlicher Erwartung Platz. Der Vorhang war noch geschlossen, aber die Orchestermitglieder stimmten schon ihre Instrumente.

Auf dem Programm stand die Komische Oper *Die verkaufte Braut* von Bedřich Smetana. Als die Ouvertüre anfing, mit ihrem triumphierenden Streichersignal, bekam ich schlagartig eine Gänsehaut. Seit den Bach-Konzerten im Charlottenburger Schloss waren acht Jahre vergangen, diese Zeit schien unendlich fern, fast unwirklich. Seither war so viel passiert. Nun aber hörte ich endlich wieder ein großes Orchester, nicht als Konserve, nein, in Natur, live! Und dann ging der Vorhang auf. Die eigentlich eher tragische Geschichte des armen stotternden Wenzel nahm mich durchaus gefangen. Dazu trug auch die sehr naturalistische Inszenierung bei – in der Zirkusszene kamen sogar echte Pferde auf die Bühne. Besonders aber faszinierte mich die phantastische Musik, ich sog buchstäblich jeden Ton auf. Dieses Erlebnis hat mich so nachhaltig beeindruckt, dass ich bis heute nur einen Takt, vielleicht zwei, dieser Oper zu hören brauche, um sie sofort zu erkennen.

Beschwingt liefen wir zurück zum Bus. Der Fahrer kippte am Automaten noch schnell «sto gramm» (100 Gramm) Wodka, dann ging es zurück ins Objekt. Bei diesen Wodkaautomaten konnte man das Geld nicht selbst einwerfen, dazu musste man zu einem blauen Kiosk gehen, der von einer Frau mit weißem Kittel und einer riesigen weißen Mütze geführt wurde. Man konnte an diesen Kiosken Wasser oder billige Limonade kaufen, aber eben auch Wodka. Dazu drückte die Kioskfrau auf einen Knopf, der an einem Hahn angebracht war; die Mindestdosierung war schon festgelegt: sto gramm. Unsere Fahrer tranken eigentlich immer ihren Wodka, bevor sie sich hinters Steuer setzten – im Sommer gegen die Hitze, im Winter gegen die Kälte und allgemein «zur Konzentration». Ich habe nie das Gefühl gehabt, dass sie deswegen unsicher oder leichtsinnig gefahren wären.

Die nächtliche Heimfahrt war richtig romantisch. Draußen herrschte klirrende Kälte, der Vollmond tauchte die verschneite weite Landschaft in helles, bläulich weißes Licht, bei einer Fahrpause hörten wir aus der Ferne ein mehrstimmiges Geheul, der Fahrer sagte, dass das Wölfe seien. Wir aber, zwei Jungen und zwei Mädchen, kuschelten uns, noch völlig erfüllt von dem im Bolschoitheater Erlebten und in die warmen Schafpelzmäntel gehüllt, auf der letzten Bank gemütlich aneinander und genossen unseren Kirschlikör. Um zwei Uhr morgens waren wir wieder im Objekt, erwartet von den ein wenig ängstlichen Eltern.

Von diesem Augenblick an war ich jahrelang ein Opernfan, und immer, wenn wieder mal eine Ausfahrt geplant war, versuchte ich, einen der raren Plätze zu ergattern. Als es Verdis *Rigoletto* gab, ging ich leer aus, worüber ich mich sehr ärgerte. Die andern drei Deutschen aus meiner Klasse – Rudolf, seine Schwester Gerlind und Helga Wauschkun – hatten mehr Glück, sie durften mit, was mich nicht nur noch mehr ärgerte, sondern regelrecht grämte. Am nächsten Tag sang Rudolf in der Schule dauernd mit wissend-triumphierender Miene die Arie «O wie so trügerisch sind Weiberherzen», was mich fast zu Wut- und Eifersuchtsausbrüchen trieb.

Ja, wir waren zwar nur eine winzige Gruppe von jungen Leuten, aber wir fingen an zu balzen. Wir Jungen betrieben nun täglich mit schweren Hanteln (die liegen bis heute bei mir irgendwo im Keller) eine Art Bodybuilding, und für feierliche Anlässe, wie zum Beispiel die Fahrten nach Moskau, hatten wir sogar richtige Anzüge, die man in kleinen Maßschneidereien auf dem Markt in Malojaroslawetz anfertigen lassen konnte. Unsere Mutter wollte uns immer «praktisch» (das hieß in unseren Augen: hässlich) kleiden, und in der Schule wurde gerade die obligatorische Schuluniform eingeführt. Für uns Jungs war die ja noch erträglich: lange dunkle Hose, kariertes Hemd und Schirmmütze, die man beim Grüßen zu ziehen hatte. Aber die armen Mädchen sollten nun dunkelbraune langärmelige Kleider anziehen, dazu alltags eine schwarze und an Feiertagen eine weiße Schürze mit handbreiten, über dem Rücken gekreuzten Trägern. Dazu gehörten weitgehend einheitliche Frisuren: die russischen Jungen hatten, ebenso wie die Soldaten, geschorene Köpfe, die Mädchen sollten «Rattenschwänze» mit jeweils zur Schürze passenden schwarzen beziehungsweise weißen Schleifen tragen.

Uns Heranwachsenden passte das gar nicht, wir wollten irgendwie «modisch» sein. Dazu kam unser Bestreben, uns von der Elterngeneration zu emanzipieren, wie es Jugendliche aller Zeiten tun. So ließ ich mir die Haare wachsen, und zwar bis über den Hemdkragen. Einige von uns ließen sich auch ihre Koteletten herunterwachsen, sofern es ging. Auf diese Weise versuchten wir, unseren eigenen Stil zu kreieren. Von den Russen hatten wir uns abgeschaut, den Nagel des kleinen Fingers endlos lang wachsen zu lassen, das galt als weltmännisch. Ebenso, eine Sicherheitsnadel am Revers zu tragen. Was das zu bedeuten hatte, wussten wir nicht genau, man tuschelte, ein echter Kerl und Herzensbrecher brauche sie in bestimmten kritischen Situationen. Auf keinen Fall war es aber eine vorzeitige Punkversion. Die deutschen Mädchen ihrerseits weigerten sich erfolgreich, die ebenso altmodischen wie hässlichen Einheitskleider zu tragen, und versuchten, sich irgendwie schicke Kleider mit Hilfe ihrer Mütter selbst zu nähen.

Mein Vater beobachtete unsere unschuldigen Verschönerungsversuche mit mildem Blick, nahm sie aber auch als Anlass, um mit mir ein Männergespräch zu führen. Zum Glück ging es dabei nicht um irgendwelche praktischen Einzelheiten sexueller Aufklärung, sondern er brachte mir einige Kernsätze bei, wie man sich als Mann zu verhalten habe: nämlich «ritterlich». So sagte er: «Cornelius, die Frauen sind uns ebenbürtig, in manchen Dingen sind sie sogar weiter als wir Männer, aber körperlich bist und bleibst du ihr Beschützer und notfalls ihr Retter. Das heißt, du nimmst, wenn du neben einer Frau unterwegs bist, immer die Straßenseite.» Sogar die theoretische Möglichkeit einer Fahrstuhlsituation erwähnte er: «Als Mann immer als Erster den Fahrstuhl betreten! Auch eine Treppe. Und unter allen Umständen musst du die Frauen respektieren, auch wenn sie anders sind als wir.» Dann fügte er noch hinzu: «Cornelius, der echte Kavalier beschützt und schweigt.» Es folgte der Hinweis: «Und wenn was passiert, dann stehst du dafür ein. Dann haust du nicht ab und sagst: ‹Keine Ahnung, weiß ich nicht.›» Womit er meinte, ich hätte dafür geradezustehen, wenn eine Liebesbeziehung Konsequenzen haben sollte. Es waren wohl Maximen aus seiner Jugend, aber ich habe sie dennoch verinnerlicht.

Wir waren dann noch ein paarmal in der Oper: *Fürst Igor* mit seinen eindrucksvollen Massenszenen, *Russalka* (da war ein See mit echtem Wasser auf der Bühne) und – märchenhaft – *Schwanensee*. Wir besuchten auch die Tretjakow-Galerie und in den Sommermonaten den «Park für Kultur und Erholung» am Ufer der Moskwa mit seinen Karussells, Restaurants und anderen Attraktionen. Beim ersten Besuch sahen wir dort eine riesige Freiluftausstellung mit erbeuteten schweren Waffen der Wehrmacht. «Die Werkzeuge des Teufels», sagte Onkel Frank. Einige Male begleitete ich meinen Vater auch zu Konzerten in der Philharmonie. Ich erinnere mich vor allem an die gewaltige, der Verteidigung Leningrads gewidmete Leningrader Symphonie von Dmitri Schostakowitsch und das von kaukasischen Rhythmen und Melodien inspirierte Violinkonzert von Aram Chatschaturjan. Heute erkenne ich in diesem Konzert durchaus Analogien zur afroamerikanischen Rhythmik und Melodik. Schön fand ich auch die Gajaneh-Suite, nur der Säbeltanz wirkte auf mich irgendwie aufgesetzt.

Mein Vater erzählte mir damals eine Anekdote über Chatschaturjan und Schostakowitsch: Chatschaturjan genoss hohes Ansehen beim Volk, die Leute trällerten gern die Melodien aus der Gajaneh-Suite. Bei Schostakowitsch sah es dagegen ganz anders aus. Zwar hatte er die berühmte Leningrader Sinfonie geschrieben, aber ansonsten galten seine Kompositionen als viel zu abstrakt. Man beschimpfte ihn als «jüdischen Kosmopoliten». Schostakowitsch wurde daher ins Politbüro bestellt, und man sagte ihm: «Nehmen Sie sich mal ein Beispiel an Chatschaturjan, der schreibt ordentliche volkstümliche Musik und nicht so ein weltfremdes, akademisches Zeugs, wie Sie es tun.» Schostakowitsch wusste sich aber nicht zu helfen, ihm fiel einfach nichts anderes ein. Als er zufällig auf Chatschaturjan traf, fragte er ihn: «Genosse, wie machen Sie das denn mit dem Volkstümlichen?» Der Armenier antwortete: «Ach, ich lasse mich inspirieren.» Das half Schostakowitsch auch nicht weiter, bis er schließlich auf die grandiose Idee kam, einfach eine Chatschaturjan-Sinfonie zu kopieren, aber rückwärts. Auf diese Weise hatte er einen akzeptablen Rhythmus und eine interessante Melodieführung. Und tatsächlich, das Werk wurde volkstümlich, es kam einem bekannt vor und dann wieder auch nicht. Schostakowitsch bekam den Stalin-Preis dafür. Inzwischen war aber der Armenier in

Ungnade gefallen, weil er nach seinen volksnahen Werken ebenfalls eine Phase formalen und abstrakten Schaffens durchlief. Also wurde auch er ins Politbüro einbestellt, und ihm wurde gesagt, er solle sich mal ein Beispiel an Schostakowitsch und dessen jüngstem Werk nehmen. Auch Chatschaturjan war erfinderisch. Nach langer Zeit der Ratlosigkeit hatte er den rettenden Einfall, einfach eine Sinfonie des Stalin-Preisträgers rückwärts zu notieren, um dieses Werk als das seine auszugeben. Der Teufel wollte es, dass er ausgerechnet die letzte nahm, die Schostakowitsch vorher von ihm rückwärts kopiert hatte, sodass zu seiner Verblüffung am Ende sein eigenes fulminantes Frühwerk dabei herauskam.

## 13 Gerüchte, Lethargie und Verzweiflung

Im Lauf der Zeit wurde der uns umgebende Zaun aus «Sicherheitsgründen» mehrmals erheblich verkürzt, sodass wir immer weniger Platz für irgendwelche Unternehmungen hatten. Eines Tages durften wir auch nicht mehr den das Institutsgebäude umgebenden Park betreten, mehrere Soldaten bewachten ihn von außen. Am Ende war das für uns erlaubte Areal auf eine Fläche von knapp einem Quadratkilometer geschrumpft – der sogenannte Idiotenring. Egal, ob im Uhrzeigersinn oder gegen ihn: Länger als zehn Minuten konnte ein Spaziergang nicht dauern. Und eine «Fahrradtour» nicht länger als zwei Minuten. Das erinnerte schon stark an einen Gefängnisinnenhof, in dem die Häftlinge einmal am Tag im Kreis herumlaufen dürfen.

Im Herbst 1951 mussten wir und einige weitere deutsche Familien wegen solch einer weiteren Objektverkleinerung aus den geliebten Finnenhäuschen ausziehen, und zwar ohne jede Vorwarnung und ohne dass mit den Betroffenen je auch nur darüber gesprochen worden wäre. Das war ein Ukas (Befehl) aus Moskau, und fertig. Schon einfache Widerrede wäre als «Sabotage» bewertet worden. Der von uns in den vergangenen drei Jahren mühsam dem Wald entrissene und liebevoll gepflegte Gemüse- und Blumengarten, der von Onkel Frank gebaute kleine Krocketplatz, auf dem sich am Sonntagvormittag die ganze Familie und manche Gäste zu kleinen Turnieren versammelten, alles musste aufgegeben werden. Besonders für die Eltern war das ein herber Schlag, denn es war der Verlust der Rückzugsdomäne, der letzten Möglichkeit, der Lagertristesse wenigstens zeitweise irgendwie zu entkommen.

Während die anderen alle in die großen Häuserblöcke im Zentrum des Objekts ziehen mussten, wurde uns nun zwar eine Wohnung in einem Zweifamilienhaus aus der Zarenzeit am Rande des Objekts angeboten, das tröstete unsere Mutter aber überhaupt nicht. Ihr hatte der erzwungene Auszug aus dem Finnenhaus psychisch den Rest gegeben. Schon in Rittersgrün hatte sie ihre alte Welt verloren, sich immer wieder etwas neu aufbauen müssen, doch jetzt empfand sie den erneuten Verlust als den Gipfel eines sich stets steigernden Schreckens. Von diesem Tag an war sie nur noch unglücklich. Da half auch der Chor nichts mehr, auch nicht die Musik, nicht die Streichquartette, die wir zu Hause spielten. Sie veranstaltete keine Krippenspiele mehr, zog sich aus fast allem zurück und weinte jeden Abend. Was wiederum meinen Vater mitnahm und zu seiner Melancholie beitrug, denn er fühlte sich für ihr Unglück verantwortlich – zumal er wusste, dass er besser dran war, immerhin war er neun Stunden am Tag durch seine Arbeit abgelenkt.

Die Ängste unserer Mutter hatten natürlich auch viel mit uns Kindern zu tun. Wir wurden langsam älter, wuchsen zu jungen Erwachsenen heran. Würden wir uns in der Enge des Objekts nicht zu früh an die Falschen binden? Wieder und wieder grübelte sie darüber nach, was aus uns werden solle. Die Schule war nach der zehnten Klasse vorbei. Wir würden dann vermutlich immer noch in Obninsk sein. Hielten es die Russen überhaupt für wünschenswert, dass man den Kindern der Wissenschaftler eine berufliche Zukunft ermöglichte? Was, wenn wir studieren wollten? Durften wir dazu zurück in die Heimat, oder mussten wir an irgendeine russische Hochschule gehen? Dieser letztere Gedanke, dass nämlich die Familie noch in der Sowjetunion räumlich getrennt werden könnte, war für sie der Albtraum schlechthin. Eine Folge war, dass sie eine regelrechte Aversion gegen das Institut und alle dort Beschäftigten im Speziellen und gegen jede Art von Wissenschaft im Allgemeinen entwickelte. Sie wollte nicht, dass wir Kinder uns mit Naturwissenschaften beschäftigten – «man sieht doch, wohin das führt». Wir sollten möglichst zu Hause bleiben, Musik machen, lesen oder notfalls mit den Eltern Doppelkopf spielen – das war vielleicht das Einzige, was die Russen nicht irgendwie für ihre Zwecke nutzen konnten.

Uns Kindern taten die Eltern und besonders unser Vater, der den Zusammenbrüchen und Vorwürfen der Mutter völlig hilflos gegenüberstand, zwar schrecklich leid, aber allmählich ging uns das tägliche Jammern und Toben der Mutter auf die Nerven.

Vor allem ich war von dieser ewig düsteren Atmosphäre zu Hause betroffen und wurde ihrer zunehmend überdrüssig. Die Geschwister verschwanden tagsüber in der Schule, ich aber saß seit dem Abitur im Sommer 1952 allein zu Haus herum. Die gleichaltrigen Jugendlichen waren inzwischen alle zum Studium abgereist: die beiden Geschwister Pose an die Universität Saratow, Helga Wauschkun und Manfred Zacher, ein einundzwanzigjähriger deutscher Chemielaborant, der in einer für ihn etwas unglücklichen Zwischenposition zwischen uns Jugendlichen und der Elterngeneration stand und in Abendkursen das Abitur abgelegt hatte, nach Minsk.

Ein normaler russischer Abiturient musste seine eigenen Fähigkeiten kritisch einschätzen, und je nachdem, wie diese Selbsteinschätzung ausfiel, konnte man sich an einer der berühmten Hochschulen in Moskau oder Leningrad bewerben, oder man traute sich eher eine Fischereihochschule irgendwo im Fernen Osten zu. Hatte man sich eine Zielhochschule ausgesucht, musste man an ihr eine Aufnahmeprüfung ablegen, die deutlich über das Abiturwissen hinausging. Vier Wochen hatte man Zeit, sich darauf vorzubereiten, verbunden war damit ein Eignungsgespräch. Fiel man in Leningrad durch, konnte man es noch in Kiew oder Omsk versuchen. Klappte das auch nicht, mussten die Männer für drei Jahre in der Armee dienen. Die Studienorte meiner Klassenkameraden hatte jedoch das MWD nach der Maßgabe ausgesucht, dass es dort keine anderen Ausländer gab.

Zwar hatte auch ich mein Abiturzeugnis in der Tasche, aber es verhalf mir zunächst keineswegs zum Studium. Und das lag vor allem an meiner Mutter. Die vom MWD erlaubten Studienorte waren ihr zu weit weg, ich sollte unbedingt in Moskau studieren, mit der Silbermedaille müsse das doch möglich sein. Mir wäre das recht gewesen, aber das wollte das MWD wegen der vielen Ausländer dort unter keinen Umständen. Die Auseinandersetzung zog sich hin, Woche für Woche verging, ohne dass sich etwas tat. Ich könne mich doch nun in Ruhe auf das Studium in Deutschland vorbereiten, eventuell inzwischen als Laborant arbeiten und Lehrbücher lesen, das sei sowieso viel besser, meinte meine Mutter. Ich aber tobte. Ich wollte raus, nur noch raus. Raus aus der Umklammerung durch die Mutter, raus aus der Unmündigkeit, raus aus dem Objekt. Und ich wollte wie die anderen studieren, wenn nicht in Moskau, dann eben in Minsk. Ich meldete mich selbst bei Oberst Sacharow an, mein Vater, der sich an seine eigenen Kämpfe in der Jugend erinnerte, hatte ein Einsehen und begleitete mich zu dem Gespräch. Der Oberst versprach, mir zu helfen, aber es könne dauern, das Studienjahr sei ja schon vor sechs Wochen losgegangen. So blieb ich also erst mal im Objekt hängen, aber schon die Aussicht, dass ich in absehbarer Zeit auch studieren würde, gab mir wieder etwas Auftrieb.

Die gesamte Atmosphäre im Objekt wurde inzwischen fast unerträglich schlecht. Streitigkeiten, Erschöpfung, Depressionen und andere Krankheiten nahmen rapide zu. Viele verkrochen sich in ihren Wohnungen, weil man sich in dem klein gewordenen erlaubten Areal anders kaum noch aus dem Wege gehen konnte. Vom «Prinzip Hoffnung» – der Hoffnung nämlich, dass man uns, wenn die Spezialisten nur ihr Know-how abgeliefert hätten, in die Heimat ziehen lassen würde – hatten sich alle verabschiedet. Stattdessen tauchten neue Ängste auf: Was würden die Russen überhaupt mit uns machen? Könnte es nicht sein, dass wir alle als Geheimnisträger gelten und auf ewig nach Sibirien deportiert werden? So ganz absurd war diese Vorstellung im Reiche Stalins und Berijas durchaus nicht.

Die Kommandantur hüllte sich in Schweigen. Höchstens eine Antwort wie: «Das ist noch nicht entschieden.» Oder: «Nur Ruhe, alles wird gut.» Wahrscheinlich wusste sie auch nicht, was mit uns geschehen sollte. Und in Moskau traute sich unter Stalin wohl niemand, die Verantwortung für irgendeine Entscheidung zu übernehmen. Umso mehr blühte bei uns eine besondere Form der Kremlastrologie auf: «Was hatte Oberst Sacharow zu Dr. X. genau gesagt? Welches Gesicht hatte er dabei gemacht? Wurde er ungeduldig, oder blieb er freundlich?» Das Gerüchte-Karussell drehte sich unentwegt. Wenn abends die Institutsangehörigen nach Hause kamen, war in allen Familien die erste Frage: «Gibt es was Neues?» Und immer wieder glaubte einer, aus dem Kaffeesatz gelesen zu haben, dass die Russen uns zu diesem oder jenem Datum ganz bestimmt gehen lassen würden. Rückte der Termin näher, spürte man unter den Deutschen große Nervosität – doch dann verging der Termin, ohne dass etwas geschah.

Im Spätsommer 1952 passierte dann aber doch etwas: Unsere Mutter kam völlig aufgelöst aus dem Magazin, wo einige andere deutsche Frauen höchst animiert durcheinandergeschwatzt und gespielt teilnahmsvoll zu ihr gesagt hatten: «Sie ja nicht, liebe Frau Weiss, Sie ja nicht.» Es stellte sich heraus, dass den Deutschen im Institut gerade offiziell mitgeteilt worden war, sie alle würden in absehbarer Zeit nach Hause fahren, allerdings mit zwei Ausnahmen: Familie Pose und Carl Friedrich Weiss müssten noch bleiben. Das war für uns ein unerwarteter Schlag. Für Familie Pose war das kein Problem, sie wollte sowieso auf unbestimmte Zeit weiter in der Sowjetunion bleiben. Mein Vater wollte das aber auf keinen Fall, schon gar nicht wollten wir voneinander getrennt werden. Als er versuchte, sich gegen diesen Bescheid zu wehren, sagte man ihm bestimmt: «Tut uns leid, Karl Karlowitsch. Sie werden noch gebraucht!»

Warum der deutsche Chef des Objekts Heinz Pose zu dieser Zeit nicht zurück nach Deutschland wollte, weiß ich nicht. Vielleicht glaubte er, in Deutschland aus politischen Gründen keine beruflichen Chancen zu haben. Erst 1959 kehrte er in die DDR zurück, vorher hatte er am Vereinigten Institut für Kernforschung in Dubna, einer Stadt nördlich von Moskau, auf dem Gebiet der Hochenergiephysik gearbeitet. In der DDR war er bis zu seiner Pensionierung Direktor des Kernphysikalischen Instituts der Technischen Hochschule in Dresden.

Schließlich kam nach langem Zittern aber die erlösende Nachricht – mein Vater durfte doch mit. Allerdings: «Nach Hause»? Das war eine reichlich übertriebene Formulierung. Schon im Winter 1951/52 war klar, dass wir auf keinen Fall irgendwann direkt repatriiert werden würden, sondern vorher eine zwei- bis dreijährige Quarantäne, die sogenannte Abkühlung, absolvieren müssten – der Begriff stammt aus der Technologie der Brennelemente von Atomreaktoren. Damit sollte erreicht werden, dass die Kenntnisse der deutschen Wissenschaftler über Interna des sowjetischen Atomprogramms bei ihrer Entlassung nicht mehr aktuell waren. Diese Maßnahme hatte natürlich damit zu tun, dass das Institut in Obninsk eine der großen Wiegen der sowjetischen Kernphysik geworden war. 1954 wurde in Obninsk das erste Kernkraftwerk der Welt in Betrieb genommen. Wenn es auch vor einigen Jahren abgeschaltet wurde, so ist Obninsk noch immer eine Stadt der Wissenschaft, wobei die deutschen Wissenschaftler und ihre Leistungen bei der Entwicklung der sowjetischen Atomphysik lange Zeit ignoriert wurden. Erst nach dem Zusammenbruch der UdSSR machte man sich langsam daran, diese Seite der Wissenschaftsgeschichte zu erforschen.

Uns wurde mitgeteilt, dass wir die Quarantänezeit in der Nähe von Suchumi, der Hauptstadt der Abchasischen Autonomen Republik, am Schwarzen Meer verbringen sollten. Unsere Abreise war für den September 1952 geplant, sie verzögerte sich jedoch, obwohl die wenigen Möbel, die wir von den sowjetischen Behörden übernommen hatten, und die restlichen Habseligkeiten schon von meinem Bruder Clemens und mir sorgfältig in von uns selbst gebaute große Holzkisten verpackt worden waren. Unser Objekt war bereits seit geraumer Zeit mit einem Stichgleis ans Eisenbahnnetz angeschlossen worden, und endlich, nach einigen Wochen des unruhigen Wartens, wurde am 20. Oktober wirklich ein Güterzug mit zwei angehängten Personenwagen ins Lager geschoben. Alles wurde verladen, ganz generalstabsmäßig. Die Deutschen hatten sich auch von den zwei Personenwagen den Grundriss geben lassen. So konnten sie einen Belegungsplan für die einzelnen Liegeabteile machen. Jede der zwanzig Familien, die die Reise antreten sollten, wusste dadurch genau, wo ihre Plätze waren.

In den Abendstunden wurden wir von der russischen Obrigkeit mit zwei oder drei Reden – Freundschaft, Weltfrieden – feierlich verabschiedet. Heinz Pose und seine Frau wünschten uns – nun doch mit etwas bänglichen Gesichtern – Glück, und der kleine Zug rollte unter großem Hallo aus dem Lager. Wir ließen tatsächlich nach sieben langen Jahren den Zaun hinter uns! Irgendwann nachts wurden wir an einen regulären Güterzug angekoppelt, und als wir aufwachten, fuhren wir schon durch die endlosen Brjansker Wälder. Die Fahrt ging weiter über Tula, Orjol, Belgorod, Rostow am Don, dann unmittelbar entlang der Schwarzmeerküste Richtung Suchumi und wurde für alle zu einer schönen und auch ein wenig abenteuerlichen Abwechslung. Sechs Tage und sieben Nächte kein Alltag, für die Männer keine Arbeit im Institut, für die Frauen kein Kochen, für die Jugendlichen keine Schule und für mich Abiturienten kein Nachdenken darüber, ob und wie das mit dem Studium klappen würde. Alle waren in Aufbruchsstimmung, geradezu euphorisch. Wir sangen, spielten Karten, und wenn der Zug irgendwo hielt, besorgten wir uns Räucherfisch, gebratene Hühner und Enten, eingelegte Gurken, verschiedene «piroschki» (kleine Pasteten), geröstete Sonnenblumenkerne, Wein, Wodka, eben das, was an den Haltepunkten von den Anwohnern angeboten wurde. Meist hielt der Zug so lange, dass die Männer sich an den Wasserhähnen mit der Aufschrift «Kipatjok» (Heißwasser), die es an jeder Station gab, rasieren konnten. Die Lokführer gaben jedes Mal rechtzeitig vor der Weiterfahrt ein Signal, sodass alle wieder aufsitzen konnten.

Wir Jüngeren saßen oft oben auf den Dächern der Waggons, bei durchschnittlich vierzig Stundenkilometern war das ein richtiges Vergnügen, zumal als wir in immer wärmere Regionen kamen. Die Gegend war völlig flach, der Blick weit bis zum Horizont, manche Felder waren viele Kilometer lang. Etwas abenteuerlich schien die Reise ab Armavir zu werden. Fünf oder sechs bewaffnete Soldaten stiegen zu. Der Zug wurde nun von zwei Lokomotiven gezogen, dann ging es abends im Schritttempo steil hinauf zum Indyuk-Pass im Nordkaukasus. Die zwei Zugbegleiterinnen waren sichtlich nervös, verbarrikadierten die Waggontüren von innen mit Draht und forderten uns auf, die Fenster geschlossen zu halten. Es wurde von Räuberbanden gemunkelt, die in der Gegend ihr Unwesen trieben. Unser Zug blieb allerdings ungeschoren, und am nächsten Morgen erwachten wir bei strahlendem Sonnenschein in der Hafenstadt Tuapse am Schwarzen Meer. Es herrschten bestimmt 25 Grad Celsius, so wie ich es schon mit meinem Vater in Sotschi erlebt hatte. Die Luft roch plötzlich ganz anders, nach Blumen und reifen Früchten, irgendwie tropisch. Von nun an fuhren wir meist direkt entlang der Küste, links die Straße, rechts der – meist steinige – Strand des Schwarzen Meeres. Da die Strecke jetzt eingleisig war, hielt der Zug oft und so lange, dass wir sogar im Meer baden konnten.

Irgendwann am frühen Nachmittag erreichten wir schließlich Suchumi. Die Stadt war ein Kurort mit vielen prächtigen, weiß gestrichenen Sanatorien und wie Sotschi berühmt für seine Schwefelbäder. Vor dem Bahnhof standen einige der üblichen Kleinbusse, in die wir nun einsteigen sollten. Dreizehn Kilometer fuhren wir an der Küste entlang – und dann sahen wir vor uns wieder etwas Vertrautes: ein Objekt mit Stacheldrahtzaun, Schlagbaum und Wachhäuschen. Der Schlagbaum hob sich, wir fuhren hinein – und meine Mutter brach augenblicklich erneut in Tränen aus. Aber immerhin waren wir nicht nach Sibirien gekommen, wie sie immer befürchtet hatte, sondern tatsächlich ans Schwarze Meer.

# 14 Quarantäne am Schwarzen Meer

In der Nähe von Suchumi gab es zwei Geheimobjekte der 9. Verwaltung des MWD, auf die wir nun verteilt wurden. Etwa gleichzeitig mit uns kamen auch die deutschen Spezialisten aus Elektrostal und Sungul zur «Abkühlung» nach Suchumi. Hier versammelten sich also fast alle, die seit dem Kriegsende irgendwo in der Sowjetunion am sowjetischen Atomprogramm mitgearbeitet hatten. Nach einer mir später zugänglich gewordenen Aktennotiz des Ministeriums für Staatssicherheit der DDR waren es 104 Familien mit 309 Personen. Mit einer Ausnahme: Gustav Hertz, der einzige Nobelpreisträger unter den deutschen Spezialisten, war bereits in die DDR entlassen worden. Unser neues Objekt hieß Agudsery und war vor dem Krieg ein Sanatorium gewesen. Es war nur von drei Seiten eingezäunt, die vierte Grenze bildete das Schwarze Meer. Dazu gehörte ein großer Park mit Palmen, Bambushainen, Mimosen und Feigenbäumen direkt am Meeresstrand. Das andere Objekt – Sinop – lag ganz nahe von Suchumi, etwa zehn Kilometer nördlich von uns.

In Agudsery gab es nur wenige Jugendliche unseres Alters, umso mehr freuten sie sich über unser Eintreffen. Marion Bumm, die Tochter eines Physikers, freundete sich sehr schnell mit meiner Schwester Bettina an. Wir lernten dort auch Klaus Hottmann kennen, den eigentlichen Besitzer des herrenlosen Kinderschlittens, den wir seinerzeit in Obninsk in Besitz genommen hatten. Klaus Hottmann war uns anfangs sehr böse, als er vom unglücklichen Ende seines geliebten Schlittens erfuhr, obwohl er mit ihm im subtropischen Suchumi sowieso nichts hätte anfangen können.

Durch die willkürliche, vielleicht auch absichtliche Aufteilung der Deutschen auf die beiden Objekte wurden viele der in Obninsk entstandenen Freundschaften auseinandergerissen, sodass die meisten kulturellen Aktivitäten nicht mehr möglich waren. Rexers und von Oertzens und auch Tante Tinchen wohnten nun in Sinop. Deutscher Direktor des Instituts in Agudsery war Gustav Hertz gewesen, dessen Haus bewohnte nun mit seiner Familie der in der Sowjetunion für seine Arbeiten zur Uranmetallurgie hochdekorierte Nikolaus Riehl. Die deutsche Gruppe in Sinop wurde von Peter Adolf Thiessen und Manfred von Ardenne angeführt. Mit Ardenne hab ich dort ein- oder zweimal Tennis gespielt. War ich im Zählstand voraus, rief der russische Schiedsrichter einfach «Vorteil Weiss», war mein Gegner es: «Vorteil Manfred Baron von Ardenne.» Ja, die Russen und der Adel …

Uns wurde ein kleines Holzhäuschen zugewiesen, es hatte praktisch den gleichen Grundriss wie unser früheres in Obninsk. Immerhin hatten wir nun wieder einen Garten – sogar mit einem Mandarinenbäumchen und einer kleinen, schattigen Weinlaube mit gerade reifenden tiefblauen Trauben vor dem Haus. Irgendein Vorgänger hatte sie aus Latten gebaut und den Wein wachsen lassen. Die erste Mandarinenernte wurde allerdings in einem unbewachten Moment von einer Kuh aus der Nachbarschaft komplett aufgefressen.

Das Regime im Objekt ähnelte dem in Obninsk, allerdings mit einigen für uns ganz wesentlichen Unterschieden. Am wichtigsten war es, dass wir freien Zugang zum etwa einen Kilometer langen Strand hatten. Dort standen anfangs zwar noch eine Art hölzerner Pilz und darunter ein gelangweilter Soldat, aber der kümmerte sich nicht groß um uns und wurde bald abgezogen. Wir konnten ins Meer hinausschwimmen, wann wir wollten und so weit wir wollten. Wir hörten, dass vor Jahren zwei Kriegsgefangene den Zugang zum

Meer zu einem Fluchtversuch in die rund zweihundert Kilometer entfernte Türkei genutzt hatten und dass dieser Versuch aber böse ausgegangen sei: Beide wurden einige Kilometer weiter südlich ertrunken aufgefunden.

Dass unsere Eltern je erwogen haben zu flüchten, halte ich für völlig ausgeschlossen. Es wäre ohnehin aussichtslos gewesen. Als wir in Obninsk noch nicht hermetisch eingeschlossen waren, hatten mein Vater und ich einen Ausflug unternommen, bei dem wir an die Bahnstrecke Moskau–Kaluga gelangten. Eine Draisine kam angefahren, darauf saßen drei deutsche Soldaten in zerschlissenen Uniformen, einer von ihnen war ein ehemaliger Panzerfahrer, das erkannte man an seiner schwarzen Jacke. Sie waren ganz ohne Bewachung. Als sie uns sahen, hielten sie an, und mein Vater fragte auf Deutsch:

«Ihr seid doch Kriegsgefangene?»

«Sieht man doch, oder?», antworteten sie grinsend.

«Und wieso dürft ihr frei herumlaufen?»

«Wenn wir abends nicht zurück im Lager sind, werden sofort Suchtrupps losgeschickt», erklärte der Panzersoldat. «Innerhalb von zwei Tagen hätte man uns spätestens aufgespürt. Wir fallen in unseren Uniformen überall auf, deshalb gibt man uns auch keine Zivilklamotten. Ausweise haben wir auch nicht, und die Grenzen sind streng bewacht. Das Risiko, beim Abhauen erwischt zu werden, ist viel zu groß.»

Genauso absurd war meiner Ansicht nach die Idee, übers Schwarze Meer zu fliehen. Zum einen sind die Strömungen zu stark, zum anderen ist das Wasser durch den Schwefelgehalt sehr aggressiv. Und wohin hätte man schwimmen sollen? Wer hätte einen versteckt, und was hätte das gebracht?

Der zweite große Unterschied zu Obninsk bestand darin, dass uns nun eine gewisse Bewegungsfreiheit gewährt wurde. Zunächst billigte man uns einen Radius von drei Kilometern zu, was bedeutete, dass wir ohne Bewachung in den Vorbergen des Kaukasus mit ihren Tee- und Mandarinenplantagen Spaziergänge machen konnten. Etwas später wurde unser Aktionsradius sogar auf dreizehn Kilometer ausgeweitet. Wir konnten also ohne weiteres mit der Korobotschka oder einem Linienbus nach Suchumi auf den Markt oder ins Theater fahren. Wir Jugendlichen nutzten die neue Freiheit zu kleinen Bergwanderungen und zum Feiern im Bergrestaurant von Suchumi mit höllisch scharfem abchasischem Schaschlik und viel Wein aus der Region.

Wir durften in den Sommerferien 1954 sogar, wenn auch wieder in Begleitung eines mit einem Karabiner bewaffneten MWD-Mannes, eine mehrwöchige Expedition in den Hochkaukasus unternehmen. Die Tour wurde von den Physikern Werner Czulius und Josef Schintlmeister, zwei erfahrenen Alpinisten, vorbereitet. Schintlmeister kannte den Kaukasus gut, er hatte meines Wissens schon in der Vorkriegszeit an einer österreichischen Kaukasusexpedition teilgenommen. Den beiden war es auch zu verdanken, dass interessierte Jugendliche eingeladen wurden mitzufahren. Die notwendige Ausrüstung wie Bergzelte, Eispickel, Steigeisen usw. ließen sich einige aus Deutschland schicken – das ging neuerdings –, wir Jüngeren nähten uns die Zelte selbst, die restliche Ausrüstung konnten wir im «Sportzentrum» Suchumi ausleihen.

Am 25. Juli brachen wir etwa fünfzehn Leute auf: mit einem offenen Lkw, auf dem auch unsere Ausrüstung und Lebensmittelvorräte verstaut waren. Die Fahrt führte über die kleine Stadt Sugdidi nach Mestia, der Hauptstadt des «Autonomen Gebiets Swanetien», zwanzig Kilometer südlich des Elbrus. Dieser Teil des Kaukasus war damals noch kaum erschlossen, wild, von Oktober bis Mai von der Welt abgeschnitten. Die Sowjetmacht hatte hier erst nach dem Krieg richtig Fuß gefasst, es gab immer noch vereinzelt Räuberbanden. Der Karabiner des Begleiters machte also Sinn. Nach Mestia führte nur eine enge, zum Teil in den Fels geschlagene, zum Teil auf balkonartigen Bauwerken verlaufende Schotterpiste hoch über dem Inguri-Fluss. Leitplanken oder Ähnliches gab es nicht. Vor jeder der vielen unübersichtlichen Kurven hupte der Fahrer anhaltend und fuhr erst weiter, wenn kein Gegensignal zu hören war. War das doch der Fall, musste der Bergabfahrende seinen Lkw – andere Fahrzeuge konnten die Straße gar nicht befahren – an einer geeigneten Stelle hart an den Rand ziehen, anhalten und den Bergauffahrenden in Zentimeterarbeit vorbeilassen. In den Dörfern unterwegs und in Mestia gehörten zu jedem Haus noch die charakteristischen bis zum dritten Stock massiven Wehrtürme aus Stein – die Zeiten der Blutrache waren noch nicht so lange her. In den Häusern wurde am offenen Feuer gekocht, der Rauch zog durch kleine Öffnungen im Dach ins Freie.

In Mestia deponierten wir einen Teil unseres Proviants, dann ging es mit Eseln und zwei Sommerschlitten weiter zu dem von uns so genannten Basislager in etwa zweitausend Metern Höhe. Der einheimische Bergführer erzählte unterwegs, dass den Bewohnern des Gebiets, den Swanen, Wagen mit Rädern bis in die dreißiger Jahre unbekannt waren, weil sie an den Steilhängen sowohl berg- als auch talwärts überflüssig waren. Die ersten Räder sahen sie am Fahrgestell eines russischen Hubschraubers.

Nach ein paar Tagen der Akklimatisierung stiegen wir dann bei schönstem Wetter mit unseren Steigeisen über steile Schnee- und Eisfelder auf den Gipfel eines Viertausenders – der Laila. Uns erwartete ein Ausblick auf eine grandiose Bergwelt mit Gipfeln, die alle um fünftausend Meter hoch waren – die gewaltige Bezingi-Mauer, der Dych-Tau, das Felsmassiv des Uschba, der schneebedeckte Elbrus, der sogar uns Jugendlichen den Atem verschlug. In einer der folgenden Nächte wurden uns die Butter- und die Zuckerkiste gestohlen. Die für jeweils zwei Stunden eingeteilte Nachtwache hatte davon nichts gemerkt. Von da ab gab es morgens nur noch trockenen Zwieback und abends ungesüßten Tee.

Nach sechs Tagen verschoben wir unser «Basislager» – wieder mit Sommerschlitten und Lkw – in die Nähe des Zanner-Gletschers. Die echten Alpinisten in unserer Gruppe bestiegen einige Gipfel in der Umgebung, wir Jugendlichen machten Ausflüge in die Seitentäler und schließlich noch eine Dreitagestour auf den Gletscher. Wir standen – natürlich angeseilt – staunend an tiefen Gletscherspalten, entdeckten Schmelzwasserbäche, die tagsüber auf seiner Oberfläche dahinplätscherten und irgendwann gurgelnd in gullyartigen Löchern verschwanden, und schließlich einen Hunderte Meter hohen Gletscherbruch mit bläulich in der Sonne leuchtenden Eistürmen. Und das Schönste daran: Unserem Begleiter war das alles zu langweilig, er blieb einfach im «Basislager». Wir waren – fast – frei!

Wie lange wir in Agudsery bleiben sollten, ob zwei oder drei Jahre, sagte man uns nicht. Die deutschen Wissenschaftler hatten nun nichts mehr mit geheimen Arbeiten zu tun, sie beschäftigten sich mit irgendwelcher Hobbyforschung und machten lange Mittagspausen. Am späten Nachmittag versammelten sich alle am Strand. Langsam betrachteten wir das Leben in Suchumi als eine Art verlängerten Urlaub. Dazu trug natürlich das milde subtropische Klima bei – außer in den zwei Monaten um den Jahreswechsel konnte man das ganze Jahr im Schwarzen Meer baden. Und dann die südliche Vegetation und die vielen uns zum Teil völlig unbekannten Früchte: Kakis, Kiwis (wir nannten sie «Jodfrüchte»), Litschis, riesige Birnen, Weintrauben sowie unendliche Mengen von Mandarinen.

Mein Vater schrieb jeden Tag vier Stunden in der Weinlaube an seinem Buch *Radioaktive Standardpräparate*. 1958 erschien es im Berliner Verlag der Wissenschaften und zeitgleich auf Russisch in Moskau. Und ich saß neben ihm und las in meinen Lehrbüchern der Organischen Chemie – mein Vorhaben zu studieren hatte ich noch nicht aufgegeben. An einem dieser ruhigen Vormittage fragte ich meinen Vater, was er denn nun wirklich in Obninsk gemacht hatte. Er sagte:

«Im Einzelnen ist das immer noch geheim. Vereinfacht gesagt: Ich habe die Zerfallsprodukte von Uran und Thorium isoliert. Später habe ich auch mit künstlichen radioaktiven Substanzen gearbeitet. Im Wesentlichen ging es dabei um die Entwicklung von Methoden zur Messung radioaktiver Strahlung und um Strahlenschutz: Was kann man tun, um sich selbst und andere vor radioaktiven Strahlen zu schützen?»

«Und was wäre gewesen, wenn man von dir gefordert hätte, beim Bau von Atombomben mitzuarbeiten?» Er blickte mich lange an, gab mir aber keine Antwort. Wahrscheinlich war er etwas ratlos. Dann meinte er:

«Gott sei Dank wurde das von uns nie verlangt. Soviel ich weiß, ist überhaupt kein Deutscher direkt an der Entwicklung von Kernwaffen beteiligt gewesen. Die Einzigen, die auch nur in die Nähe der entsprechenden Forschungsinstitute und Produktionsanlagen in Sibirien gekommen sind, waren Gustav Hertz, Peter Adolf Thiessen und Heinz Barwich. Die drei wurden zur Behebung einer Havarie an einer Uran-Diffusionskaskade für kurze Zeit in einem Eisenbahnwaggon, dessen Fenster von außen verdunkelt waren, in eine Stadt gebracht, deren Namen ihnen nicht gesagt wurde. Da dort der Kefir besonders gut schmeckte, nannten sie den Ort einfach Kefirstadt.»

Erst viele Jahre später wurde bekannt, dass es damals hinter dem Ural riesige Sperrgebiete mit Flächen von Hunderten Quadratkilometern und Zehntausenden von Beschäftigten gegeben hatte, sogenannte geschlossene Städte, in denen waffenfähiges Uran angereichert und Kernwaffen produziert wurden. «Kefirstadt» war aller Wahrscheinlichkeit nach die geschlossene Stadt mit dem Kodenamen Swerdlowsk-44, heute Nowouralsk, siebzig Kilometer nördlich von Jekaterinburg.

Unsere Eltern, denen es nun im Vergleich zu Obninsk wirklich gutging, fragten sich indes besorgt, was aus Onkel Frank und den anderen Kriegsgefangenen geworden war, die einige Jahre mit uns in Obninsk gelebt hatten. Wir hörten gar nichts mehr von ihnen. Im Winter 1950/51 hatten ein MWD-Leutnant und zwei Mann in einer Nacht-und-Nebel-Aktion all diese Männer ohne jegliche Erklärung und unangekündigt abgeholt. Sie verließen das Objekt im Glauben, nun die Heimat und ihre Familien bald wiederzusehen. Erst fünf Jahre später erfuhren wir, dass alle direkt vor dem Lagerzaun scharf gefilzt wurden, dass man ihnen alle persönlichen Sachen abnahm, die sie zeitweise im «zivilen» Leben des Objektgeländes besitzen durften. Man verpasste ihnen wieder alte Wehrmachtsuniformen – Ausdruck dessen, dass sie in den Kriegsgefangenenstatus zurückfielen. Sie wurden danach in einem kleinen Lager in der Nähe von Moskau interniert. Von Lager konnte man eigentlich nicht sprechen, es bestand aus einem zweistöckigen Haus, umgeben von einem Sicherheitszaun aus Stacheldraht. Einmal am Tag durften sie einige Runden um das Haus drehen. Gegenüber dem nahezu familiären Leben im Objekt war dies die absolute Isolation, und viele von ihnen spielten mit dem Gedanken, sich umzubringen. Drei Jahre blieben die Männer dort, erst 1954 wurden sie entlassen und gingen geschlossen nach Westdeutschland. Als Onkel Frank nach Hause kam, sah er seine dreizehnjährige Tochter zum ersten Mal!

# 15 Studium in Minsk

Kurz vor Weihnachten 1952 passierte ein kleines Wunder: Ich wurde in die Kommandantur bestellt, wo man mir feierlich mitteilte, dass das Ministerium für Innere Angelegenheiten entschieden habe, mich zum Studium nach Minsk zu «delegieren». Donnerwetter, das hatte ich nicht zu hoffen gewagt: Unser früherer Kommandant, Oberst Sacharow, hatte also tatsächlich etwas für mich erreicht. Meine Mutter lamentierte zwar wieder, wurde aber vom Vater zur Raison gerufen: «Denk endlich mal an die Zukunft des Jungen!» Und ich war bodenlos erleichtert, die Monate des Herumhängens hatten mir doch einigermaßen zugesetzt.

Anfang Januar 1953 ging es los. Mit mir sollten noch drei deutsche Mädchen fahren, die ich kaum kannte. Sie kamen ursprünglich aus dem Objekt Elektrostal, hatten schon ein halbes Jahr in Minsk studiert und waren nur über Weihnachten bei ihren Eltern in dem auch für sie neuen Objekt Agudsery gewesen: Ingeborg Riehl, ihre Cousine Hannelore und Gerda Tobin. Versorgt mit einem riesigen Vorrat an Lebensmitteln, wurden wir – selbstverständlich in Begleitung eines Bewachers – erst mal mit einem Pkw nach Sotschi gebracht, wo wir den Kurswagen nach Minsk nehmen sollten. Der Abschied von Bettina, Clemens und meinen Eltern war mir unheimlich schwergefallen, am liebsten wäre ich schon während der Fahrt nach Sotschi wieder umgekehrt. Diesen Wunsch hat mir der Himmel sogar erfüllt: Wir hatten eine Reifenpanne, erreichten den Zug nicht mehr und mussten wieder zurückfahren. Als ich gegen Mitternacht wieder in der Tür unseres Finnenhäuschens stand, starrten mich die Eltern und Geschwister an wie eine Geistererscheinung. Der zweite Versuch ein paar Tage später klappte dann aber.

Die Eisenbahnfahrt nach Minsk dauerte dreieinhalb Tage. Dort vergatterte der MWD-Begleiter uns noch einmal, dass wir die Stadt nicht verlassen und mit niemandem über unsere Herkunft reden dürften, und verabschiedete sich. Es gab ein frohes Wiedersehen mit Helga Wauschkun und Manfred Zacher, die beiden holten uns trotz der frühen Morgenstunde vom Bahnhof ab. Manfred brachte mich gleich in das mir zugewiesene Internatszimmer. Es war ein Sechsmannzimmer, und es sah aus, als ob dort Vandalen gehaust hätten. Es roch nach Schnaps und Fischkonserven, in vier von den sechs Betten schnarchten irgendwelche Männer, die Kleidung lag auf dem Fußboden herum, und auf dem Tisch in der Mitte häuften sich Essensreste, halbvolle und leere Flaschen und Gläser und ein überquellender Aschenbecher. Außerdem sah ich im trüben Licht der Glühbirne, die nackt von der Decke hing, noch sechs Stühle und einen Schrank. «Also, hier wohnen wir, und das dort ist dein Bett», sagte Manfred. «Die Fächer links im Schrank sind für Fressalien, rechts hat jeder seinen Anzug hängen, alles andere musst du im Koffer lassen, den du am besten unters Bett stellst.» Ich war niedergeschmettert: Ganz so trist hatte ich mir das Internat nicht vorgestellt. Manfred erzählte mir dann, dass es deshalb so unordentlich aussähe, weil am Vorabend eine große Fete zu Ehren des neuen Semesters stattgefunden habe.

Bevor ich das Zimmer offiziell beziehen konnte, musste ich wie jeder neue Student noch zu einer «Hygienemaßnahme» – auf gut Deutsch: zur Entlausung. Dazu gab es in der Stadt ein spezielles Gebäude, wo man sich zunächst in einem kahlen Raum ausziehen und die gesamte Kleidung abgeben musste. Dann erhielt man einen Würfel schwarze Spezialseife und musste unter Aufsicht einer weiß bekittelten strengen Aufseherin genau fünfzehn Minuten duschen, und schließlich erhielt man in einem weiteren Raum seine in der

Zwischenzeit durch Hitze desinfizierten Klamotten zurück. Nachdem ich in der Univerwaltung noch meinen Studentenausweis und zwanzig Gutscheine für die städtische «banja» (Badehaus) – das Internat verfügte über keine Duschen, sondern nur über zwei Waschräume mit Handwaschbecken – abgeholt hatte, war ich endlich vollwertiger Student der Weißrussischen Staatlichen Universität Minsk. Allerdings besaß ich keinen Pass oder Personalausweis, sondern nur ein vom MWD erteiltes «Visum zum Wohnen» in Minsk.

Unsere Zimmergenossen – zwei Russen und zwei Weißrussen – nahmen mich sehr freundlich auf. Fast alle hatten im Krieg Schlimmes erlebt, einer von ihnen hatte beide Eltern verloren – sie waren als angebliche Partisanen gehängt worden. Aber nie hörten wir deshalb auch nur ein böses Wort. Natürlich waren sie neugierig, warum wir in Minsk studierten. Da wir nicht viel erzählen durften, kamen sie nach dem Ausschlussverfahren – keine Wolgadeutschen, keine Kriegsgefangenen – zu dem Schluss, dass wir «gute Deutsche» sein müssten, also Verbündete. In gewisser Weise stimmte das ja auch. Die Zimmerkollegen trieben gern ihre Scherze mit uns. So nannten sie uns, wenn wir gelegentlich nach der russischen Bezeichnung für irgendeinen Gegenstand fragten, einfach irgendwelche höchst unanständigen Ausdrücke aus der reichhaltigen russischen Gossensprache und schütteten sich aus vor Lachen, wenn wir ahnungslos diese obszönen Worte verwandten.

Gleich am ersten Abend wollten sie meine Ankunft gebührend mit ein paar Flaschen Wodka begießen. Dazu gab es Ölsardinen, ungeräucherten Speck, saure Gurken, dunkles Brot und – ganz wichtig – auch etliche Flaschen Limonade. Selbst für hartgesottene Burschen ist es nämlich nicht ganz einfach, ein Glas Wodka mit der dort bei jedem Trinkspruch üblichen Mindestmenge – jeweils hundert Gramm – in einem Zuge auszutrinken. Das sollte man aber besser, denn wenn das Glas nach dem Toast nicht richtig leer ist, droht ein «schtrafnoi», ein Blechbecher mit 200 Gramm Wodka! Deswegen greift man sofort nach dem Wodka zu einer der Limonadenflaschen und trinkt daraus ein paar Schlucke, um den Brechreiz zu unterdrücken. Oder man nimmt sich – ein altes russisches Rezept – ein Stück Roggenbrot und atmet tief den Getreideduft ein, das hat dieselbe beruhigende Wirkung. Wenn man jemandem einen Streich spielen wollte, füllte man dessen Limonadenflasche heimlich ebenfalls mit Wodka. Man kann sich den Effekt vorstellen: der Betroffene konnte nach einem Schluck aus der präparierten Flasche nur noch zum Klo rennen. Ich war nach diesem «Begrüßungsabend» erst mal zwei Tage bettlägerig und ernährte mich nur von dem mitgebrachten Zitronensaft. Das Komasaufen ist also durchaus keine Erfindung der heutigen Jugend.

Minsk war im Krieg fast vollständig zerstört worden. Die alten Holzhäuser waren komplett abgebrannt, und auch die moderneren Bauwerke im Zentrum lagen weitgehend in Trümmern. Zwar wurde überall gebaut, aber es herrschte immer noch eine unglaubliche Wohnungsnot. Selbst vielköpfige Familien konnten sich glücklich preisen, wenn sie über ein Zimmer für sich und – zusammen mit anderen – über eine gemeinsam genutzte Küche mit Petroleumkochern verfügten, denn sehr viele Menschen mussten immer noch zusammengepresst in den Kellern der zerstörten Häuser hausen. Alleinstehende lebten wie die Studenten meist in Gemeinschaftsunterkünften. Selbst «Schlafstellen» wurden angeboten und genutzt – die Möglichkeit, in einer Wohnung für halbe Tage ein Bett zu mieten, das in der anderen Tageshälfte von einem anderen belegt wurde, der zum Beispiel Nachtschicht hatte. Derjenige, der nachts in dem Bett schlief, war dann tagsüber heimatlos. So war es nicht weiter verwunderlich, dass es oft zu zwischenmenschlichen Explosionen kam und einige Menschen sich nicht mehr mit der Welt zurechtfanden. Andere, sie kannte fast jeder, waren vollkommen verwirrt, wahrscheinlich als Folge des Krieges. Sie rannten durch die Straßen, entblößten sich, tobten herum. Sie wurden selten gewalttätig, und ihnen passierte auch nichts, aber sie waren in keiner ärztlichen

Behandlung oder gar in einer Klinik. Da in den großen, nur notdürftig wiederhergestellten Wohnblöcken die Zentralheizung oft noch nicht funktionierte, hing aus jedem Fenster ein vor sich hin qualmendes Ofenrohr.

Das Leben war auch insofern extrem hart für die Bevölkerung, als die Versorgung äußerst knapp war. In den Läden gab es regelmäßig eigentlich nur Zigaretten, Alkohol und Brot; bei Milchprodukten wie etwa Kefir wurde es schon schwieriger; Zucker, Butter oder Fleisch zu ergattern war reine Glückssache. Auf dem üblichen Wochenmarkt gab es so gut wie überhaupt keine Lebensmittel. Für die Studenten gab es allerdings in der Universität eine «stolowaja» (Kantine), in der man morgens verschiedene mit Weißkraut oder Hackfleisch gefüllte Piroschki oder Blini (ein russisches Gebäck) und Kakaomilch oder Kefir bekommen und mittags einfache Gerichte mit etwas Fleisch und Kascha (Hirse- oder Buchweizenbrei) essen konnte. Abends aßen wir meist Brot mit Sonnenblumenöl, Salz und – wenn wir hatten – Knoblauch und tranken dazu heißes Wasser mit etwas Zucker oder Marmelade («Tee»).

Die allgemeine Not führte zu einer erheblichen Kriminalität, deshalb war es nicht ratsam, spätabends allein durch die Stadt zu gehen. Besonders gefürchtet waren die Kinderbanden. Der Krieg hatte Hunderttausende von Waisenkindern hinterlassen, und nicht alle von denen fanden oder wollten Aufnahme in den als sehr streng verschrienen Waisenhäusern. Sie nomadisierten durch das Land, ernährten sich durch Bettelei und Diebstahl und organisierten sich zum Teil in kriminellen Banden. Als ich zum ersten Mal davon hörte, zuckte ich gleichgültig mit den Achseln: Was sollten mir ein paar sechs- bis zehnjährige Kinder denn anhaben können? «Nein, nein, Cornelius», klärten mich die Zimmergenossen auf, «die haben unter den Fingernägeln Stücke von Rasierklingen und springen dir damit ins Gesicht. Gib ihnen im Ernstfall sofort alles, was sie wollen, bevor du die Zunge durch die Backe stecken kannst!» Tatsächlich kam eines späten Abends unser Zimmerkollege Adam, von einer solchen Kinderbande bis aufs Hemd ausgeraubt, von einem Stadtbummel zurück.

Die Behörden bemühten sich sehr, das kulturelle Leben in Minsk wieder in Gang zu setzen. Die Weißrussische Philharmonie veranstaltete regelmäßig Konzerte mit klassischer Musik, es gab ein großes Volkskunstensemble, auch eine Oper – aber alles schien mir ein wenig provinziell, nicht vergleichbar mit dem Bolschoitheater in Moskau. In dem einzigen Kino – zu dieser Zeit noch ein Provisorium in einer Art Zirkuszelt – wurden keine «Beutefilme» gezeigt, sondern sowjetische Produktionen, die zum Teil sehenswert waren.

Doch ich hatte wenig Zeit dafür. Da ich erst verspätet in der Mitte des ersten Studienjahrs angekommen war, musste ich das verlorene halbe Jahr nachholen. Doch das ließ sich machen, da das Studium in der Sowjetunion sehr systematisch aufgebaut und verschult war. Also lernte ich tagsüber mit den anderen Studierenden das Pensum der zweiten Jahreshälfte und abends das der ersten. Dazu ging ich ins «Haus der Offiziere», in dem es eine Bibliothek gab, die einzige, die keine Kriegsschäden davongetragen hatte. Regelmäßig arbeitete ich dort bis spät in die Nacht. Dummerweise fing ich damals an zu rauchen, um die bleierne Müdigkeit zu überwinden. Wenn ich mein tägliches Plansoll erfüllt hatte, lief ich zurück ins nahe Internat, aß schnell noch etwas, und dann ab in die Falle.

Die Sowjethymne, die jeden Tag zu Mitternacht das Ende des Radioprogramms ankündigte, war dann meist schon längst verklungen. Der Lautsprecher über der Zimmertür, der den ganzen Tag vor sich hin brabbelte, durfte übrigens nicht abgestellt werden. Wir hatten ihn einmal abgeklemmt, aber dann verwarnte uns der «Kommandant», also der Leiter des Internats – ein älterer demobilisierter Soldat, der noch seine Feldbluse trug und seine Militärmütze immer verwegen schräg auf den Kopf setzte –, bei einem seiner Kontrollgänge: Es könnten ja wichtige Nachrichten übermittelt werden. Folglich musste der Lautsprecher wieder angeklemmt werden. Ähnlich ging es uns mit den «Teppichen», die hinter jedem Bett an der Wand hingen. Ich kannte diese bemalten Zuckersäcke schon von unserem Höflichkeitsbesuch beim Kriminellenboss im Obninsker Strafgefangenenlager, nur dass hier die Motive unverfängliche Blumenornamente waren. Da sie wegen ihres intensiven Geruchs nach Ölfarbe beim Schlafen störten, hängten wir sie ab. Der Kommandant belehrte uns daraufhin väterlich: «Das ist Kultur, Genossen, die achtet man. Also hängt die Teppiche wieder hin.»

Meine Eltern hätten es gern gesehen, wenn ich Medizin studiert hätte. Sie meinten, das sei das einzige Fach, das nicht von irgendeinem Machthaber missbraucht werden könne. Aber das wollte ich partout nicht. Ich hatte daher, unmittelbar nachdem ich in Minsk angekommen war, nach Hause telegraphiert: «Medizinische Hochschule leider überfüllt, studiere notgedrungen Chemie.» Was nicht so ganz stimmte, denn ich hatte mir sehr bewusst dieses Studienfach ausgesucht. Dabei hatte ich es mir nicht leichtgemacht. Ein Studium der Geisteswissenschaften kam für mich nicht in Frage: Ein Leben lang immer nur im stillen Kämmerlein lesen, denken, schreiben – nein, das war nicht meine Welt. Außerdem waren die Geisteswissenschaften in der Sowjetunion sehr ideologiebelastet – das hatte ich schon in der Schule mitbekommen. Ständig äußerte sich Stalin – offenbar ein Universalgelehrter – zur Sprache, zur Philosophie oder gar zur Architektur, was dann in dünnen Heften gedruckt und als der Weisheit letzter Schluss gepriesen wurde. Jedes Mal musste der normale Lehrplan unterbrochen werden, und in den nächsten zwei Wochen hatten wir uns im Unterricht einzig mit seinen neuesten Ergüssen zu beschäftigen. Wir deutschen Schüler fanden das eher komisch. Unter uns nannten wir daher den Genossen Jossif Wissarionowitsch Stalin spöttisch «Jossif Wissenschaftlerowitsch». Ein Physikstudium wollte ich vor allem meiner Mutter nicht antun, und Mathematik war mir zu abstrakt und weltfremd.

Aber Chemie! Ich hatte ja schon in der Kindheit erste Experimente mit Chemikalien gemacht und die dabei gelegentlich erzeugten Feuererscheinungen und kleinen Explosionen genossen. (Es stimmt schon, dass in jedem Chemiker irgendwo in der Tiefe auch ein Pyromane steckt.) Und in Obninsk hatte ich mit Hilfe von Manfred Zacher in einem Schuppen ein richtiges kleines Chemielabor aufgebaut. Chemie ist ja nicht nur die «Wissenschaft, in der es stinkt, brennt und kracht». Chemie kann mit ihren Düften und Farben durchaus ästhetisch sein. Geraniol ist beispielsweise eine Substanz, die einen intensiven Rosenduft verbreitet. Auch das Auge kommt nicht zu kurz: Viele Verbindungen zeigen unter dem Mikroskop wundervolle Kristalle, mit den schönsten Farben und Strukturen, die man sich nur vorstellen kann. Und die chemischen Formeln sind eine Zeichensprache, ein Ordnungsprinzip, das gewisse Analogien mit einem Notenbild aufweist. Ähnlich wie Noten eine musikalische Struktur abbilden, kann man aus der chemischen Formel eines Moleküls oft sehr schnell dessen Struktur und daraus abgeleitet auch manche seiner Eigenschaften ableiten.

Das Chemiestudium war in der Sowjetunion sehr auf die theoretischen Grundlagen ausgerichtet. Besonders viel Wert legte man in den ersten zwei Studienjahren auf eine gediegene Mathematik- und Physikausbildung. Das war zweifellos zweckmäßig und modern, aber zum Teil auch aus der Not geboren, denn für manche Praktika fehlten einfach die notwendigen Chemikalien, Glasgeräte und andere Apparaturen. Meine Mitstudenten waren sehr wissbegierig, nach dem verheerenden Krieg glaubten alle, durch umfassende Bildung könnte man dazu beitragen, dass sich etwas ähnlich Schreckliches in Zukunft nicht wieder ereignet. Und da es gar nicht so viel anderes gab, womit man sich beschäftigen konnte, griff man auf Bücher zurück – und das machten nicht nur die Studenten. In der Minsker Straßenbahn und sogar an den Haltestellen waren die Fahrgäste meist in dicke Wälzer vertieft. Aber sie lasen nicht etwa irgendwelche Abenteuergeschichten, sondern ihre verehrten russischen Klassiker, von Puschkin, Nekrassow und Tschernyschewski bis zu Tolstoi oder die eher zeitgenössischen Werke von Ostrowski und Scholochow oder eben auch irgendwelche Lehrbücher. Das konnte sich auch jeder leisten, denn die Bücher waren zwar sehr unansehnlich und oft auf Zeitungspapier gedruckt, aber extrem billig.

Hätte man damals den Sozialismus mit Freiheit statt mit Rechtlosigkeit und staatlichem Terror verknüpft, dann hätte diese Gesellschaftsordnung vielleicht unglaubliche Früchte tragen können. Die Menschen waren bereit, für eine bessere Zukunft vieles auf sich zu nehmen. Es kursierte damals die Redewendung: «Unsere Generation ist die letzte, die sich noch opfern muss. Aber von unseren Kindern wird das nicht mehr gefordert sein.» Das hatte fast etwas Heroisches an sich – so wie das stoische Erdulden der Nachkriegs-Entbehrungen. Aber Stalin und seine Satrapen haben diesen Idealismus zynisch missbraucht und damit die sozialistische Idee für viele Jahrzehnte gesellschaftsunfähig gemacht.

Wenige Wochen nach meinem Studienbeginn starb Stalin an einem Schlaganfall, es war der 5. März 1953. Schon in den Monaten davor hörten wir einiges, was nicht nur uns Deutsche beunruhigte. In der Parteizeitung *Prawda* (Die Wahrheit) stand viel über die «Ärzte-Affäre», bei der sich angeblich jüdische Kreml-Mediziner verschworen hätten, den «weisen Führer» auszuschalten. Erst als die Phase der Entstalinisierung begann, wurde von der sowjetischen Regierung zugegeben, dass der Diktator und einige seiner Gefolgsleute die angebliche Verschwörung als Teil einer umfassenden antisemitischen Kampagne frei erfunden hatten. Es war das alte Lied: Um von den eigenen, selbstverschuldeten Schwierigkeiten abzulenken, musste ein Sündenbock her, und das sollte, wie schon so oft zuvor, die jüdische Bevölkerungsgruppe in der Sowjetunion sein.

Nach dem Tode Stalins konnte man eindrucksvoll erleben, wie in der Sowjetunion die Menschen psychologisch manipuliert wurden. Es war unglaublich. Der einzige wirklich wichtige Radiosender, der überall in der Union gehört wurde, Radio Moskau, hatte einen Nachrichtensprecher, Jurij Levitan, der nur bei ganz besonderen Anlässen ins Mikrophon sprach, und das passierte höchstens alle zwei Jahre einmal. Sobald man seine tiefe, extrem langsame und dadurch bedeutungsschwere Stimme hörte, wusste jeder, dass irgendetwas Entscheidendes passiert war. Er hatte den Überfall auf die Sowjetunion verkündet, den Stalingrader Sieg, die bedingungslose Kapitulation der Wehrmacht. Marschall Konstantin Rokossowski soll einmal gesagt haben, dass Levitans Stimme mehr ausrichte als eine ganze Division. Und nun vernahm man seine Stimme erneut. Über sämtliche Lautsprecher in allen Städten und Dörfern des Riesenreiches hörten die Menschen gleichzeitig: «Das Herz --- des Kampfgefährten --- und genialen Fortsetzers der Sache Lenins, --- des weisen Führers und Lehrers der Kommunistischen Partei --- und des Sowjetvolkes --- Jossif Wissarionowitsch Stalin --- hat --- aufgehört --- zu schlagen», begleitet von tragischer Musik. Augenblicklich bewirkte das im ganzen Land eine Massenpsychose. Die Menschen hefteten sich spontan schwarze Armbinden an, alle eilten zu den überlebensgroßen Stalin-Denkmälern, die es in jeder Stadt gab, also auch in Minsk. Da herrschte der gusseiserne Diktator auf einem hohen Sockel, die eine Hand im Mantel – ein bisschen wie Napoleon –, die andere zeigte in die Zukunft. Als Manfred Zacher und ich in die Nähe des Denkmals kamen, wartete dort schon eine endlos lange Menschenschlange. Wir reihten uns ein. Immerhin hatte Stalin auch viele Jahre über unser Leben bestimmt.

Nur langsam wurde der Abstand zum «Vater der Völker» kleiner, denn die Trauernden, die den Denkmalsockel erreicht hatten, verharrten dort ehrfurchtsvoll, und zwar recht lange. Einige von ihnen legten Blumen oder Bücher mit seinen Schriften nieder, doch die meisten standen einfach nur da – und weinten. Im Umkreis von zehn Metern weinten wirklich alle. Ähnlich wie das Gähnen schien auch das Weinen ansteckend zu sein. Noch heute kann ich mir nicht vorstellen, dass die Menschen sich sagten: «Jetzt muss ich auf Kommando heulen.» Die Tränen waren echt, und wenn sie nicht aus Trauer vergossen wurden, dann aus der Angst, was wohl als Nächstes kommen würde. Das hatte einen historischen Grund: Schon in den Zarenzeiten hatten die russischen Menschen die Erfahrung gemacht, dass nach dem Tod eines schrecklichen Herrschers meist jemand folgte, der noch schrecklicher war. Mit Stalin hatte man sich eingerichtet, und nun war durch sein Ableben wieder alles offen. «Wer weiß, was jetzt passiert …» – immer wieder hörten wir diese Worte. Und als Sieger im «Großen Vaterländischen Krieg» wurde der Diktator vom Volk sowieso nicht in Frage gestellt.

Wir beide waren von der Trauer der Menschen doch etwas aufgewühlt. Stumm standen wir zwei, drei Minuten vor dem Denkmal und verneigten uns, wie es üblich war, zum Schluss vor der Statue. Abends fand unter den Studenten ein großes Besäufnis auf den Zimmern statt. Gerade die Älteren, von denen viele am Krieg teilgenommen hatten, kamen mit Wodka an – sie hatten ihren obersten Kriegsherrn verloren. Wir saßen im Kreis zusammen, begannen mit einer Schweigeminute, danach wurde wild getrunken, zum Schluss war jedenfalls der Anlass weitgehend vergessen.

In den folgenden Tagen ging der normale Studienalltag zunächst weiter, doch in der ganzen Stadt war die gedrückte Stimmung nicht zu übersehen, alle Konzerte und anderen Veranstaltungen waren abgesagt. Schließlich kam die Stunde von Stalins Beisetzung, die vom Roten Platz in Moskau live im Radio übertragen wurde. Wir saßen gerade in einer Mathematikvorlesung, als in der Minute, in der Stalins Sarg in das Lenin-Mausoleum getragen wurde, alle Lokomotiven auf dem benachbarten Bahnhof losröhrten – sie hatten tiefe Dreiklanghörner, die wie Überseedampfer klangen. Die Autos hupten im Dauerton, die Straßenbahnen klingelten, über allem heulten durchdringend die Luftschutzsirenen. Uns überlief es eiskalt, wir erhoben uns spontan, hielten uns an den Händen, wobei mein Nachbar mich eher umkrallte, weil er mit den Sirenen um die Wette heulte. Schließlich weinten wir geschlossen. Der Personenkult um das «Väterchen» hatte wieder einmal Wirkung gezeigt. Nachdem wir uns schließlich beruhigt hatten, sagte unser Dozent mit markiger Stimme: «Jetzt werden wir uns für Stalin noch mehr anstrengen und den Aufbau des Kommunismus in seinem Sinne weiter vorantreiben.»

In diesen Tagen hatte ich nicht den Eindruck, dass irgendjemand Stalins Tod etwa mit klammheimlicher Erleichterung aufgenommen hätte, von niemandem war auch nur andeutungsweise irgendetwas Kritisches zu hören. Die Regierung ließ nur fast beschwörend verlautbaren, dass sich das ganze Volk jetzt «noch enger um das Politbüro scharren» werde. Wie ich später in den Semesterferien hörte, hatte es auch in unserem Objekt eine Trauerfeier gegeben. Dort hatte ein deutscher Wissenschaftler tatsächlich, ohne dazu aufgefordert worden zu sein, seine rechte Hand auf die Brust gelegt und in miserablem Russisch gerufen: «Stalin lebt auf ewig in meinem Herzen.» Nun ja, demnach lebt Stalin jetzt also in Wetzlar.

Stalins Kritiker traten erst allmählich und nur sehr vorsichtig auf den Plan. Zunächst wurde nur publik, dass der berühmt-berüchtigte Geheimdienstchef Berija nach dem Tod des Diktators die Macht an sich reißen wollte, immerhin war er in der Sowjethierarchie die Nummer zwei nach Stalin gewesen. Er wurde dann aber in einer turbulenten Sitzung des Politbüros des Zentralkomitees der KPdSU unter Vorsitz von Nikita Chruschtschow aller möglichen Verbrechen – auch solcher am eigenen Volk – beschuldigt und sofort verhaftet. In dieser Sitzung im Juni 1953 muss es geradezu nach Wildwest-Manier zugegangen sein, man hatte wohl tatsächlich die Waffen gezogen. Das Oberste Gericht der Sowjetunion verurteilte Berija am 23. Dezember 1953 in einem geheim geführten Prozess zum Tode, und noch am selben Tag wurde er erschossen.

Das Volk erzählte sich danach feixend eine schöne Geschichte. Zur Stadt Suchumi gehörte ein Hausberg mit einem sehr schönen und beliebten Restaurant auf dem Gipfel, zu dem eine Kabinenbahn hinauffuhr. Dieser Berg hatte nie einen richtigen Namen, der Stadtsowjet beschloss daher einstimmig, eine Petition nach Moskau zu schicken mit der untertänigen Bitte, den Berg doch nach Berija, der ganz in der Nähe geboren war, nennen zu dürfen. Der Brief war kaum abgeschickt, da kam die Nachricht von der Verurteilung des Geheimdienstchefs. Die Antragsteller rauften sich die Haare: Wie konnten sie nur so blind sein, einen Verbrecher als Namenspatron vorzuschlagen! Dabei hatten sie noch Glück: Hätten sie ihren Antrag nur einige Tage früher auf den Weg gebracht, wäre er bestimmt genehmigt worden, und sie hätten sich mit ihrem Lawrentij-Berija-Berg unsterblich blamiert.

Jeder Student in der Sowjetunion hatte einige obligatorische Nebenfächer zu absolvieren, die allen Fachrichtungen gemeinsam waren und sich über die gesamte Studienzeit erstreckten. Das war zum einen das «Grundlagenstudium Marxismus / Leninismus». Das hieß konkret: im ersten Studienjahr Geschichte der Arbeiterbewegung und der KPdSU, danach Ökonomie des Kapitalismus, Ökonomie des Sozialismus und schließlich marxistisch-leninistische Philosophie und «wissenschaftlicher Kommunismus». Dabei konnte man einiges lernen, was einem nicht geschadet hat, aber es kostete viel Zeit, und es war auch sehr viel Stroh dabei, sodass wir Deutschen manchmal Mühe hatten, den gebotenen Ernst zu wahren.

Ein weiteres Pflichtfach war für jeden männlichen Studenten die Militärische Ausbildung. Jeder gesunde männliche Absolvent einer sowjetischen Hochschule errang mit dem Diplom zugleich ein Zeugnis als Leutnant der Roten Armee; die Waffengattung hing von der jeweiligen Universität ab. In Minsk war es die Artillerie, und selbst wir deutschen Studenten waren von der militärischen Ausbildung nicht freigestellt.

Manfred Zacher und ich hatten uns jeden Sonnabend im eigenen Geschützpark der Hochschule einzufinden. Dort erhielten wir anhand von Waffen aus dem Zweiten Weltkrieg, die zum Teil deutliche Kampfspuren aufwiesen, theoretischen Unterricht in Konstruktion und Wirkungsweise der verschiedenen Geschütze, in Strategie und Taktik und in Ballistik. Wir mussten zum Beispiel mit speziellen Tabellen und Rechenschiebern Geschossbahnen berechnen. Als wir einmal nicht bei der Sache waren, sagte der Offizier, der den Unterricht abhielt, allen Ernstes: «Leute, das hier ist keine Mathematik, hier muss man nachdenken.» Es ging um direktes und indirektes Zielen, um Feldgeschütze, die die Infanterie begleiten, um Flugzeug- und Panzerabwehrkanonen und um schwere Haubitzen. Sosehr mich all dies als Kind technisch fasziniert hatte, so sehr missfiel es mir jetzt. Dass ich überhaupt einmal damit hantieren wollte, konnte ich mir gar nicht mehr vorstellen. Ich musste nur an den Mündungen der Waffen riechen und den Pulvergeruch wahrnehmen – schon lief mir ein Schauder über den Rücken. Fragen tauchten in meinen Kopf auf, Fragen, die mich sehr beschäftigten: Wo wurde diese Waffe eingesetzt? Vor Stalingrad? An den Seelower Höhen vor Berlin? Wie vielen Menschen hat sie den Tod gebracht? Was ist aus der Mannschaft, die sie bedient hat, geworden?

Onkel Frank hatte das Fundament meiner pazifistischen Überzeugungen gelegt, aber auch mein Vater hatte wesentlich dazu beigetragen. Der hatte mich im Mai 1945 schwören lassen, dass ich «nie eine Knarre anfassen» würde. Noch heute fühle ich mich an diesen Schwur gebunden. Nach allem, was ich gesehen und gehört habe, ist für mich Krieg, in wessen Namen und für welches Ziel er auch geführt wird, nur noch ein Atavismus, ein Rückfall, ja, ein Verbrechen. Der Mensch wird erst dann wirklich Mensch sein, wenn er es gelernt hat, seine Probleme und Konflikte auf friedliche Weise zu lösen.

Neben der militärischen gab es noch die Zivilschutz-Ausbildung, auch sie fand am Wochenende statt, und bei diesem Pflichtfach waren die Mädchen mit dabei. Hier wurde uns erzählt, wie man Brandbomben löscht und Verschüttete rettet, und auch, wie man sich beim Abwurf von Atombomben notdürftig schützen kann: indem man nämlich den Kopf mit Zeitungspapier zudeckt, wobei man diesen vom Explosionsherd abgewandt zu halten hat. Alternativ wurde empfohlen, unter einen Tisch zu kriechen. Vieles davon hatte ich schon als Schuljunge im Dritten Reich gehört. Damals war mir aber nicht bewusst gewesen, wie grauenhaft Verbrennungen etwa durch Phosphorbomben sein können.

Ein viertes Pflichtfach war der Sport. Die «Körperkultur» gehörte zum Engagement, das jedermann für sein Land zu erbringen hatte. Man konnte sich entscheiden, ob man nur am allgemeinen Sportunterricht teilnehmen oder ausschließlich in einer speziellen Sportart trainieren wollte. Ich wurde per Zufall für das Brustschwimmen entdeckt. Zum obligatorischen Sportunterricht gehörte nämlich eine Schwimmprüfung samt Sprung vom Dreimeterbrett. Dabei stellte sich heraus, dass ich der Einzige war, der das normale Brustschwimmen beherrschte. Die russischen Studenten kraulten oder paddelten wie kleine Hunde im Wasser. Plötzlich tippte mir der Sportlehrer vom Beckenrand aus mit einer Bambusstange auf den Kopf:

«Kommen Sie mal her!»

In diesem Moment dachte ich nur: «Was soll denn das? Ich hab wie alle eine Badekappe auf, und die Badehose sitzt auch vorschriftsmäßig.»

«Sie können Brustschwimmen?», fragte der Lehrer zu meiner Erleichterung.

Ich nickte.

«Ich schlage Ihnen vor, sich zum Leistungssport in der Sektion Schwimmen anzumelden. Wir haben zu wenig Brustschwimmer.»

«Gern. Das heißt, ich muss dann nicht mehr zum obligatorischen Sportunterricht?»

«Richtig!»

Das gefiel mir, denn zum allgemeinen Sport gehörten auch Fußball, Volleyball und Geräteturnen, alles Sachen, die mir absolut zuwider waren. Von nun an ging ich zweimal wöchentlich zum Schwimmtraining. Das war insofern bequem, als die einzige Schwimmhalle in Minsk sich im «Haus der Offiziere» befand, wo ich sowieso schon die meisten Abende über meinen Büchern saß. Das Training wurde ergänzt durch regelmäßige sportmedizinische Untersuchungen – Lungenvolumen, Gewicht, Blutdruck, Herzfrequenz und anderes – und tägliches individuelles Kraft- und Ausdauertraining. Ich machte also jeden Morgen entweder 50 Kniebeugen oder lief gegen die Stoppuhr fünf Runden auf der Dammkrone des nahen Sportstadions.

Der Sport – sowohl der Breiten- als auch der Spitzensport – wurde in der UdSSR sehr gefördert und war straff organisiert. Es gab für fast alle Sportarten ein System von Leistungsstufen, von der untersten dritten über die zweite und erste Leistungsstufe bis zum Kreis-, Bezirks-, Republik- oder gar All-Unions-Meister des Sports. Mein erster richtiger Wettkampf über 100 Meter Brust – vor vollbesetzten Tribünen, von denen aus mich auch die vier deutschen Mitstudentinnen anfeuerten – ging allerdings grässlich daneben: Erst verursachte ich vor lauter Übereifer einen Fehlstart, und dann schluckte ich beim Endspurt auch noch Wasser und bekam einen Hustenanfall. Als ich zehn Sekunden nach dem Vorletzten am Ziel anschlug, senkten die deutschen Mädchen verlegen die Köpfe, das Publikum klatschte Beifall und rief ironisch «bies, bies» (Zugabe), ich aber verschwand wie ein begossener Pudel in der Umkleidekabine. Ich schaffte es später – diesmal ohne großes Publikum – doch noch bis zur zweiten Leistungsstufe, dazu gehörte ein riesiges Abzeichen aus Messing und Emaille, das man an Feiertagen auch stolz anlegte – ich habe es noch heute.

Wir waren also eigentlich voll beschäftigt, trotzdem plagte uns alle im rauen Minsk das Heimweh nach unseren Familien und die

Sehnsucht nach dem sonnigen Süden. Da die Eisenbahnfahrt nach Suchumi viel zu lange dauerte, konnten wir nicht einfach für ein Wochenende oder zu einem Familienfest nach Hause fahren – unser neues Zuhause war ja nun Suchumi –, das war nur in den Semesterferien möglich. Wir trieben uns deshalb öfter mal am Bahnhof rum, nur um den Kurswagen nach Suchumi zu sehen und uns vorzustellen, wie schön die Heimreise im Sommer werden würde. Ich verstehe seitdem, warum sich Ausländer häufig an den großen Bahnhöfen versammeln: Sie sehen den in der Ferne verschwindenden Schienenstrang und wissen instinktiv, dass sie ihm nur lange genug systematisch folgen müssten, um irgendwann in der Heimat anzukommen.

Eines Tages hatte Manfred eine faszinierende Idee: «Cornelius, wir sollten einfach versuchen, unseren Studienort nach Rostow am Don zu verlegen. Von dort sind es nur achthundert Kilometer, also vergleichsweise ein Katzensprung bis Suchumi. Komm, wir fragen mal die Mädchen.» Die waren begeistert. Also zogen Manfred und ich zur Universitätsleitung und baten sie, in der Uni Rostow nachzufragen, ob man uns dort aufnehmen würde. «Was, liebe Freunde, Sie wollen uns verlassen? Wir waren so froh, dass ein paar Ausländer an unserer Universität sind. Gefällt es Ihnen hier etwa nicht?» «Doch, sehr, aber Sie wissen, die Eltern …», antworteten wir unisono. Der Prorektor sah das ein und sagte: «Na, schauen wir mal, was sich machen lässt.»

Im Grunde war das, was Manfred und ich da versuchten, in dem streng reglementierten zentralistischen Staat ein aussichtsloses Unterfangen. Vermutlich wäre unser freundlicher Prorektor auch deutlich zögerlicher gewesen, wenn er gewusst hätte, dass für uns eigentlich allein das MWD zuständig war. Aber Unkenntnis hat eben manchmal auch ihr Gutes. Jedenfalls bewahrheitete sich wieder einmal die uralte Redewendung «Russland ist groß, und der Zar ist weit»: Wir sechs Deutschen wurden tatsächlich an der Universität Rostow zum Studium zugelassen.

Familie Weiss, 1942: Meine Eltern und wir drei Geschwister Clemens, Bettina und Cornelius (v. l. n. r.)

Meine Einschulung, 1939

Mein Patenonkel Harald Poelchau

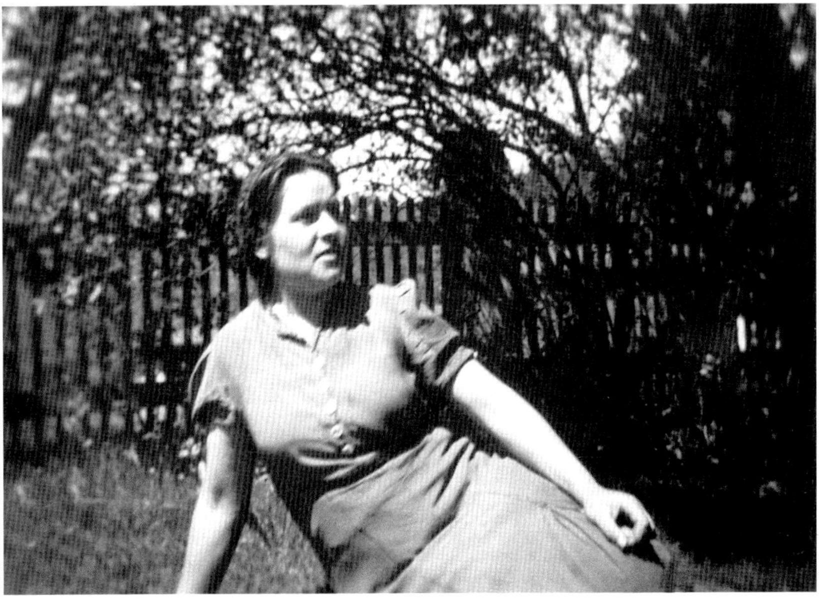

Unser ukrainischer Schützling Fronia in Rittersgrün, 1945

Mit meinem Bruder Clemens und unserem Vater in Rittersgrün, 1944.
Ich trage nicht ohne Stolz ein Wehrmachtskoppel.

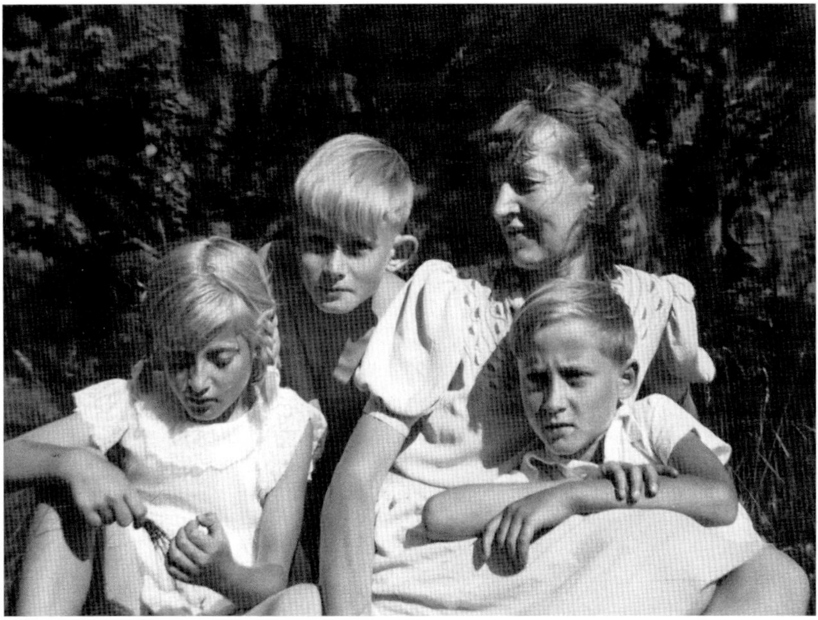

Die drei Weiss-Kinder mit Tante Tinchen, 1945

Unser Haus in Obninsk, das sogenannte Finnenhaus

Die Familie vor dem Finnenhaus. Links Onkel Frank, rechts Tante Tinchen

Dies sind eigentlich zwei aus Zwecken der Geheimhaltung verbotene Fotos: Sie zeigen meinen Vater (links) zusammen mit seinem Kollegen Heinz Wadewitz beim Passieren eines Wachpostens im Objekt «W», im Hintergrund ein Wachturm.

1950 in Obninsk, in zeittypischer Kleidung

Unser Lehrer Jewgenij Fjodorowitsch Woroschejkin

Wiedersehen mit Jewgenij Fjodorowitsch, 1999

Unsere Abiturklasse in Obninsk, vor der Statue des Namensgebers der Schule, des Pädagogen Schatzkij. In der hinteren Reihe Helga Wauschkun, vorn 2. v. r. Gerlind Pose, ganz links ich und daneben Rudolph Pose (von dem man nur den Kopf sieht)

Auch 1999 stand die Statue noch an ihrem Platz.

Mit Manfred Zacher zum Studium in Minsk, 1953

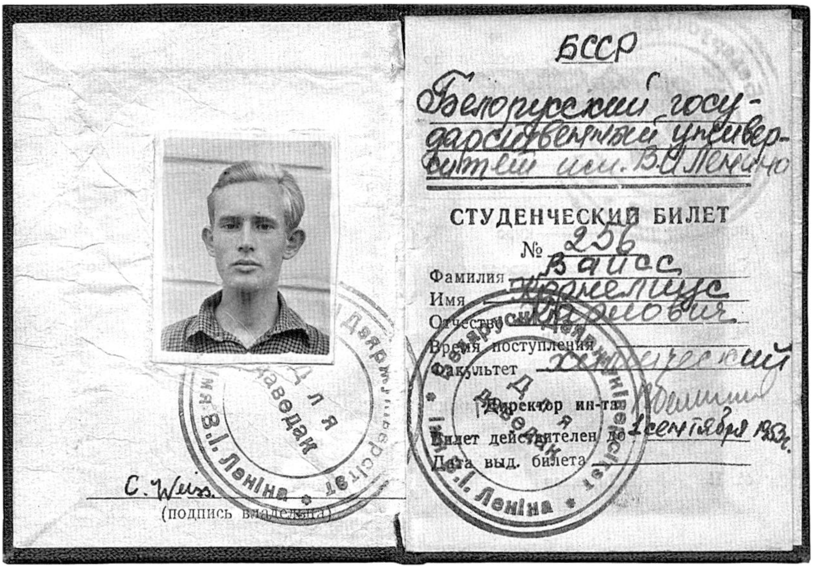


Mein Studentenausweis, 1953

März 1955: die deutsche Landsmannschaft in Suchumi, kurz vor der Abreise nach Deutschland

KARL-MARX-UNIVERSITÄT
LEIPZIG

*Erstes Universitätskonzert*
*im Frühjahrssemester 1955*
*Sonntag, 27. März 1955, 19.30 Uhr*
*in der Universitätskirche*

JOHANN SEBASTIAN BACH

JOHANNES-
PASSION

Der Leipziger Universitätschor
Mitglieder
des Stadt- und Gewandhausorchesters
des Rundfunk-Sinfonieorchesters
und das Universitäts-Kammerorchester

Leitung: Universitätsmusikdirektor
Prof. Friedrich Rabenschlag

Mittelschiff 215 ✻ 4 DM

Ein erster Höhepunkt nach unserer Rückkehr: Bachs Johannes-Passion in der Universitätskirche, März 1955

Wir Weiss-Kinder in Oberwiesenthal, Winter 1955/56, noch in russischen Klamotten

Wilhelm Treibs und seine engeren Mitarbeiter, 1960. Der frischgebackene Assistent Cornelius Weiss ganz links hinten

Im Isotopenlabor, 1962

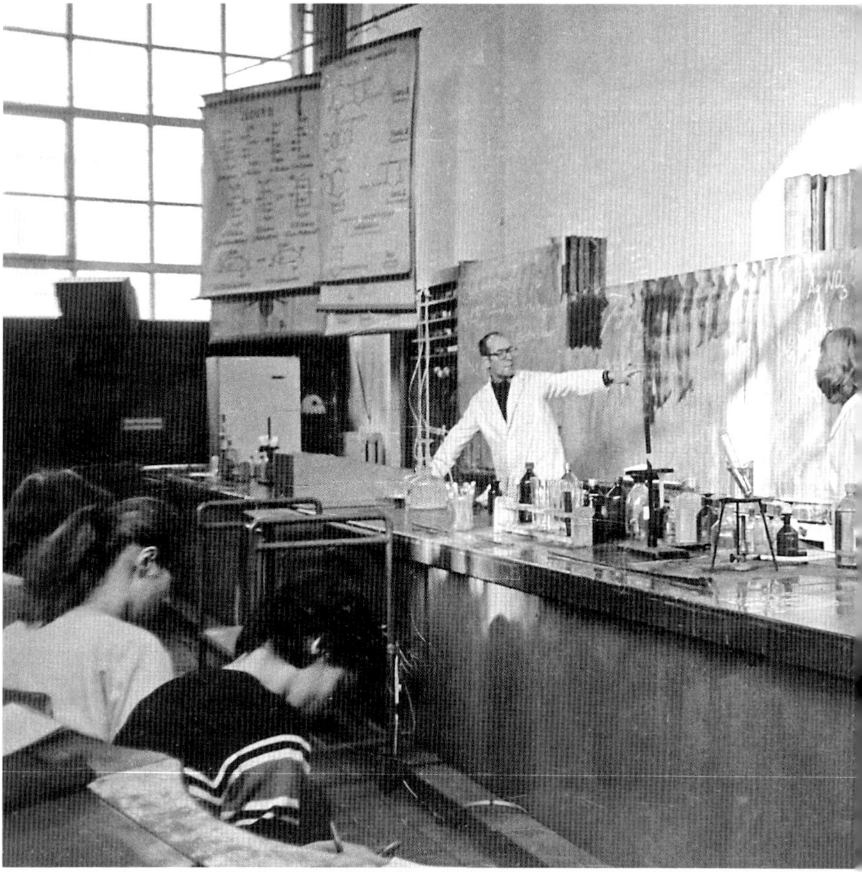

Vorlesung «Chemie für Mediziner» im Großen Hörsaal, um 1980. Rechts meine studentische Assistentin, die für das Durchführen der Experimente und das Abwischen der Tafel zuständig war

Eine seriöse Vorlesung, um 1970 …

… und eine Weihnachtsvorlesung als Professor Seidenschwänzle

Vor dem Leipziger Uniturm, 1993

Als Rektor mit der offiziellen Amtskette, zusammen mit «Landesvater» Kurt Biedenkopf

Abgeordneter im Sächsischen Landtag

Familienbild, aufgenommen aus Anlass meines 70. Geburtstags, 2003: Schwiegertochter Carina, meine Frau Anne, Enkelin Miriam, Tochter Caroline, dahinter der Jubilar, Enkel Aron und Carolines Lebenspartner Wieland Hecht (v. l. n. r.)

Unser Sohn Frank mit Enkelin Greta

Als ich an einem lauen Juniabend vom Schwimmtraining ins Internat kam, war in unserem Zimmer ein Gelage im Gange, irgendjemand feierte Namenstag oder Geburtstag, ein Anlass fand sich ja immer. Da ich noch nichts zur Fete beigesteuert hatte, wurde ich gleich zum Bahnhof geschickt, um neuen Wodka zu holen. Als ich am nächsten Tag, es war der 18. Juni, völlig verkatert ins Labor wankte, sprach mich mit eigentümlich glitzernden Augen ein Mitstudent an: «Na, ihr habt euch letzte Nacht wohl mit den deutschen Arbeitern solidarisiert? Man hörte es ja bis auf die Straße!»

«Also hör mal, wir sind immer solidarisch mit der Arbeiterklasse, besonders mit der deutschen», erklärte ich bestimmt.

«Soso, seid ihr das? Eure Leute streiken nämlich gegen uns, gegen die Sowjetunion.»

Und damit ging er grinsend weiter. Offenbar hatte er ein eigenes Radio, mit dem man ausländische Sender hören konnte. Ich aber wusste überhaupt nicht, was ich denken sollte.

Wir Objektdeutschen konnten uns eigentlich nicht vorstellen, dass es einen Arbeiteraufstand gegen die Staats- und Parteiführung der DDR gegeben haben könnte. Das passte so gar nicht in unser Weltbild, wonach die DDR der bessere Teil Deutschlands war. Wir glaubten, dass nur dort die notwendigen Konsequenzen aus der Katastrophe gezogen worden seien: klare Abrechnung mit dem Nationalsozialismus und seinen ideologischen Wurzeln und völlige Umgestaltung der Gesellschaft. Natürlich war dieses DDR-Bild absolut einseitig und unkritisch. Das lag zum einen an unserer geographischen Abgeschiedenheit, aber auch daran, dass die Presse in der Sowjetunion über die DDR so ähnlich berichtete wie über das eigene Land: Man beschränkte sich auf dürftige Verlautbarungen über ZK-Sitzungen und Erfolgsmeldungen von der «Erntefront» beziehungsweise von Heldentaten in der Produktion.

Vor den ersehnten Sommerferien lagen nun nur noch die Zwischenprüfungen. Ich bestand alle, auch die des nachgeholten ersten

Semesters, ohne große Probleme. Im Notfall behauptete ich, dass ich diese oder jene Prüfungsfrage rein sprachlich nicht verstanden hätte. Damit konnte man Zeit gewinnen, und allein der Versuch des Prüfers, seine Frage verständlicher zu formulieren, lieferte meist genügend wertvolle Hinweise, um sie richtig zu beantworten. Viel später, als ich als junger Assistent an der Leipziger Uni selbst Prüfungen abzunehmen hatte, musste ich immer lachen, wenn mir ein ausländischer Student mit derselben Ausrede kam. Ich sagte dann meist milde: «Bruder, ich hab selbst im Ausland studiert und kenne all diese Tricks. Abends in der Kneipe verstehst du doch auch alles. Also komm bitte mal zur Sache.»

Ende Juni kam der obligatorische Begleiter aus Suchumi angereist, und nach dem unvermeidlichen Abschiedsbesäufnis fuhren wir todmüde, aber fröhlich in die Ferien. Den Sommer 1953 verbrachten wir meist, mit ein paar Weinflaschen ausgerüstet, am Strand. Bei ruhigem Wetter schwammen wir kilometerweit hinaus, bis über dem Vorgebirge die eisbedeckten Gipfel des Hochkaukasus zu sehen waren. Bei Sturm tobten wir zum Entsetzen der Älteren in der manchmal mehrere Meter hohen Brandung. Dabei kam es darauf an, den nächsten Wellenkamm genau zu beobachten. Fing er an, sich zu kräuseln und Gischt in die Luft zu sprühen, hieß das, die Welle würde sich gleich überschlagen. Dann tauchte man einfach durch die steil vor einem stehende Wasserwand hindurch. Am Ende sahen wir wie die Negative von Fotografien aus: die Haare vom Wasser weiß gebleicht und die Haut schokoladenbraun.

Ich muss an dieser Stelle noch ein außergewöhnliches Erlebnis schildern, ein Erlebnis, das wohl keinem anderen Deutschen je zuteilwurde: Wir – die ganze Familie Weiss – machten im Sommer 1953 zwei Wochen Urlaub in Stalins «datscha» (Ferienhaus) am Riza-See. Die Eltern hatten während unserer Kaukasus-Expedition als Erste das Angebot von der Kommandantur bekommen und sofort zugegriffen. Der Riza-See liegt in 950 Metern Höhe am

Oberlauf des Flusses Bsybi und ist vielleicht zwei Quadratkilometer groß. Wir wurden – wie schon gewohnt – auf der Ladefläche eines Lkw dorthin gebracht und in einem weitläufigen einstöckigen Anwesen untergebracht, das ungewöhnlich luxuriös eingerichtet war: riesige Zimmer mit Parkettfußböden, hohen Flügeltüren und Kronleuchtern. Eines der Zimmer schwamm auf Pontons und hatte nur drei Wände, die vierte Seite war zum Riza-See hin offen und bot einen überwältigenden Blick auf die umgebende Bergwelt. Unsere Tage waren ausgefüllt mit Wanderungen und Bootsfahrten auf dem See, an den Abenden versammelten wir uns regelmäßig zum Doppelkopf im schwimmenden Zimmer. Als uns eines Abends beim Spiel durch irgendeine Bemerkung bewusstwurde, wo wir uns gerade befanden, erfasste die ganze Familie plötzlich ein nicht enden wollender Lachkrampf, wir konnten uns gar nicht beruhigen, immer wenn wir weiterspielen wollten, prustete wieder einer los: Wenn Stalin wüsste, dass wir, seine rechtlosen und in der Heimat fast vergessenen Beutedeutschen, uns in seiner Luxusveranda amüsierten und in seiner Badewanne rekelten! Es war wie ein Dammbruch, eine innere Befreiung. Wenn so etwas möglich war, musste irgendwann auch unsere Heimkehr nach Deutschland möglich sein.

Zurück im Objekt, holte uns sehr schnell der Ernst des Lebens ein. Manfred und ich wurden zum Kommandanten bestellt. Uns schwante nichts Gutes, und als wir in der Kommandantur auch noch Nikolaus Riehl, den Vater von Ingeborg, Stalinpreisträger und «Held der sozialistischen Arbeit», antrafen, wurden unsere Vorahnungen zur Gewissheit: Es gab Ärger wegen Rostow.

Bevor der Kapitan auch nur ein Wort sagen konnte, fuhr uns Riehl – in Russisch – an: «Ihr habt ohne Erlaubnis versucht, den Studienort zu wechseln, was fällt euch eigentlich ein?»

Manfred und ich wechselten einen Blick, richteten uns kerzengrade auf, und ich sagte: «Sie verwechseln da etwas. Wir brauchen

Ihre Erlaubnis nicht, wir sind erwachsen. Und bitte duzen Sie uns nicht.»

Der groteske Disput zog sich noch ein Weilchen hin, dann griff der Russe, der offensichtlich für uns mehr Sympathie zeigte als für den als herrisch verschrienen Stalinpreisträger, vermittelnd ein: «Nikolai Wassiljewitsch, die jungen Leute haben sicher etwas unüberlegt gehandelt, aber nun ist es sowieso nicht mehr rückgängig zu machen. Sollen sie halt in Rostow glücklich werden.»

Offenbar hatte er begriffen, dass wir nichts Böses vorhatten, sondern nur alle Chancen nutzen wollten, um unser Leben auch unter den gegebenen Bedingungen optimal zu gestalten. In der Sowjetunion war zwar alles, auch der Alltag der Menschen, bis ins Detail von oben bestimmt – genauer, es herrschte die Regel «Alles, was nicht ausdrücklich erlaubt ist, ist verboten». Aber das ließ sich allein schon durch die Größe des Landes nicht immer und überall durchsetzen. Man konnte daher vieles machen, solange man nicht die Grundlagen des Staates angriff. Als natürliche Reaktion auf den ausufernden und jede Initiative erstickenden Bürokratismus hatte sich ein gewisses Laisser-faire entwickelt – wie man sieht, bis in das MWD hinein, nach dem Motto: «Na ja, dann sollen sie es halt versuchen …»

Eine amüsante Variante dieser Verhaltensweise war das «staatliche Trinkgeld»: man gab zum Beispiel beim Aussteigen aus der Straßenbahn dem Schaffner – wenn er denn freundlich war – den Fahrschein zurück, den er dann noch einmal auf eigene Rechnung verkaufen konnte. Dieser sympathische Schlendrian gehörte zu jener eigentümlichen russischen Seele, die uns «Russenkinder» noch heute fasziniert. Das hat uns in unseren entscheidenden Entwicklungsjahren zwischen dem zwölften und dem zweiundzwanzigsten Lebensjahr geprägt, und das unterscheidet uns von denen, die solche Erfahrungen nicht gemacht haben.

## 16 Rostow am Don

Da inzwischen weitere deutsche Kinder – unter ihnen Marion Bumm und Klaus Hottmann – in Suchumi ihr Abitur gemacht hatten, waren wir eine Gruppe von nunmehr dreizehn Jugendlichen, die Anfang September erwartungsvoll nach Rostow am Don aufbrach. Neu in unsere Gruppe war auch Hardwin Jungclaussen, ein Neffe von Gustav Hertz, der als Kriegsgefangener in das Objekt Agudsery gekommen war und dort als Laborant gearbeitet hatte. Nur meine Geschwister waren sehr zur Freude unserer Mutter in Suchumi geblieben, sie wollten im dortigen Konservatorium professionellen Musikunterricht nehmen. Schon während der Eisenbahnfahrt hatte Manfred eine weitere grandiose Idee: Wir sollten versuchen, uns an der neuen Hochschule von der militärischen Ausbildung und vom MPWO befreien zu lassen. Uns war klar, dass wir dieses Vorhaben sofort nach unserer Ankunft in Angriff nehmen müssten, und sprachen es daher auch gleich bei der Einschreibung im Direktorat für Studienangelegenheiten an – und zwar ganz bewusst eher beiläufig:

«In Minsk mussten wir als Deutsche natürlich nicht an der vormilitärischen Ausbildung teilnehmen, das ist hier doch wohl auch so?»

«Ach, in Minsk waren Sie davon freigestellt?» Der zuständige Sachbearbeiter kratzte sich überrascht am Kopf, als würde er dadurch eine Eingebung erhalten. Anscheinend mit Erfolg, denn er fuhr fort, ohne weitere Fragen zu stellen oder gar in Minsk Erkundigungen einzuholen:

«Ja, dann gilt das für Sie hier natürlich auch.»

Durch diesen Erfolg ermutigt, setzten wir gleich noch eins drauf: «Vom Luftschutzunterricht waren wir übrigens auch befreit. Wissen Sie, wir haben ja den furchtbaren Bombenkrieg in Deutschland erlebt. Die amerikanischen und englischen Bomber haben ganze Städte zerstört, Berlin, Hamburg, Leipzig, Dresden …, wir haben alle schon praktische Erfahrung auf diesem Gebiet.»

«Um Gottes willen, nein, dann wollen wir Sie damit auch nicht behelligen.»

Und schon hatten wir die Sonnabende frei. Nie gab es eine Rückfrage.

Wir Deutschen wurden im Internat in Rostow wieder in verschiedenen Zimmern untergebracht. Jürgen Rexer, der in der Obninsker Schule eine Klasse unter mir war, und ich teilten uns einen Sechsmannraum mit drei Russen und einem Polen. Wie schon in Minsk exerzierten wir eine Art Urkommunismus, das hieß, es wurde alles geteilt: Paprikaspeck, Eier und «samogonka» (selbstgebrannter sechzigprozentiger Wodka), von unseren Kommilitonen aus ihren Heimatdörfern mitgebracht, ebenso wie unser Obst aus dem Kaukasus. Um den Speck zu essen, musste man allerdings ziemlich abgehärtet sein, denn er war ungeräuchert, leicht glasig und auch etwas ranzig. Da musste man schon einen Wodka dazunehmen, um ihn herunterzubekommen. Ich war der Einzige, der eine Krawatte besaß, doch wenn jemand aus unserem Zimmer fein ausgehen wollte, nahm er sie sich wie selbstverständlich, es sei denn, ich hatte selbst etwas vor. Anzüge lieh man sich auch mal gegenseitig aus, sofern sie passten. Vor einem Rendezvous gurgelten unsere Mitstudenten übrigens gern mit einem russischen Eau de Cologne. Ich hab das nur einmal und dann nie wieder versucht – auch was gut riecht, kann ganz ekelhaft schmecken.

Die Russen in unserem Zimmer waren alle Studenten der Rechtswissenschaft, deutlich älter als wir und entsprechend ernsthaft. Sie hatten alle im Krieg gekämpft, einer hatte dabei beide Beine verloren, einer war Matrose in der Schwarzmeerflotte gewesen. Mit ihnen diskutierten wir abends viel und leidenschaftlich über den Weltfrieden, über den besten Weg zum Sozialismus und über die Zukunft. Dabei bestärkten wir uns immer wieder gegenseitig, wie gut der Sozialismus für die Menschen sei, und die Weltpolitik analysierten wir, soweit unsere einzige Quelle, die *Prawda*, das Parteiorgan der KPdSU, es zuließ – wobei «analysieren» mehr ein Konstatieren war: «Die *Prawda* (Wahrheit) sollst du lesen, aber nicht aussprechen.» Dank der weisen Führung durch die Partei, so hieß es in der Zeitung, sei das Schlimmste überstanden, fortan würde es nur noch aufwärtsgehen, der nächste Fünfjahresplan werde dafür sorgen. Selbst der ewigen Erfolgsmeldungen – wieder ein neues Kraftwerk gebaut, wieder ein Kanal fertiggestellt, wieder eine Ernteschlacht gewonnen – wurden wir nicht überdrüssig.

Die sowjetische Innenpolitik, etwa das GULAG-System oder die Vorgänge im Politbüro, blieb bei unseren Diskussionen allerdings weitgehend ausgeklammert, da gab es auch nach Stalins Tod viel zu viel Vorsicht oder auch Angst. Nie war zu spüren, dass jemand von unseren sowjetischen Kommilitonen prinzipiell etwas gegen die bestehende Gesellschaftsordnung gehabt oder den politischen Weg, den die UdSSR gegangen war, auch nur im Geringsten angezweifelt hätte. Von Dissidenten, die das sowjetische System korrigieren oder gar abschaffen wollten, wurde auch nie gesprochen. Das lag sicher daran, dass politische Prozesse in der Regel geheim gehalten wurden – es sei denn, es handelte sich um einen der großen Schauprozesse, die wurden dann allerdings bis zum Überdruss propagandistisch ausgeschlachtet.

Die Sowjetmacht konnte sich also ihrer akademischen Jugend ziemlich sicher sein. Um deren ideologische Erziehung kümmerte sich der Komsomol, die einzige Jugendorganisation der Sowjetunion. Im Unterschied zur FDJ in der DDR war dieser Verband überhaupt nicht paramilitärisch organisiert. Beim Eintritt erhielt man ein Mitgliedsbuch und ein nicht besonders auffälliges Abzeichen, es gab regelmäßige Versammlungen, in denen über Politik, Studiendisziplin, Kultur und Sport diskutiert wurde, aber keine Uniformierung, keine Aufmärsche und Geländespiele.

Wir Studenten waren immer wieder überrascht vom unerschütterlichen Patriotismus der Sowjetbürger. Sicherlich war er durch die unvorstellbaren Leiden während der Kriegszeiten zementiert worden, Leiden, die meiner Meinung nach auch nicht mit den schlimmsten Auswüchsen des Bombenkrieges in deutschen Städten vergleichbar sind. Wie nahe die Kriegsereignisse den Menschen noch waren, zeigte sich, als es eines Tages in Rostow einen riesigen Auflauf gab, und zwar rund um einen Platz, an dem einst ein Haus gestanden hatte, das aber im Krieg zerstört worden war. Man hatte die Trümmer bis zur Erdoberfläche weggeräumt, und zurück geblieben war nichts weiter als eine leere Fläche.

Weil sich der leere Platz in der Nähe des Stadtzentrums befand, hatte man begonnen, eine Baugrube auszubaggern, um an dieser Stelle ein neues Gebäude zu errichten. Dabei fand man einen Panzer T34 komplett mit Mannschaft; die vier Soldaten saßen sozusagen als Mumien noch in ihrem eisernen Sarg. Wie sich dann herausstellte, war Folgendes passiert: Die Soldaten befanden sich in schweren Straßenkämpfen, ob beim Rückzug oder Vormarsch, ist mir nicht bekannt. Da Panzer dieses Typs auch Ziegelwände durchbrechen konnten, fuhren sie einfach durch das Haus hindurch, ohne die Gefahr richtig eingeschätzt zu haben. Die Kellerdecke brach unter dem Gewicht des Panzers ein, und das einstürzende Gebäude begrub das Fahrzeug einschließlich der Soldaten im Keller, sodass sie bis zu diesem Tag verschollen blieben. Niemand hatte das Ereignis bemerkt, und erst acht Jahre nach Kriegsende kamen die Männer wieder zum Vorschein. Die Einwohner von Rostow nahmen sehr emotional Anteil am Schicksal der vor zehn Jahren Verschütteten, jeder sprach über den Krieg und die jungen Soldaten, die noch ihre kleine Röhre um den Hals trugen, mit einem Stück Papier darin, auf dem der Name des Trägers stand.

Alle, selbst die Zweifler, waren sich wieder einig: Ohne Stalin wäre die Sowjetunion verloren gewesen. Er war es, der den Großen Vaterländischen Krieg gewonnen hatte. Mit welchen Methoden, das wurde nicht diskutiert. Der einstige Oberste Befehlshaber der Roten Armee, das «Väterchen» Stalin, hatte, so wollte es der Mythos noch 1953, irgendwie höchstpersönlich das heilige Russland gerettet.

Auch wir Jüngeren unter den Objektdeutschen hegten gegenüber Stalin und seiner Politik wenig Zweifel. Schon als 1950 der Koreakrieg ausbrach und spätestens nach dem Eingreifen der USA aufseiten der Südkoreaner den Charakter eines Stellvertreterkriegs annahm, fragten wir uns, was denn die Amerikaner in Korea verloren hatten. Ihr einziges Interesse war es, darin waren wir uns einig, das Land zu besetzen und dort Fuß zu fassen. Für uns war das Imperialismus pur und bestätigte die offizielle Propaganda-These von der planmäßigen Einkreisung des sozialistischen Lagers. Dass die Chinesische Volksarmee mit mehreren hunderttausend Mann auf der Seite Nordkoreas kämpfte, wurde in der Sowjetunion lange Zeit verschwiegen. Ebenso wie die Tatsache, dass Nordkorea von einem extremen Diktator, Kim Il-sung, beherrscht wurde. Für uns war Nordkorea einfach einer unserer sozialistischen Bruderstaaten.

Aller Wahrscheinlichkeit nach wurden wir von unseren Mitstudenten dennoch ein wenig misstrauisch beäugt, im Sinne von: «Das sind aber sehr merkwürdige Deutsche, woher kommen die denn?» Aber sie fragten nie, trauten es sich wohl nicht – es umgab uns ein Geheimnis, das war klar, aber in der Sowjetunion war es besser, Geheimnisse nicht ergründen zu wollen. Erst viel später kamen aus der DDR offiziell delegierte Studenten zur weiteren Ausbildung nach Rostow, aber zu diesem Zeitpunkt waren wir schon längst weg.

Die Studentenschaft in Rostow war im Gegensatz zu der in Minsk international zusammengesetzt, eine bunte Mischung: Studierende aus allen europäischen sozialistischen Bruderländern, also aus Polen, der ČSSR, Rumänien, Ungarn und Bulgarien, dazu viele Chinesen, Mongolen und Vietnamesen, ein paar Südamerikaner und auch Afrikaner. Die jeweiligen Nationalitäten wurden als «Landsmannschaften» bezeichnet. Außerdem trafen wir überraschend zwei weitere deutsche Studenten aus unserer «Firma», also aus den Objekten in Suchumi, in Rostow an. Der eine war Johannes Hertz, der Sohn des Physikers Gustav Hertz, der andere Karsten Thiessen, der Sohn des Chemikers Peter Adolf Thiessen. Gustav Hertz hatte man gerade in die DDR zurückkehren lassen, um dort den Wiedereinstieg in die Kernforschung vorzubereiten. Hertz übernahm dazu die Leitung des Wissenschaftlichen Rates für die friedliche Anwendung der Atomenergie beim Ministerrat der DDR. Johannes Hertz und Klaus Thiessen wollten noch nicht nach Deutschland zurück, sondern erst ihr Studium in der Sowjetunion abschließen, weshalb sie nach den Regeln des MWD eigentlich auch nicht mit unserer Gruppe in Kontakt treten durften. So blieb es bei wenigen Begegnungen, und ungefähr vier, fünf Wochen nach Beginn des Studienjahres zogen sie weiter an die Lomonossow-Universität Moskau.

In Rostow war es ungeschriebenes Gesetz, dass jede Landsmannschaft einmal im Jahr zu einem nationalen kulturellen Abend einlud. Dazu ging es ins städtische Klubhaus, das eine große Bühne hatte, und die halbe Universität erschien zu diesen Veranstaltungen. Man hörte fremdländische Musik auf oftmals unbekannten Instrumenten, manche Studenten konnten wundervoll musizieren, singen und tanzen. Vor allem die Abende der Lateinamerikaner waren sehr beliebt. Einzig wir Deutschen besaßen keine Instrumente und hatten somit nichts anderes als ein paar Volkslieder zu bieten. Dennoch wollten auch wir unbedingt einen eigenen Kulturabend gestalten, das war für uns eine Frage der Ehre. Nachdem wir den Umzug von Minsk nach Rostow und die Freistellung von der militärischen Ausbildung so erfolgreich gedeichselt hatten, galt Manfred Zacher als ideenreicher Impulsgeber und ich als Sprecher der deutschen Studentengruppe. Mit unserem gewachsenen Selbstbewusstsein und einer gehörigen Portion Frechheit beschlossen wir daraufhin, wieder einmal etwas für unsere Leute zu tun, und zwar etwas ebenfalls streng Verbotenes – wir schrieben einen Brief an die DDR-Botschaft in Moskau, mit ungefähr folgendem Wortlaut:

«Verehrte Genossen, es ist Ihnen wahrscheinlich nicht bekannt, dass es in Rostow am Don eine deutsche Studentengruppe gibt. Wie die anderen Landsmannschaften würden wir gerne von unserer Heimat unterstützt werden. Wir benötigen zwei Gitarren, zwei Blockflöten und möglichst viel Volksmusiknoten, denn wir wollen dazu beitragen, dass auch unser Kulturgut den Studenten aus anderen Ländern bekannt wird.»

Zwei Wochen nachdem wir den Brief abgeschickt hatten, wurden wir zur örtlichen Miliz, also zur Polizei, zitiert. Der Chef selbst saß uns gegenüber, mit seiner Dienstmütze auf dem Kopf, und musterte uns mit strenger Miene.

«Sie wissen, warum ich Sie hierher bestellt habe?», eröffnete er das Gespräch.

«Nein», erwiderten wir.

«Sie kennen die Regeln für Ihren Aufenthalt in Rostow, die ich Ihnen hier jetzt nicht vorlesen muss?»

«Ja.»

«Aber Sie haben dagegen verstoßen, Sie haben einen Brief verfasst.»

Vermutlich hatte die DDR-Botschaft unser Schreiben an die örtliche Miliz ausgeliefert, das schien jedenfalls eine Erklärung zu sein. Eine andere, dass alle Briefe, die nicht an Rostower Adressen gingen, abgefangen und zensiert wurden. Welche der beiden Varianten zutraf, konnten wir nicht in Erfahrung bringen. Auf die Feststellung des Milizchefs nickten wir nur.

«Ich muss Sie verwarnen», fuhr der Major fort. «Und sollte sich etwas Ähnliches noch einmal wiederholen, lasse ich Sie postwendend in Ihr Objekt bringen, dann ist es mit dem Studium vorbei.»

«Es wird nicht wieder vorkommen, wir werden uns an die Regeln halten», versicherten wir artig.

Plötzlich schob der Milizchef seine Tellermütze auf den Hinterkopf, grinste und sagte: «Jungs, vielleicht wollt ihr Deutschen lieber in eure Heimat zurückkehren!» Das war mehr eine Feststellung denn eine Frage.

«Nein, Genosse Major, wir bleiben in der Sowjetunion – erst mal», antworteten wir, ebenfalls grinsend.

Natürlich wusste der Mann genauso gut wie wir, dass wir zu bleiben hatten, ob wir wollten oder nicht. Und natürlich wollten wir mit den Eltern so schnell wie nur irgend möglich nach Deutschland zurück. Wir Jugendlichen hatten dafür sogar einen reichlich überzogenen Slogan erfunden: «Lieber in Deutschland im Gefängnis als in Russland frei!»

Den Deutschen Abend haben wir dann doch noch veranstaltet, mit Rezitationen und – begleitet von Klaus Hottmann, der ganz akzeptabel Akkordeon spielte – Schlagern der zwanziger Jahre und Wanderliedern. Wegen eines Stücks – «Rosamunde» –, das wir als deutsches Volkslied ausgegeben hatten, gab es aber gewaltigen Ärger mit der tschechoslowakischen Landsmannschaft, die das Lied – mit einigem Recht – für sich reklamierte.

Für sowjetische Verhältnisse und trotz der schweren Kriegszerstörungen – Rostow war innerhalb eines Jahres zweimal von der Wehrmacht erobert und zweimal in harten Kämpfen wieder befreit worden – hatte Rostow schon damals einen ganz besonderen Charme, ein fast mediterranes Flair. Das spürte man vor allem an den milden, klaren Herbsttagen, wenn bis in den Oktober hinein an jeder Straßenecke zu Pyramiden aufgetürmte Wasser- und Zuckermelonen verkauft wurden und sich das ganze Leben auf der Straße abspielte. Dem folgte allerdings der für das dortige Kontinentalklima typische, extrem strenge Winter mit heftigen Schneestürmen, in dem die ganze Stadt in Eis erstarrte und in dem wir uns oft unsere bewährten Filzstiefel aus Obninsk zurückwünschten. Entschädigt wurde man dafür spätestens im April, wenn die Natur förmlich explodierte. Es wurde schnell wieder warm, in rasender, fast beängstigender Geschwindigkeit entwickelten sich an den Kastanien riesige Knospen, bald blühte alles gleichzeitig, in der Luft lag ein betörender Blütenduft. Auf den Straßen und Plätzen flanierten fröhlich die Menschen, die jungen Frauen, die monatelang unförmig verkleidet herumgelaufen waren, in dicken Jacken, Mänteln oder Pelzen, das Haar unter Wolltüchern versteckt, zeigten sich plötzlich mit nackten Beinen in leichten wehenden Sommerkleidern. Sie sahen schön aus und verführerisch. Und alles auf einen Schlag – das war eine Atmosphäre, die einen leicht berauschen und beunruhigen konnte. Der 1. Mai, streng genommen der «Internationale Kampftag der Arbeiterklasse», wurde daher von ganz allein zum Frühlingsfest. Bei der traditionellen Maidemonstration lief ich stolz im Block der Sportler mit, bekleidet mit einem weißen Turnhemd, darüber meine Lederjacke, an die ich all meine Sportmedaillen und sonstigen Abzeichen geheftet hatte – überzeugt davon, die Mädchen würden angesichts dieses Schmucks vor Bewunderung erstarren.

In Rostow gab es kein Hallenbad, daher konnte ich mein in Minsk begonnenes Schwimmtraining hier nicht fortsetzen. Stattdessen begeisterte ich mich nun für die Leichtathletik. Mittelstrecken zwischen 400 und 1500 Metern hatten mir schon immer gelegen, jetzt trainierte ich sie in der entsprechenden Leistungssport-Sektion der Universität systematisch. Tat man sich als Student im Sport hervor, bedeutete das in der Sowjetunion, dass man würdig seine Fakultät oder seine Hochschule vertrat. Und da nur ganz wenige Männer Chemie studierten – in der Sowjetunion war die Chemie eine ausgesprochene Frauendomäne –, musste ich mehrmals die chemische

Fakultät bei Universitäts-Sportfesten vertreten. Dadurch wurde ich sogar für einen Tag zum Helden der Universität, zur gefeierten Sportskanone. Ich war bei den Leichtathletik-Meisterschaften der Uni als Schlussläufer der Chemie-Mannschaft für die sogenannte Olympische Staffel (100/200/400/800 Meter) aufgestellt worden. Als ich den Stafettenstab übernahm (und vor Aufregung beinahe gleich wieder verloren hätte), lagen die Chemiker deutlich abgeschlagen auf Platz drei. Immerhin rund 15 000 Zuschauer waren im Stadion von Rostow am Don dabei, als ich in einem irren Dauersprint doch noch den Sieg für die Chemie holte. Hinterher lag ich mindestens zehn Minuten auf der Aschenbahn und schnappte nach Luft. Am nächsten Tag wurde unser Sieg sogar über den Stadtfunk verkündet.

Ich muss sagen, dass mir der Leistungssport Spaß gemacht hat, er stärkte irgendwie mein inneres Gleichgewicht. Und ich verdanke ihm drei wichtige Erkenntnisse: Erstens lernte ich, dass man Stresssituationen – und das sind Wettkämpfe allemal – am besten durchsteht, wenn man vorher trotz allen Lampenfiebers versucht, eiskalt zu bleiben. Zweitens machte ich die Erfahrung, dass man vor jeder Prüfung durch eine kurze intensive Konzentrationsphase Leistungsreserven in sich aktivieren kann, von denen man selbst überrascht ist. Und schließlich, wenn man mal glaubt, man sei erschöpft und es gehe absolut nicht mehr weiter – doch, es geht weiter, wenn man sich überwindet und nicht aufgibt. Die sogenannte Zweite Luft gibt einem neue Kraft.

Im Sommer wurde die Stadt geprägt durch den dort mindestens dreihundert Meter breiten Don mit seinem – damals jedenfalls – klaren Wasser und durch die langen Uferpromenaden. An den Wochenenden schwammen wir manchmal hinüber zu den der Stadt gegenüberliegenden weißen Sandstränden, wo wir uns den ganzen Tag herumtrieben und nach Krebsen tauchten. Vom Rostower «Flussbahnhof» aus gab es viele reguläre Schiffsverbindungen, die täglich von den Einwohnern der umliegenden Orte genutzt wurden, um zur Arbeit oder auf den Markt zu gelangen. Die kleineren, im Halbstundentakt ablegenden Schiffe hießen «Fluss-Tramway», wir haben mit ihnen fröhliche Ausflüge flussabwärts bis zum Asowschen Meer und flussaufwärts bis Starotscherkassk, der alten Kosakenhauptstadt mit der mächtigen, im Krieg schwerbeschädigten Auferstehungskathedrale, gemacht. Das war uns zwar immer noch nicht erlaubt, aber niemand erkannte uns im Süden des Landes als Ausländer. Wir sprachen inzwischen genauso gut Russisch wie die vielen dort lebenden Menschen, deren Muttersprache Lettisch, Armenisch, Georgisch oder gar Udmurtisch war.

Dass in Rostow und in den anderen sowjetischen Großstädten so viele Angehörige der verschiedensten Volksgruppen lebten, war selbst für einen Vielvölkerstaat wie die Sowjetunion nicht normal, sondern zu großen Teilen ein Erbe des Weltkriegs und der Wirren des Bürgerkriegs in den Jahren davor, die die Bevölkerung sehr durcheinandergewirbelt hatten, und gewiss auch Konsequenz der von Misstrauen geprägten menschenverachtenden Nationalitätspolitik Stalins. Während der Jahre des «Großen Terrors» 1937/38 und des Krieges, aber auch noch in den ersten zwei Nachkriegsjahren, waren unter dem Vorwand des «Massenverrats» ganze Völker in Nacht-und-Nebel-Aktionen aus ihren angestammten Siedlungsgebieten nach Sibirien verbannt worden: die Wolgadeutschen, die Krimtataren, die Kaukasusgriechen, die Tschetschenen, sogar ein Teil der Donkosaken. Umgekehrt wurde die koreanische Minderheit, die im russischen Fernen Osten siedelte, mitten im Winter unter grausamsten Umständen in unbewohnte Wüstenregionen von Kasachstan deportiert. Viele dieser Entwurzelten, die keine Papiere hatten und auch nach ihrer Freilassung nicht mehr in ihre Heimatorte zurückkehren durften oder konnten (zum Beispiel weil ihre Häuser längst von anderen bewohnt wurden), versuchten nun, in den Städten Zentralrusslands Unterschlupf zu finden.

Immer wieder extrem schwierig war auch die Situation der etwa 2,5 Millionen Juden in der Sowjetunion. In unserem studentischen Milieu spielten antisemitische Vorbehalte und Vorurteile keinerlei Rolle, aber ich wusste, dass sie in der sowjetischen Bevölkerung weit verbreitet waren. Ich hatte gelegentlich idiotische antijüdische Witze gehört, und mir war auch aufgefallen, dass von Juden oft im (in diesem Falle verächtlichen) Diminutiv gesprochen wurde. Aber andererseits hatten wir in der Schule gelernt, dass es im Fernen Osten der Sowjetunion seit 1931 eine Jüdische Autonome «Oblast» mit der Hauptstadt Birobidschan gab und dass sich viele Juden in der Roten Armee im Kampf gegen die Nazis besonders hervorgetan hatten. Ich habe lange nicht glauben wollen, dass die sogenannte Verschwörung der Kremlärzte nur die Spitze eines Eisbergs war und dass es in der Sowjetunion seit Kriegsende eine ganze Reihe schwerster staatlicher Repressionen gegenüber der jüdischen Bevölkerung gegeben hatte. Schon 1948 waren die jüdischen Theater und Zeitungen geschlossen und der Gebrauch der jiddischen Sprache verboten worden. Bald darauf wurden alle Mitglieder des Jüdischen Antifaschistischen Komitees, in dem sich seit 1942 viele jüdische Intellektuelle für die Sowjetunion engagierten, verhaftet, bourgeoisen Verhaltens und des vaterlandslosen Kosmopolitentums angeklagt und verurteilt. Dreizehn von ihnen, darunter der bedeutende Schriftsteller Perez Markisch, wurden am 12. August 1952 in der berüchtigten Lubjanka erschossen.

Erst Jahrzehnte später, 2003, wurden mir diese Vorgänge bekannt, nachdem ich im Rocktheater Dresden eine anrührende Lesung des Memorials von Chajm Bejder *(«a haskore far di 13 jidische kulturtuers, zerschossene dem 12-tn august in moskwer tfisse lubjanke»)* erlebt hatte. Und erst jetzt konnte ich eine etwas beunruhigende Begegnung in Rostow richtig deuten.

Mir war damals ein sehr zarter und schwarzlockiger Mitstudent, Wladimir, aufgefallen, weil er der Einzige in meinem Studiengang war, der Klavier spielte. Die Musik brachte uns zusammen, und so kam es, dass Wolodja – so die übliche freundschaftliche Anrede – mich einmal spontan zu sich nach Hause mitnahm. Die Wohnung seiner Eltern in Rostow war das, was man als bildungsbürgerlich bezeichnen könnte. Im Wohnzimmer stand ein schwarzer Flügel, auf dem mir Wolodja auch etwas vorspielte. An den Wänden hingen Gemälde, vor den Fenstern schwere Gardinen, alles wirkte etwas düster auf mich. Seine Mutter gab mir die Hand, blieb mir gegenüber aber sehr distanziert. Ich wusste zunächst nicht, woran es lag, aber irgendwie herrschte eine gespannte Atmosphäre. Ich wurde auch nie wieder eingeladen. Erst 2003 wurde mir klar, warum: Es war die aus Erfahrung geborene Vorsicht, auf keinen Fall wollte eine jüdische Familie auffallen oder Anstoß erregen. Erst jetzt, im Nachhinein, vermochte ich den Druck nachzuvollziehen, der auf der Mutter gelastet hatte. Ihr konnte es nicht ganz geheuer sein, dass ihr Sohn ausgerechnet einen deutschen Kommilitonen nach Hause brachte, einen, von dem man nicht einmal genau wusste, warum er aus Deutschland gekommen war und nun in Rostow studierte. Wie konnte das ausgelegt werden, wenn jemand davon erfuhr?

Wladimir wurde später eine international renommierte und in seinem Land hochdekorierte Koryphäe der Chemie – mindestens zehn Fachbücher hat er veröffentlicht. Von der DDR aus nahm ich über wissenschaftliche Kanäle wieder Kontakt zu ihm auf. Anfang der siebziger Jahre kam er auch einmal dienstlich nach Leipzig, und ich konnte ihn zu mir nach Hause einladen. Er saß bei uns auf dem Sofa, die dunklen Haaren grau und sehr spärlich geworden. Wladimir war sehr herzlich, doch immer noch zurückhaltend. Ich hatte das Gefühl, dass er trotz der von Nikita Chruschtschow eingeleiteten «Tauwetterperiode» instinktiv auf der Hut war vor dem nach wie vor allgegenwärtigen KGB, dem Komitee für Staatssicherheit der UdSSR.

Eine Kehrseite von Rostow, schon damals mit einer halben Million Einwohner eine Großstadt, war die ungewöhnlich hohe Kriminalitätsrate. Unsere Zimmerkollegen nannten Rostow sogar die «Hauptstadt der Gauner», und sie mussten es als Jurastudenten ja wissen. Sie meinten, das habe etwas mit ihrer für die reisende Unterwelt günstigen Lage zu tun, im Grenzgebiet zwischen dem warmen Süden des Landes und dem Norden. Im Herbst, wenn es im Norden ungemütlich wurde und die Taschendiebe nicht mehr an ihre Beute herankamen, weil die Menschen mit ihren vielen Kleidungsschichten die Brieftasche ganz zuunterst verbargen, reisten die Gauner, wie weiland Jack London in Amerika, auf Güterzügen in den Süden, und in Rostow, dem Tor zum Kaukasus, machten sie gern Zwischenstation. Manchmal versammelten sich da Dutzende von Banden.

Einer der berühmtesten Kriminellen-Clans, die sibirischen «Urki», hatte in Rostow einen dauernden Stützpunkt. Die Urki gehörten zu den sogenannten Traditionalisten, den konservativen Banden: strenggläubig, mit eigener Gesetzbarkeit – dem «Diebesgesetz» – und einem Ehrenkodex – der «Diebesehre», die zwar Zinswucher und Gewalt gegenüber Kindern, Frauen und Behinderten verbot, Raubmord, Diebstahl und Betrug gegenüber Reichen und Vertretern des Staates aber geradezu forderte. Um sie rankten sich im Volk viele Legenden, und bis heute kursieren in Russland in vielen Variationen «blatnye pesni» (Gaunerlieder), oft lange Balladen, in denen das Verbrecherdasein romantisch verklärt wird. Schorik, unser ehemaliger Matrose aus Odessa, kannte viele dieser Lieder und sang zu vorgerückter Stunde oft und gern die berühmte Ballade von der schönen Bandenchefin Murka, die sogar von den Urki gefürchtet wird. Sie liebt einen Polizisten, und deswegen muss sie sterben:

*Du hast unsere Bande verraten,*
*drum nimm jetzt die Kugel und stirb.*

Dazu tanzte er die «tschetschotka», einen wilden Matrosen-Stepptanz.

Der Kaukasus, ein Gebirge doppelt so groß wie die Alpen, war eines der Gebiete, in denen noch Anfang der fünfziger Jahre die Sowjetmacht nicht wieder richtig etabliert war. Er bot daher den Menschen, die nicht in das Bild vom anständigen Sowjetbürger passten, ein unübersichtliches, wildes und damit ideales Rückzugsgebiet. Das zog natürlich auch viele ehemalige Kollaborateure der Wehrmacht und geflohene oder entlassene kriminelle Sträflinge an, sie operierten meist in Banden, manchmal allein, und sicherten sich durch Überfälle ihren Lebensunterhalt.

Als ich noch in Minsk studierte, sah ich einmal einen langen Konvoi von ehemals feldgrauen, jetzt völlig verrosteten und schrottreifen deutschen Militärfahrzeugen durch die Straßen ziehen, sogar mit Feldküche. Am nächsten Tag las ich in der Zeitung, dass die Rote Armee in den riesigen Wäldern Weißrusslands eine antisowjetische Bande ausgehoben hätte. Unsere Mitstudenten sagten uns, dass es sich um versprengte deutsche Soldaten und auch russische Deserteure gehandelt hatte. Sie trugen zwar Waffen, gründeten aber quasiautonome Bezirke, in denen sie mit einfachsten Mitteln Ackerbau und Viehzucht betrieben. Einige von den Deutschen sollen auch – natürlich nur inoffiziell – Russinnen geheiratet und Familien gegründet haben und wollten deshalb nicht zurück.

Die Partei wollte die weitverbreitete Kriminalität nicht wahrhaben, denn sie passte nicht ins ideologische Konzept, wonach kriminelles Verhalten nur unter den Bedingungen des Kapitalismus entstand. Sicher, im ML-Unterricht wurden Ausnahmen zugegeben, aber das waren eben nur zeitweilige Ausnahmen. All die täglichen Kapitalverbrechen und Gaunereien zeigten nur, dass man «noch nicht» so weit war, es «noch nicht» ganz geschafft hatte, den neuen sowjetischen Menschen in seiner Vollendung präsentieren zu können. Aber man sei auf dem besten Wege, das wurde immer wieder betont. Außerdem hatte man zur Rechtfertigung noch das Argument, dass es sich bei diesen asozialen Elementen um Saboteure und Agenten handele, bestochen vom Klassenfeind.

Allerdings muss es von denen noch Unzählige gegeben haben, denn unsere Jurastudenten erzählten aus ihren Vorlesungen in der Gerichtsmedizin haarsträubende Geschichten. Im Gedächtnis geblieben ist mir vor allem ein Vorfall, der sich vor unserer Ankunft im zentralen Park der Nachbarstadt Bataisk ereignet hatte. Dort fand, wie oft an den warmen Sommerabenden, eine der beliebten Freiluft-Tanzveranstaltungen statt. Aus irgendeinem Grunde gerieten sich dabei zwei verfeindete Banden in die Haare und lieferten sich unversehens ein handfestes Feuergefecht quer über die Tanzfläche. Auch die herbeigeeilten Polizisten gingen mit ihren Kalaschnikows ähnlich brachial vor wie die schießwütigen Gangster. Das Publikum aber glaubte, das angekündigte Feuerwerk hätte angefangen, und drängte in Scharen zum Zentrum des Geschehens. Die schreckliche Bilanz dieses Abends waren etwa zwanzig Tote. Unser Zimmergenosse, der ehemalige Matrose Schorik, musste im Leichenschauhaus bei deren Identifizierung helfen. Er erzählte, dass die meisten Opfer Unbeteiligte waren, denn die blieben ahnungslos stehen und schauten in den Himmel, während die Gangster und die Milizionäre längst professionell in Deckung gegangen waren.

Weniger schrecklich, aber nicht weniger spektakulär waren auch einige andere Kriminalfälle, mit denen unsere Jurastudenten während ihres Studiums konfrontiert wurden und über die sie abends erregt diskutierten. Besonders zu schaffen machte ihnen die Tatsache, dass es in der Sowjetunion eine hochentwickelte organisierte Kriminalität gab, in die offenbar sogar Teile des staatlichen Wirtschaftsapparates verstrickt waren. Anders jedenfalls könne man nicht erklären, dass mehrfach ganze Güterzüge illegal umgeleitet und die zum Teil kostbaren Transportgüter irgendwo ausgeladen und auf dem Schwarzmarkt verscherbelt wurden.

Aber auch die Erfahrungen unserer Zimmergenossen mit der Alltagskriminalität in Rostow beeindruckten uns enorm. Sie rieten uns, nach Einbruch der Dunkelheit bestimmte Stadtviertel und alle Parks unbedingt zu meiden und uns vor allem nie auf Bänke zu setzen. «Ist euch nie aufgefallen, dass an vielen Bänken ein oder zwei Holzlatten an der Lehne oder am Sitz fehlen? Ach, ihr ahnungslosen Muttersöhnchen, das haben Gauner gemacht, die sich dann von hinten heranschleichen, um mit einer Rasierklinge die Hosentaschen aufzuschneiden und das Portemonnaie herauszuziehen. Ihr merkt das mit Sicherheit nicht, und wenn doch, dann tut so, als ob nichts passiert sei, sonst wird es richtig gefährlich.» Später lernte ich, dass einem das auch im Gedränge der Straßenbahn passieren konnte: Eines Tages hatte ich einen langen Schnitt in der Vorderseite meiner Jacke. Natürlich ärgerte ich mich, aber immerhin, es fehlte nichts, denn ich hatte prinzipiell nie viel bei mir.

Nach alldem beschlossen die jungen Männer unserer Landsmannschaft, dass wir unsere Mädchen nicht mehr nach Einbruch der Dunkelheit ohne Begleitung durch Rostow gehen lassen. Wenn eines der Mädchen abends unbedingt noch in die Stadt musste oder wollte, sagte es Bescheid – und ein oder besser zwei von uns Männern machten es immer möglich, sie zur gewünschten Zeit abzuholen. Das war selbstverständliche Kavalierspflicht und auch insofern wichtig, als wir «Russlandkinder» in Rostow allmählich anfingen, soziale Kontakte zu Menschen auch außerhalb unserer Gruppe zu knüpfen. Dafür gab es genug Gelegenheiten: Die einen waren im Sport aktiv, die anderen in volkskünstlerischen Ensembles oder fachlichen Arbeitsgemeinschaften. Dort entstanden Freundschaften, die einige von uns noch lange nach der Repatriierung per Briefwechsel pflegten.

Natürlich gab es auch einige nationenübergreifende Flirts, aber die gingen meines Wissens nie besonders tief. Das wäre in der deutschen Gruppe auch nicht auf große Sympathie gestoßen, es galt fast als Verrat, eine Liebesbeziehung mit einer Russin oder einem Russen einzugehen. Rückblickend ist es mir richtig unangenehm, mich an diese reichlich nationalistische Einstellung zu erinnern, wahrscheinlich hatte sie etwas mit dem Selbsterhaltungstrieb der kleinen Kolonie zu tun. Wir fürchteten, dass die aus einer solchen Beziehung womöglich entstehenden Komplikationen unser aller Heimkehr erschweren könnten. Innerhalb unserer Gruppe entwickelten sich indes – wen wundert es – einige sehr enge Paarbeziehungen. Jedes von uns «Russlandkindern» war auf der Suche nach jemandem gewesen, dem es absolut vertrauen konnte. Und da entstanden Gefühle und Beziehungen, die irgendwo zwischen Freundschaft und Liebe angesiedelt waren und durchaus ein starkes erotisches Moment enthielten. Dafür, dass wir dennoch wohl alle jungfräulich nach Deutschland kamen, sorgten die strengen Regeln der sozialistischen Moral, die für Studenten in Rostow am Don genauso selbstverständlich galten wie in Minsk.

So waren männliche und weibliche Studenten im Wohnheim streng voneinander getrennt untergebracht: Die Mädchen bewohnten die oberen zwei Stockwerke, die Männer die unteren. Gegenseitige Besuche waren kaum zu bewerkstelligen, da im Treppenhaus auf jeder Etage Tag und Nacht ein Zerberus saß, der solcherlei Ordnungswidrigkeiten zu verhindern wusste. Es blieb der Weg durchs Fenster, aber die Zimmer waren ja sowieso immer voller Menschen. Liebespaare hatten es dadurch schwer, auch mal allein zu sein, ihnen blieb für den Austausch von ein paar Zärtlichkeiten eigentlich nur eine Parkbank – das aber war, wie bereits erwähnt, nicht ungefährlich. Selbst wenn man einigen Mut hatte: Man lauschte ja doch die ganze Zeit nur nach hinten, und jedes Knacken im Gebüsch ruinierte sofort die romantische Stimmung. Um Mitternacht wurde das ganze Haus abgeschlossen. Kam man später, musste man klingeln, wurde in eine Liste eingetragen und erhielt am nächsten Tag einen Rüffel vom Kommandanten des Internats. Als einmal ein polnisches Liebespaar in einem Park überfallen und ausgeraubt wurde, blieb den Ärmsten nichts anderes übrig, als sich in knappster Unterwäsche an der Eingangstür zu melden – die Universitätsleitung schickte sie wegen dieser «Schande» postwendend zurück in ihre Heimat. Liebesbeziehungen unter Studenten wurden nur im Falle wirklich ernster Absichten gesellschaftlich gebilligt. Entsprechend früh und ohne große Feierlichkeiten wurde daher auch geheiratet – und entsprechend hoch war die Scheidungsrate.

Sogar Kartenspiele waren verpönt als Ausdruck bourgeoisen Sittenverfalls. Wurden wir bei einem harmlosen Skat oder Doppelkopf erwischt, gab es bei der Internatsverwaltung regelmäßig dieses typische Stirnrunzeln: «Genossen, muss das unbedingt sein?» Wir sollten lieber abends in das Lenin-Zimmer gehen und dort fleißig die Werke der Klassiker studieren.

Ein besonders heikles Kapitel war auch die Musik: Jazz war in Stalins Reich unerwünscht, Maxim Gorki hatte ihn schon 1928 als «Asphaltmusik» und Ausdruck sexueller Zügellosigkeit gebrandmarkt. Im Internat jedenfalls sollten die Rumänen ihre mitgebrachten Swing-Schallplatten nicht spielen. Da sie es doch taten, kam es eines Abends zu einer lautstarken und schließlich handgreiflichen Auseinandersetzung zwischen ihnen und einigen selbsternannten Tugendwächtern, bei der – rein zufällig natürlich – alle Platten zu Bruch gingen. Für unverbesserliche Jazzliebhaber, zu denen auch ich gehörte, gab es trotzdem ab und zu Gelegenheit, ihrer Leidenschaft zu frönen: Bei Kulturabenden trat oft – meist gegen Ende des Programms – ein Pianist mit einer «Parodie der amerikanischen Unkultur» auf, das heißt, er spielte unter dem frenetischen Jubel des Publikums lange und gekonnt und mit vielen Zugaben wilden Boogie-Woogie. Außerdem konzertierten in Rostow häufig armenische oder georgische Ensembles, die unter dem unverfänglichen Namen «Folklore des Kaukasus» richtig heißen Jazz spielten.

Ein vorbildlicher Student sollte streng genommen auch keine Restaurants besuchen. Lokale galten als Orte der Verruchtheit, dort verkehrte – so die offizielle Parteilinie – die Halbwelt, zum Beispiel Trinker, Spieler, windige Geschäftsleute und «leichtlebige» Ballettmädchen. Wir Deutschen ignorierten das Geraune und kehrten ab und zu im Restaurant «Don» oder im noch vornehmeren «Rostow» ein, wo wir die russischen Nationalgerichte kennen und genießen lernten: «Soljanka», eine delikate Suppe mit Weißkraut, Salzgurken, Fleisch und Salami, «okroschka», das im Sommer eiskalt servierte Pendant auf der Grundlage von Kwas, «ucha», eine scharfe Fischsuppe, oder sibirische «pelmeni», mit feinem Hackfleisch gefüllte Teigtaschen. Allerdings empfahl es sich, möglichst einen Tisch an der Wand und in der Nähe der Eingangstür zu nehmen – bei eventuellen Auseinandersetzungen zwischen den Gästen hatte man dort immerhin den Rücken frei oder konnte notfalls das Weite suchen – was einige Male durchaus angebracht war. Meist haben wir dort aber interessante Leute kennengelernt (und tatsächlich – die Partei hat eben immer recht – auch die sehr kontaktfreudige Primaballerina des Operettentheaters), von denen wir viel über den Alltag in der Sowjetunion erfuhren.

Wir Deutschen waren oft verblüfft über die geradezu kindische Prüderie der Sowjetbürger. Im Grunde herrschten immer noch die Moralvorstellungen der Jahrhundertwende. Mir ist nicht ganz klar, ob dies eine unbewusste Reaktion auf die unübersehbare Verwahrlosung durch Bürgerkrieg und Krieg darstellte oder bewusst von oben gefördert wurde, um jede Ablenkung vom Kampf für die Weltrevolution zu vermeiden. Vielleicht war aber auch die jahrzehntelange Abschottung von der übrigen Welt der Grund. So war es zum Beispiel unschicklich, sich – außer auf dem Sportplatz – in kurzen Hosen zu zeigen. (Dagegen waren die «maika», ein ärmelloses Unterhemd, oder – in den Fernzügen – ein Pyjama durchaus gesellschaftsfähig.) Wenn die einheimischen Frauen in Obninsk fröhlich in der Protwa planschten, behielten sie immer ihre Sommerkleider an, über die Badeanzüge der deutschen Frauen kicherten sie verschämt. Dabei gaben zu unserem Vergnügen die nach dem Baden am Körper klebenden dünnen Kleider viel mehr preis als die damaligen, für heutige Verhältnisse altmodischen Badeanzüge.

Wir «Russlandkinder» waren für unser Alter ja selbst sehr kindlich, aber insgesamt schien uns die Gefühlswelt unserer sowjetischen Mitstudenten seltsam romantisch überhöht. Es verging kein Frühjahr, in dem sich nicht irgendein Mädchen durch einen Sprung vom Dach das Leben nahm, oft hieß es: aus verschmähter Liebe. Aber es gab auch Selbstmorde wegen nicht bestandener Abschlussprüfungen. Wenn dann gar beides zusammenkam, Liebeskummer und die Schande, gegenüber der Gesellschaft versagt zu haben – so jedenfalls wurden miserable Noten interpretiert –, erschien empfindsamen Seelen die Lage ganz schnell aussichtslos.

Als wir Studenten in den Sommerferien 1954 aus der relativen Freiheit in Rostow in unsere Objekte zurückkamen, mussten wir uns erst wieder neu an das Leben im Käfig gewöhnen, obwohl das Minimum an Liberalisierung, das sich nach Stalins Tod und Berijas Hinrichtung in der Sowjetunion zu entwickeln begann, auch an den Objekten des MWD nicht ganz spurlos vorbeigegangen war. So durften die Deutschen neuerdings Zeitschriften aus Ost- und sogar aus Westdeutschland beziehen, und die Beschränkungen im Briefverkehr, auch die Zensur, wurden weitgehend aufgehoben.

Mein Vater korrespondierte nun regelmäßig mit seinen früheren Kollegen, die zum großen Teil in den inzwischen entstandenen Nachfolgeeinrichtungen der PTR arbeiteten – im Westen in der Physikalisch-Technischen Bundesanstalt in Braunschweig und im Osten in Instituten der Deutschen Akademie der Wissenschaften oder im Amt für Maß und Gewicht in Berlin. Ihm ging es dabei vor allem um dreierlei: Erstens sollte unser Schicksal möglichst publik werden. Bislang plagte die Eltern die nicht unbegründete Sorge, dass von den zuständigen Behörden in West und Ost niemand eine

Ahnung hatte, dass wir überhaupt existierten, und dass sich folglich auch niemand um uns kümmerte. Für das Rote Kreuz existierten wir tatsächlich nicht, wie wir später herausfanden. Insofern waren wir noch schutzloser als die Unglücklichen, die Ende der vierziger, Anfang der fünfziger Jahre in der DDR, aus welchen Gründen auch immer, auf der Straße verhaftet, vor ein Gericht gezerrt und schließlich zu hohen Lagerstrafen verurteilt wurden. Danach landeten sie irgendwo in Sibirien, keiner wusste, wo.

Zweitens wollte mein Vater sich ein möglichst ungeschminktes Bild von den Zuständen im geteilten Deutschland machen, um sie an der Vision zu messen, die er für sich während des Krieges und unmittelbar danach entwickelt hatte: die Vision einer gerechten, friedlichen und liberalen Gesellschaft. Und drittens ging es ihm natürlich um seine eigene berufliche Perspektive, um seiner Qualifikation entsprechende spätere Arbeitsmöglichkeiten.

Selbst die wildesten Schwarzseher verloren unter dem Eindruck dieser Lockerungen ihre früher nicht ganz unbegründete Angst, als Geheimnisträger für immer nach Sibirien verbannt zu werden. Allerdings stand nach wie vor in den Sternen, wann wir endlich nach Deutschland entlassen werden würden. Die deshalb immer noch täglich neu entstehenden absurden Gerüchte und der allgemeine Mangel an Optimismus störten uns Jugendliche ganz gewaltig. Mein Bruder Clemens erinnert sich, dass ich, als unsere Mutter wieder einmal über die andauernde Unsicherheit lamentierte und den Vater mit den üblichen Vorwürfen traktierte, regelrecht die Nerven verlor. Ich schlug mit der Faust auf den Tisch und brüllte: «Verdammt, ich halte dies ewige Gebarme nicht mehr aus! Noch so ein Satz von dir, Mutti, und ich fahre zurück nach Rostow.» Natürlich heulte unsere Mutter laut los, die Geschwister starrten mich sprachlos an, offenbar war ihnen diese Eruption nicht ganz geheuer. Ich sagte dann noch: «Könnt ihr denn nicht damit aufhören, wir sind doch schon hier am Schwarzen Meer gelandet, wir haben in Stalins Datscha Ferien gemacht, die Rückkehr in die DDR wird auch noch kommen. Also freut euch doch daran, dass ihr Mandarinen vom Baum pflücken könnt.» Doch die Geduld der Eltern, die inzwischen beide ungefähr Mitte fünfzig waren, war nach der langen Warterei erschöpft. Wir Studenten aber waren jung, und da erschien uns das Leben noch endlos. Wir waren jedenfalls heilfroh, als wir wieder nach Rostow abfuhren, wo wir unbeschwert das Leben genießen und tun und lassen konnten, was wir wollten.

# 17 Willkommen in der Heimat

Im Spätherbst 1954 kündigten sich große Veränderungen an. Plötzlich tauchten im Objekt offizielle Abgesandte der Botschaft der Deutschen Demokratischen Republik auf, später kamen Regierungsbeamte aus Berlin, und jeder Wissenschaftler wurde von den Besuchern zu ausführlichen «Beratungsgesprächen» über seine berufliche Zukunft gebeten. Die DDR-Behörden wussten also, dass es uns gab, die Rückkehr in die Heimat schien real zu werden. Bei den Gesprächen waren, wie ich erst in den neunziger Jahren erfuhr, regelmäßig auch Stasi-Offiziere dabei, die vom MWD über jeden einzelnen Wissenschaftler genauestens informiert worden waren und dessen «operative Bearbeitung» vorbereiteten. Dazu fertigten sie von jedem Wissenschaftler ein Persönlichkeitsprofil an, in dem die jeweiligen Forschungsgebiete, die politische Haltung vor und nach dem Krieg, gegebenenfalls Auszeichnungen, die familiäre Situation und sogar Charaktermerkmale festgehalten waren.

Zur großen Überraschung der Deutschen durften sie sich frei entscheiden, ob sie in die BRD oder in die DDR repatriiert werden wollten. Die meisten hielten das für eine Falle und meinten: «Wer jetzt sagt, dass er in den Westen entlassen werden will, wird mit Sicherheit nach Sibirien verfrachtet.» Ja, Sibirien, dieser alte Albtraum war noch lebendig. Deshalb traute sich auch kaum einer der Heimkehrer in spe, sich für Westdeutschland zu entscheiden – einzig Familie Bumm, ausgerechnet die Familie meiner Freundin Marion, hatte den Mut zu erklären: «Wir sind Rheinländer, wir wollen zurück an den Rhein, zurück zu unseren Verwandten, zu unserem geliebten Karneval.» Mein Vater meinte dagegen: «Wir stammen alle aus dem Osten Deutschlands. Das Rheinland ist uns eher fremd. Warum sollen wir dorthin gehen, wo wir Fasching feiern müssen?» Tja, da fanden Marion und ich uns plötzlich wie die legendären Königskinder in zwei verschiedenen Welten wieder: «... das Wasser war viel zu tief.»

Uns Studenten in Rostow wurde per Brief mitgeteilt, dass wir zu Beginn der Winterferien alle Zelte in Rostow abbrechen sollten, da wir definitiv im Frühjahr 1955 repatriiert würden. Ich erinnere mich, wie wir deutschen Studenten zu Weihnachten 1954 bei einem grünen Tannenzweig, ein paar Kerzen und Glühwein zusammensaßen und darüber redeten, wie es sein würde, wenn wir wieder in der Heimat wären. Wir wussten, dass Deutschland von den Siegermächten geteilt worden war, und wir waren uns einig, dass wir alle in die DDR wollten, so wie es auch die meisten Eltern vorhatten. Die Russen sprachen immer von «unseren Deutschen», wenn es um die Bürger der Deutschen Demokratischen Republik ging, im Gegensatz zu den «Revanchisten» in der Bundesrepublik Deutschland. Wir waren überzeugt, dass die ökonomischen Lehren des Marxismus/Leninismus, die das Ende der Ausbeutung des Menschen durch den Menschen zum Ziel hatten, in der DDR erfolgreich in die Tat umgesetzt wurden. Und wir glaubten, dass in Westdeutschland keine Lehren aus dem Krieg gezogen worden waren, sondern dass dort nach wie vor ein unmenschlicher Kapitalismus vorherrschte, in unserer Vorstellung ein Manchesterkapitalismus. Über den Lebensstandard in beiden Teilen Deutschlands machten wir uns damals wenig Gedanken, im Vergleich zu den sowjetischen Verhältnissen schienen sowohl in der DDR als auch in Westdeutschland paradiesische Zustände zu herrschen. In einer Zeitschrift, die wir in den Ferien in die Hände bekommen hatten, ich glaube, es war der *Stern*, wurden sogar elegante Lederschuhe angepriesen. Das beeindruckte uns gewaltig, denn wir kannten eigentlich nur Stoffschuhe mit Igelitsohlen. Dennoch zog uns viel mehr die Pionier- und Aufbruchstimmung an, die unserer Vorstellung nach in der DDR herrschte. Ähnlich geschlossener Meinung waren wir, wenn wir untereinander über die Beschlüsse von Partei und Regierung diskutierten, immer interpretierten wir sie nur positiv. Bewusst und voller Überzeugung.

Nach den üblichen Zwischenprüfungen im Januar und einer ganzen Serie von Abschiedsgelagen kam der immer noch unvermeidliche MWD-Begleiter und brachte uns nach Suchumi zurück. Dort trafen wir auf eine ungewöhnliche Hektik: Die Deutschen verkauften oder verschenkten alle Möbel, die die Einheimischen brauchen konnten. Den Rest unserer Habe verstauten wir in ein paar von den selbstgezimmerten Holzkisten, die wir in weiser Voraussicht nach dem letzten Umzug aufgehoben hatten. Als alles erledigt war, hieß es wieder einmal warten, einfach nur warten. Wir Jugendlichen verkürzten uns die Zeit mit Tagestouren in die Berge und mit Restaurantbesuchen in der Stadt Suchumi. Die Abchasier singen auch im Restaurant gern ihre schönen alten Volkslieder, und wenn einem eine Gesellschaft an einem anderen Tisch sympathisch ist, schickt man auch mal eine Flasche Wein hinüber. Das machten wir öfter, weil uns der mehrstimmige Gesang mit seinen merkwürdigen Akkordverschiebungen so gefiel, und die Sänger revanchierten sich natürlich postwendend, was damit endete, dass die Tische zusammengeschoben wurden und wir uns nach vielen Trinksprüchen verbrüderten.

Die konkreten Abfahrtstermine erfuhren wir erst wenige Tage bevor es ernst wurde. Die deutschen Familien waren aus Gründen der Transportkapazitäten in 10 Gruppen mit je rund 35 Leuten eingeteilt worden, die in Abständen von ein oder zwei Tagen zu einem auf dem Bahnhof von Suchumi bereitgestellten Eisenbahnwaggon gebracht wurden, der gegen Abend an den regulären Zug Tiflis–Moskau und später an den Moskau-Berlin-Express angekoppelt wurde. Unsere Familie gehörte zur zweiten Gruppe, unsere Abreise sollte am 20. März 1955 erfolgen. Meine Mutter sagte: «Das glaube ich alles erst, wenn ich in Berlin aus dem Zug steige.»

Beim Abschied von den Familien, die nach uns abfahren sollten, umarmten wir uns lange – auf einmal ging alles so schnell, wonach man sich Jahre gesehnt hatte. Wir versicherten uns, wieder Kontakt aufzunehmen, sobald alle in der Heimat waren. Manchmal geschah das, schon aus beruflichen Gründen, meist wurde es zumindest in der ersten Zeit nach der Rückkehr unterlassen, man brauchte Abstand, um sich ein weiteres Mal ein neues Leben aufzubauen.

Als sich der Zug mit seiner riesigen, schwarz glänzenden Lokomotive langsam in Bewegung setzte, hinter uns die in der Abendsonne leuchtenden Gipfel des Kaukasus zurücklassend, war das für uns ein sehr feierlicher Moment. Dennoch spürten wir alle eine seltsame Traurigkeit. Mich plagte vor allem der Abschiedsschmerz von Marion und den anderen Gefährten der Kindheit und der Jugend. Marion hatte mir zum Abschied eine von ihr selbst angefertigte Bleistiftzeichnung geschenkt, auf der die Vorberge des Kaukasus zu sehen waren, eine Stelle hatte sie mit einem Punkt markiert – dort hatten wir uns mehrmals getroffen. Dazu noch ein Zigarettenetui aus Buchsbaum. Ich wollte das Etui nun immer bei mir tragen, aber es ging schon am ersten Abend zu Bruch, als ich auf die oberste Liege in unserem Abteil kletterte – ein böses Omen.

Zugleich empfanden wir die Wehmut, die wohl auch langjährige Gefängnisinsassen bei ihrer Entlassung und Patienten am Ende eines längeren Krankenhausaufenthaltes kennen. Das Verlassen einer gewohnten, letztlich geschützten und warmen Welt. Zwar kannte man in dieser bisherigen Welt jeden Winkel bis zum Überdruss, jeder Weg war zur Gewohnheit geworden, aber man musste sich auch nicht groß anstrengen. Herausforderungen, wie sie jede Neuorientierung mit sich bringt, hatte ich bisher kaum zu bewältigen gehabt. Und jetzt kam auf uns junge Männer und Frauen etwas völlig Unbekanntes zu, etwas, von dem wir nicht die geringste Ahnung hatten. Wie sah Deutschland aus? Wir hatten das Land in Trümmern liegen sehen, als wir abfuhren. Würden die Städte immer noch zerstört sein? Wie waren die Menschen dort? Würden sie uns verstehen und akzeptieren?

Die Reise dauerte gut vier Tage. Fast jeder hing seinen Gedanken nach und versuchte, sich irgendwie auf das Kommende vorzubereiten. In Brest, wo die Waggons in einer mehrstündigen Prozedur auf die westeuropäische Spurweite umgestellt wurden, gab es auf dem Bahnsteig noch ein offizielles Abschiedsmeeting mit hochherzigen Reden. Dann fuhr der Zug weiter, in 12 Stunden würden wir in Berlin sein – glaubten wir. Aber als wenn es meine Mutter geahnt hätte: Gleich nachdem der Zug im Schritttempo die Oder – seit Kriegsende die Grenze der DDR zu Polen – überquert hatte, hieß es auf einmal: «Nächste Station alle aussteigen. Wir sind da.» Der Waggon wurde vom restlichen Zug abgekoppelt, wir waren in Frankfurt an der Oder gelandet. Man führte uns in eine Mitropa-Gaststätte, wo ein mürrischer Wirt uns Heimkehrern die erste deutsche Mahlzeit servierte: Bratwurst mit Sauerkraut und Bratkartoffeln und dazu Bier.

«Wir wollten und sollten aber doch nach Berlin?», fragte mein Vater.

«Ja, es musste jedoch umdisponiert werden, es gibt dort nicht genug Hotels», bekam er zur Antwort.

«Wirklich? Und wohin bringen Sie uns jetzt?» Aufgrund der Erfahrungen in der Vergangenheit war eine gewisse Nervosität in seiner Stimme nicht zu überhören.

«Sie werden nach dem Essen mit einem Bus nach Leipzig fahren, er steht schon für Sie bereit.»

Die Eltern waren ziemlich beunruhigt, als sie das hörten. Sie hatten fest damit gerechnet, dass sie wieder in Berlin leben würden. Gab es etwa auch in der DDR geschlossene Objekte?

Der Bus fuhr auf alten Chausseen mit Baumalleen über Torgau.

Alle schauten neugierig aus den Fenstern, jede kleine Einzelheit wurde bestaunt und kommentiert. Am Anfang sahen wir noch viele Krater, die Zeugnis ablegten von den heftigen Kämpfen in dieser Gegend während des Zweiten Weltkriegs. Auch in Eilenburg lagen noch viele Häuser in Trümmern. Doch schließlich wurde die asphaltierte Straße immer besser, je näher wir der Messestadt kamen. Vor dem damaligen Hotel Continental, ganz in der Nähe des Hauptbahnhofs, stoppte der Bus. Wir waren angekommen.

So etwas Vornehmes wie dieses Hotel hatte ich noch nicht gesehen, mit einem getäfelten Empfang und einem freundlichen livrierten Portier, der uns die Tür aufhielt. Die Zimmer, alle mit Doppelbetten ausgestattet, schienen uns riesig, ich teilte eines mit meinem Bruder Clemens. Nachdem wir uns draußen noch etwas umgeschaut und im Restaurant gegessen hatten – die Ober im Smoking, die Servietten und die Speisekarte beeindruckten mich gewaltig! –, legten wir uns, müde von der langen Reise, nur noch ins Bett.

Für uns begann nun ein turbulentes Leben. Dahinter verbarg sich jedoch ein intensives, geradezu verzweifeltes Werben der DDR-Behörden um Köpfe und Seelen. Die DDR hatte ein vitales Interesse daran, möglichst viele der heimgekehrten Spezialisten im Lande zu halten, um die eigene Kernphysik, insbesondere im Hinblick auf die Energieerzeugung und in Konkurrenz zur Bundesrepublik Deutschland, voranzutreiben. Zwar waren die Kontrollratsbeschlüsse, die jede Kernforschung in Deutschland verboten, offiziell noch in Kraft, aber sie waren schon weitgehend ausgehöhlt. Es gab zu dieser Zeit auch in der Bundesrepublik längst kernphysikalische Forschungseinrichtungen, so in Braunschweig, Jülich, Karlsruhe und München. Daher erschienen in Leipzig täglich neue hochrangige Abgesandte der Abteilung Wissenschaft des ZK der SED und diverser Ministerien und Forschungseinrichtungen, um mit den Wissenschaftlern und Technikern über deren berufliche Vorstellungen zu sprechen und entsprechende Arbeitsmöglichkeiten in der DDR zu offerieren. Auch Leute von der Staatssicherheit waren wieder dabei, das erfuhren wir jedoch erst später. Die Besucher präsentierten verlockende Stellenangebote mit zum Teil glänzenden Karriereaussichten. Das Thema Atomrüstung stand dabei nicht zur Diskussion, nicht einmal andeutungsweise, dagegen gab es großes Interesse an Forschungen zum Strahlenschutz.

Die meisten Spezialisten waren wie mein Vater Mitte fünfzig, also im besten Wissenschaftsalter. Damit die Verhandlungen möglichst erfolgreich verliefen, setzten die DDR-Autoritäten auf eine Offensive des Charmes und der vollmundigen Versprechen. So suchten Schuldirektoren das Hotel auf, die sich den Familien mit Kindern im schulpflichtigen Alter besonders widmeten. Uns Studenten besuchten junge Universitätsassistenten, die zugleich FDJ-Funktionäre waren und uns das Studentenleben in der DDR in leuchtenden Farben anpriesen. Sie versicherten, dass wir ein Stipendium bekommen würden und jedes beliebige Fach nach unserer Wahl weiterstudieren könnten. Sogar von Direktoren wissenschaftlicher Institute wurden wir zu Gesprächen empfangen. Das wurde ihnen sicher nicht befohlen, sondern sie halfen uns, da wir die Kinder von Kollegen waren. Meist klopften sie uns väterlich auf die Schulter und meinten, dass wir jederzeit bei ihnen anfangen könnten.

Sicherlich gab es auch Kontaktversuche vonseiten der Bundesrepublik, denn es existieren Kabinettsprotokolle der Bundesregierung aus den fünfziger Jahren, in denen das Thema angesprochen wurde. Die westlichen Geheimdienste hatten ein Interesse daran zu erfahren, was die Spezialisten im Osten gemacht hatten. Immerhin waren bereits russische Atombomben in Sibirien getestet worden, immerhin liefen das erste Atomkraftwerk der Welt in Obninsk und ein weiteres Dutzend Atomreaktoren verteilt über die ganze Sowjetunion. Die Russen waren den Amerikanern auf diesem Gebiet womöglich um einiges voraus. Doch wer von den Heimkehrern dann auch immer von einem amerikanischen, englischen, französischen oder westdeutschen Geheimdienst befragt wurde, der konnte zwar einiges darüber erzählen, wieso er in der Sowjetunion gelandet war, er konnte sicher auch mit ein paar Namen aufwarten – wer in der Sowjetunion in welchen Forschungszentren wofür verantwortlich war –, aber in wissenschaftlicher Hinsicht konnte er schon wegen der Quarantäne nicht viel Neues mitbringen.

Unserem Vater wurde angeboten, ein speziell auf seine Kenntnisse ausgerichtetes Institut für Angewandte Radioaktivität (IAR) aufzubauen und zu leiten. In diesem Institut sollte untersucht werden, wie radioaktive Nuklide für die Materialprüfung, für die Tracertechnik in der Chemie und Biologie und auch für die medizinische Diagnose und Therapie genutzt werden können. So wollte man zum Beispiel radioaktive Strahlung einsetzen, um Hohlräume und Risse in Gießereiprodukten oder pathologische Veränderungen im menschlichen Körper gezielt und kostengünstig erkennen zu können. Standort des neuen Instituts sollte Leipzig sein. Mein Vater wäre lieber nach Berlin zurückgegangen, aber man sagte ihm, dort gäbe es schon so viele wissenschaftliche Einrichtungen, aus Gründen der Gleichberechtigung würde man nicht nur in Leipzig, sondern auch in Dresden und Jena neue Forschungszentren errichten. Das mochte stimmen, aber im Nachhinein wurde uns klar, dass noch ein anderes Argument in den Köpfen der DDR-Funktionäre existiert haben muss: Von Ostberlin konnten die Wissenschaftler schnell mal mit der S-Bahn in den Westen fahren – und am Ende dort bleiben.

Bevor mein Vater das Angebot annahm, stellte er einige – eigentlich selbstverständliche – Bedingungen: So wollte er die Zusicherung voller Reisefreiheit in den Westen, auch nach Westdeutschland. Er wollte sie schriftlich haben, und man gab sie ihm. Dazu forderte er ausschließlich friedliche wissenschaftliche Forschung, keinerlei Geheimhaltung der im Institut gewonnenen Erkenntnisse, sondern die Freiheit, sie zu publizieren (das war in der Sowjetunion ja nicht möglich gewesen), und die Garantie, dass es keine Einmischung in die Wissenschaft von außen geben würde – das hatte er in den vergangenen Jahren zur Genüge erlebt. Dasselbe verlangte er für seine Mitarbeiter. Alles wurde ihm zugestanden.

Als Standort des zu errichtenden Instituts war das Gelände einer ehemaligen Rüstungsfabrik vorgesehen. In unmittelbarer Nachbarschaft sollte noch ein Schwesterinstitut für die Anwendung stabiler Isotope unter der Leitung von Justus Mühlenpfordt, der in Agudsery gearbeitet hatte, entstehen. Als stellvertretenden Direktor des IAR schlug mein Vater Walter Hermann vor, mit dem er schon in Obninsk zusammengearbeitet hatte, dazu für den ersten Mitarbeiterstamm Karl Renker und einige jüngere Wissenschaftler und Techniker aus der Gruppe der Heimkehrer.

Viele andere aus der Rückkehrergruppe entschieden sich ebenfalls nach relativ kurzer Prüfung für eine Zukunft in der DDR. Heinz Barwich wurde Direktor des Zentralinstituts für Kernforschung in Dresden, Werner Hartmann Direktor des VEB Vakutronik ebendort, und Ernst Rexer baute das Institut für angewandte Physik der Reinstoffe in Dresden auf. Auch Manfred von Ardenne, der mit anderen deutschen Wissenschaftlern und Technikern in Sinop ein magnetisches Isotopen-Trennverfahren entwickelt hatte, das einer der Schlüssel zur sowjetischen Atombombe war und für das er 1953 den Stalinpreis erhalten hatte, entschied sich für Dresden, wo er sein «Forschungsinstitut Manfred von Ardenne» gründete. Es entwickelte sich zum größten privaten Forschungsinstitut des gesamten Ostblocks – mit rund fünfhundert Mitarbeitern.

Einige der aus der Sowjetunion zurückgekehrten Wissenschaftler versuchten hingegen, die Verhandlungen in die Länge zu ziehen und Ost und West gegeneinander auszuspielen. Sie sagten: «Ja, danke, ich habe das Angebot zur Kenntnis genommen. Aber jetzt fahre ich erst einmal in den Westen und schaue mich dort um.» Manchmal entstand dadurch ein regelrechtes Pingpong-Spiel, bei dem der Ball höher und höher flog – wobei der Ball der ausgehandelte monatliche Verdienst war. Irgendwann hatten die DDR-Behörden das Spiel satt und legten einen Stichtag fest, bis zu dem sich jeder entscheiden musste, denn sie waren nicht bereit und auch gar nicht in der Lage, den Preis ins Uferlose steigen zu lassen. Die Familien, die aus dem Rheinland, aus Niedersachsen oder Österreich stammten, wollten dann meist doch zurück in ihre frühere Heimat. Man ließ sie auch ohne Probleme ziehen. Später überlegten es sich noch weitere Familien anders und gingen über Berlin nach Westdeutschland.

Zu den die Heimkehrer hofierenden Hotelbesuchern gehörte auch der 1. Sekretär der SED-Bezirksleitung Leipzig. Jovial schmunzelnd erklärte er den Eltern: «Lieber Herr Dr. Weiss, liebe Frau Weiss – oder darf ich schon sagen: liebe Genossen? –, wie Sie sicher wissen, haben sich während Ihrer Abwesenheit die Arbeiterparteien KPD und SPD, denen Sie ja noch vor Ihrer Abreise beitreten wollten, zur Sozialistischen Einheitspartei Deutschlands zusammengeschlossen. Sie als Ehepaar sind folglich nun auch in politisch-organisatorischer Hinsicht glücklich vereint.» Die Burschen hatten offensichtlich die Aufnahmeanträge der Eltern aus der unmittelbaren Nachkriegszeit entdeckt. Damals war die SBZ die erste Besatzungszone, in der die Gründung von Parteien zugelassen wurde, und mein Vater wollte tatsächlich in die KPD und meine Mutter in die SPD eintreten, beide hatten ihre Aufnahmeanträge schon abgegeben. Verhindert wurde der Parteieintritt nur durch den Zwangsaufenthalt in der Sowjetunion. Inzwischen waren sie jedoch hinsichtlich eines parteipolitischen Engagements mehr als skeptisch. Die Mitgliedschaft in der SED lehnten sie nach ihren Erfahrungen in der Sowjetunion zum großen Bedauern des 1. Sekretärs kategorisch ab, und die kleinen sogenannten Blockparteien CDU, NDPD und LDPD entsprachen nicht ihren politischen Vorstellungen – sie betrachteten sie als demokratische Feigenblättchen.

Natürlich schwärmten wir auch in die Stadt aus und erlebten

einen echten Kulturschock. Wir staunten, wie aufgeräumt Leipzig inzwischen war, die schlimmsten Trümmer hatte man bereits beseitigt. Die Straßen, die ganze Infrastruktur, alles schien uns im Vergleich zu den russischen Städten nahezu perfekt. Wir rissen die Augen auf, als wir das Angebot in den Geschäften sahen, da gab es Dinge, nach denen man in der Sowjetunion monatelang vergeblich gesucht hätte: von Schuhen, Kleidung und Möbeln bis hin zu Auto-Ersatzteilen. Überhaupt, die vielen Privatautos, sogar Verkehrsampeln gab es! Und wie gut die Passanten angezogen waren, wir fühlten uns mit unseren unförmigen russischen Anzügen – die Sakkos hatten extrem breite Schultern und ein hartes Innenfutter aus Pferdehaar – und Stoffschuhen doch etwas unbehaglich. Zugleich waren wir wie berauscht.

Auf unsere Heimkehr fiel jedoch recht bald ein dunkler Schatten: Die Eltern meines Studienkollegen Manfred Zacher fanden ihren ältesten Sohn am Morgen nachdem sie froh in ihre neue Wohnung gezogen waren, tot auf. Er war an einer Gasvergiftung gestorben – eine fahrlässig verlegte Gasleitung war nachts gebrochen. Die Familie Zacher hat den jähen Sturz aus der Euphorie des Neuanfangs in den abgrundtiefen Schmerz wohl nie ganz verwunden. Aber auch für uns «Russlandkinder», die wir uns unerwartet schnell und aus so traurigem Anlass wiedersahen, war es schrecklich. Ich habe noch lange um meinen treuen Freund, mit dem ich in Minsk und Rostow so manches freche Ding gedreht hatte, getrauert.

Mit der Ankunft in Leipzig lebten unsere Eltern trotz der ungewohnt kalten Märztage – aus Suchumi waren wir bei mediterranen Frühlingstemperaturen abgefahren – regelrecht auf. Gleich am zweiten Tag entdeckten sie ein Plakat, auf dem eine Aufführung der *Johannespassion* von Johann Sebastian Bach durch den Leipziger Universitätschor angekündigt wurde. «Ihr kommt doch mit», sagten sie nachmittags und zogen sechs Eintrittskarten aus der Tasche. Tante Tinchen war natürlich auch dabei, und so zogen wir in unseren russischen Wintermänteln zur Universitätskirche St. Pauli, jener gotischen, wenn auch mehrfach umgebauten Kirche, die 1968 gesprengt wurde.

Das Konzert wurde für uns alle zu einem bewegenden Erlebnis. Schon als die ersten Töne des gewaltigen Eingangschores – «Herr, unser Herrscher, dessen Ruhm in allen Landen herrlich ist» – erklangen, wurde ich mir plötzlich bewusst: Ja, wir sind in der Heimat. Die wundervolle Bach'sche Musik, die ich schon seit frühen Kindheitstagen liebte, die Andacht der Zuhörer in der überfüllten Universitätskirche – all das beeindruckte mich tief. Wir sechs hielten uns an den Händen und weinten. Für mich stand fest: Hier in Leipzig, der Stadt Johann Sebastian Bachs, wollte ich weiterstudieren, und in diesem Chor wollte ich mitsingen. Später, als ich tatsächlich Mitglied des Unichores war, hörte ich dann, dass sich unter den Sängern auf der Empore an jenem 26. März 1955 in Windeseile herumgesprochen hatte, dass unten, im Kirchenschiff, Spätheimkehrer saßen. Wir waren offenbar durch unser Verhalten, unsere Kleidung und unsere merkwürdigen Frisuren, die nun gar nicht der DDR-Mode entsprachen, aufgefallen.

Zwei Tage nach uns kam auch Marion in Leipzig an. Gleich am nächsten Abend erkundeten wir das Leipziger Nachtleben. Dabei landeten wir in einer Bar, die «Femina» hieß. Diskret beleuchteter Eingang. Türsteher in Livree. Eintrittsgeld. Als wir die Bar betraten, standen wir plötzlich vor einer Big Band: vier Saxophone, drei weitere Bläser, Schlagzeug, Bass, Gitarre, Klavier. Die Musiker spielten gerade: «Glaube mir, glaube mir, meine ganze Liebe schenk ich dir.» Hingerissen schauten wir uns um: eine kreisrunde Tanzfläche aus Messing, die sich gelegentlich auch langsam drehte, von dort führte eine Gangway mit Schiffstauen als Geländer schräg nach oben in einen zweiten Raum, die sogenannte Hafenbar, in der ein Mann allein Klavier spielte. Es folgte die Kajütenbar, in der ein Schild hing: «Ab 24 Uhr Trocadero-Teil». Ja, das war die große Welt! Was aber war Trocadero? Um das herauszufinden, blieben wir bis lange nach Mitternacht dort, doch nichts passierte; ich weiß bis heute nicht, was dieses Wort bedeutet.

Eine Woche später reiste die ganze Familie Marions, wie bereits in Suchumi angekündigt, weiter nach Westdeutschland. Marion selbst wollte ursprünglich ihren Eltern nur beim Neuanfang beistehen und im September zum Studium nach Leipzig zurückkommen. Als ich die Familie zum Bahnhof brachte, glaubte ich, dass es nur ein Abschied für kurze Zeit sei. Anfangs schrieben wir uns täglich zwei Briefe, dann nur noch einen, schließlich alle zwei Tage einen, am Ende betrug der Abstand eine Woche. Ganz selten konnten wir miteinander telefonieren, wozu ich mich meist über zwei Stunden in der Hauptpost von Leipzig anstellen musste. Bei einem dieser Gespräche sagte Marion: «Ich kann nicht zu dir kommen.» Das war im Mai 1955.

Mein Vater sah, wie niedergeschlagen ich war. Er drückte mir 100 D-Mark – ich habe keine Ahnung, woher er die hatte – in die Hand und sagte: «Fahr nach Heidelberg und rede mit ihr.» In Heidelberg schienen sich alle meine Klischeevorstellungen vom Westen zu bestätigen. Am Zeitungskiosk auf dem Bahnsteig konnte man *Landser*-Hefte kaufen, mit Titeln wie: «Unsere Panzer vor Smolensk» oder «Gebirgsjäger stürmen den Elbrus». «Na Mahlzeit», dachte ich, «*unsere* Panzer also.» Vor dem Bahnhof standen aufgetakelte Mädchen, die mir irgendwas zuflüsterten, Prostituierte offensichtlich. Und in der Innenstadt fand offenbar gerade ein Konvent von Korpsstudenten statt. Ich fand die Chargierten im vollen Wichs mit ihren Schärpen, weißen Handschuhen, Reitstiefeln und «Bierzipfeln» einfach lächerlich und sagte mir: «Nein, das kann niemals meine Welt sein.» Ich wollte also unter keinen Umständen in den Westen. Marion, das stellte sich schnell heraus, konnte oder wollte ihrer Eltern wegen nicht mehr in den Osten. Unsere Kinderliebe war dieser Belastung nicht gewachsen.

Nach dem Tod von Manfred und nun der Trennung von Marion fühlte ich mich reichlich verloren. Um den Schmerz zu betäuben, besuchte ich dann gleich noch der Reihe nach die vier meiner Onkel, deren Familien es im Zuge ihrer Flucht aus Ostpreußen direkt nach Westdeutschland verschlagen hatte und die sich aus der Kriegsgefangenschaft natürlich auch dorthin hatten entlassen lassen. So lernte ich die Lebensverhältnisse in Schweinfurt, Bad Kissingen und Frankfurt am Main kennen. Der Unterschied zu Leipzig schien mir nicht gravierend, es wurde auch dort nur mit Wasser gekocht. Die Verwandten galten immer noch als Flüchtlinge und waren keineswegs auf Rosen gebettet. Sie nahmen mich dennoch alle sehr herzlich auf, fragten eingehend nach den Eltern. Ich lernte meine Cousins und Cousinen kennen, es gab viel zu fragen und zu berichten. Jeder Onkel spendierte mir einen kleinen Geldbetrag für die Fahrkarten zur Weiterreise und damit ich mir auch mal etwas kaufen könne. Ich fand es bemerkenswert, dass die Höhe des Betrages umgekehrt proportional zum Einkommen des Gebers war: Von Onkel Eberhard, einst gutsituierter Gutsinspektor in Ostpreußen, nun aber seit langem arbeitslos, erhielt ich am meisten.

Die Eltern hatten inzwischen angefangen, nach einer geeigneten Wohnung in Leipzig zu suchen. Ihnen wurde dabei durch das zuständige Amt eine deutliche Vorzugsbehandlung zuteil. So wurden wir gefragt: «Wollen Sie eine Mietwohnung oder wäre Ihnen ein Einzelhaus lieber?» Nach zwei, drei Wochen bot man uns ein leerstehendes Haus in der Nähe des Völkerschlachtdenkmals an. Einst hatte es einem Fabrikanten gehört, der 1945 Hals über Kopf in den Westen geflohen war. Danach war es verstaatlicht und vermietet worden. Zu unseren Vormietern gehörte das Mitglied des Politbüros Karl Schirdewan, der jedoch einige Zeit zuvor nach Berlin umgezogen war. Ebenso wie Ernst Wollweber, der von 1953 bis 1957 das Ministerium für Staatssicherheit leitete, war Schirdewan ein strikter Gegner der Deutschlandpolitik Walter Ulbrichts. Beide wurden

1957 als «Schirdewan-Wollweber-Gruppe» wegen «Fraktionsbildung» ihrer Ämter enthoben.

Das Haus war in dem damals üblichen Zustand, was hieß, dass der VEB Gebäudewirtschaft nicht viel an ihm gemacht hatte. Das war uns aber herzlich egal, Hauptsache, ein Dach über dem Kopf und ein Garten. Einschließlich Gartenbenutzung, Straßenreinigung und Müllabfuhr bezahlte mein Vater monatlich 220 Ost-Mark Miete, ein aus heutiger Sicht lächerlicher, aber damals üblicher Preis. Das Angebot, mit nur fünf Leuten in dieses relativ komfortable Haus einzuziehen – es hatte immerhin neben Küche und Bad fünf Zimmer –, war für DDR-Verhältnisse ungewöhnlich. Normale DDR-Bürger hätten jahrelange Wartezeiten absolvieren und es mit einer anderen Familie teilen müssen. Tante Tinchen kaufte sich in Leipzig von ihrem Erspartem ein winziges Siedlungshäuschen. Als Chefsekretärin im IAR war sie zufrieden mit der neuen Situation.

Wegen der Wohnungseinrichtung und weiterer notwendiger Anschaffungen – das aus Russland Mitgebrachte erwies sich mehr oder weniger als unbrauchbar oder überflüssig – machten sich die Eltern wenig Sorgen: Sie hatten ja regelmäßig einen Teil des Gehalts meines Vaters nach Deutschland überwiesen und als Startkapital für den Neuanfang vom einzigen im Osten lebenden Verwandten ersten Grades treuhänderisch verwalten lassen. Doch plötzlich erhielten sie zwei gewaltige Dämpfer. Der erste war das, was ich sarkastisch den «Lastenausgleich Ost» nannte: Meinem Vater wurde vom Magistrat der Stadt Berlin eine gepfefferte Rechnung über die während unserer Abwesenheit fällig gewesenen Zahlungen für die Ruine unseres Biesdorfer Häuschens präsentiert. Rund 60000 Ost-Mark an Ratenzahlungen, Mahngebühren und aufgelaufenen Zinsen für den ursprünglichen Kaufpreis (die Wohnbaugenossenschaft war inzwischen ein VEB), für die Grundsteuer und die Straßenreinigung. Den Eltern war sofort klar, dass sie diese Summe bis zum Renteneintrittsalter meines Vaters nicht würden aufbringen können. Nach langem Hin und Her einigte man sich auf einen Kompromiss: Die Eltern übereigneten das Ruinengrundstück der Stadt Berlin, und die verzichtete dafür auf alle Forderungen.

Ich war kurz vorher noch schnell nach Berlin gefahren, um mir das Grundstück anzusehen. Als ich in Biesdorf aus der S-Bahn stieg, geriet ich in einen wahren Sturm widerstreitender Gefühle. Ja, es war einerseits die Landschaft meiner frühen Kindheit, von der ich in Russland so oft geträumt hatte: Der Schlosspark hinter dem Bahnhof, die Bahnschranke an der Oberfeldstraße, der Fußweg entlang des «Pools», sogar Reste der Splittergräben waren noch zu erkennen. Aber die Häuser! Von der einst beschaulichen Siedlung waren viele Häuschen verschwunden, an ihrer Stelle gähnten Bombentrichter oder lagen Trümmerhaufen. Andere waren notdürftig repariert und hatten statt der ursprünglichen Spitzgiebel flache Notdächer aus Dachpappe. Kein einziges Haus war unbeschädigt geblieben. Vor unserer Hausnummer Weizenweg 64 stockte mir der Atem: Der Jägerzaun war fast komplett verbrannt, nur an den Pfeilern hingen noch ein paar verkohlte Holzreste und das inzwischen unleserliche Namensschild. Die Ruine unserer Doppelhaushälfte war eingestürzt und ganz und gar von verwilderten Rosen überwuchert. Und im Asphalt der schmalen Straße sah ich mit Grausen die Spuren unzähliger Einschläge: die sechskantigen Löcher, die britische Stabbrandbomben hinterlassen hatten, die kreisrunden, topfartig vertieften Brandstellen der Phosphorkanister, die tiefen, wie die Speichen eines Rades auseinanderstrebenden Furchen, die die Bombensplitter gerissen hatten. Ich besuchte dann noch unsere früheren Nachbarn in der anderen Doppelhaushälfte, die das Inferno überlebt und sogar noch bei uns zu löschen versucht hatten. Über das Schicksal der anderen Nachbarn konnte ich nichts in Erfahrung bringen. Dann fuhr ich schweren Herzens nach Leipzig zurück. Nach 1990 haben meine Geschwister und ich noch einmal überlegt, ob wir den faulen Kompromiss von 1955 anfechten und einen

Restitutionsantrag stellen sollten. Aber nachdem wir hörten, dass eine Familie mit vier Kindern inzwischen das Grundstück gepachtet und das Haus Stein für Stein mit eigenen Händen wiederaufgebaut hatte, ließen wir diese Idee schnell wieder fallen. Wir wollten nicht zu denen gehören, die den Ostdeutschen das, was sie redlich erworben und jahrzehntelang gehegt und gepflegt hatten, abzujagen versuchten.

Der zweite Dämpfer wog ungleich schwerer, denn er war zugleich eine schwere menschliche Enttäuschung: Der Verwandte, der das in der Sowjetunion Rubel für Rubel mühsam ersparte und nun dringend benötigte Startkapital verwalten sollte, hatte das Geld fast völlig verbraucht. Mit rotem Kopf und zitternder Stimme versuchte er eine Erklärung: «Bitte versteht das, mein ärmliches Gehalt, die Not war so groß, ich werde euch das Geld in Raten überweisen, habe doch nicht damit gerechnet, dass ihr so schnell zurückkommt.» So schnell? Abgeschrieben hatte der uns! Er zeigte uns dann im Wohnzimmer ein gebrauchtes Klavier, das er für uns gekauft habe, und im Keller ein klappriges Fahrrad, das er aber für seine Dienstwege als Pfarrer (!) eigentlich noch selbst brauche. Mein Vater wurde zwar blass, sagte aber nur knapp: «Das Klavier lass bitte nach Leipzig transportieren, das Fahrrad schenken wir dir.» Ich bewunderte ihn ob seiner unglaublichen Beherrschung: Er wollte offensichtlich keinen Krach, um unserer Mutter die Stimmung nicht restlos zu verderben. Die ganze Familie war nämlich hauptsächlich deswegen nach S. gefahren, weil wir Geschwister auf Wunsch der Mutter dort konfirmiert werden sollten.

Auch die Konfirmation war nicht gerade ein Fest. Im Vorgespräch hatten wir den Verwandten dringend gebeten, uns junge Erwachsene nicht wie vierzehnjährige Konfirmanden zu behandeln, also nicht etwa vor der Gemeinde unsere Katechismuskenntnisse etc. abzufragen, denn wegen unserer Vorgeschichte wüssten wir da nicht allzu viel. Das wurde uns auch verständnisvoll zugesagt. Aber vor dem

Altar war unser Hirte dann doch zu feige, eine Ausnahme von den kirchlichen Vorschriften zu machen, und prüfte uns nach Strich und Faden. Wir drei standen verlegen da mit unserer Unwissenheit, für mich zumindest war die feierliche Stimmung wie weggeblasen, und ich fühlte mich zutiefst öffentlich gedemütigt. Ich brauchte danach lange, um zur Kirche ein normales Verhältnis zu finden.

# 18 Neuanfang in Leipzig

Während meine Geschwister sich, wie die meisten anderen «Russlandkinder» auch, erst einmal Zeit ließen, um zu überlegen, ob sie das, was sie in der Sowjetunion angefangen hatten, auch in Deutschland fortsetzen wollten, und in der Zwischenzeit das Land erkundeten, nahm ich noch vom Hotel Continental aus mein Studium wieder auf – ich hatte es jetzt eilig, auf eigenen Beinen zu stehen und möglichst in die Arzneimittelforschung zu kommen. Vielleicht würde ich ja durch die Synthese bisher völlig unbekannter Wundermittel berühmt werden. Schon in Russland hatte ich meine Mitschüler mit dem reichlich arroganten Spruch geärgert: «Eure Kinder werden eines Tages noch meinen Lebenslauf lernen.»

Ganz so schnell ging das dann aber doch nicht. Zunächst musste ich zur Kenntnis nehmen, dass meine in der Sowjetunion erworbenen mathematischen und theoretisch-physikalischen Grundlagen für das Chemiestudium in der DDR nicht so relevant waren, hier ging es viel mehr um praktische Fertigkeiten – eigentlich ein altmodischer Ansatz. Folglich musste ich eine Menge Praktika nachholen. In der Sowjetunion hatte ich nur zwei Präparate hergestellt, eines davon war Seife aus Rindertalg, die ich – da ich sie verschenken wollte – zum Schluss noch rosa einfärbte und mit Rosenöl parfümierte. Was aber ein Fehler war, denn die Seife duftete zwar, fiel aber bei der ersten Berührung mit Wasser in lauter Krümel auseinander. In Leipzig musste ich nun zwanzig verschiedene Grundpräparate herstellen, dazu noch einige, für die es keine Herstellungsanleitung im Lehrbuch gab, sondern für die man sich die Synthesemöglichkeiten selbst in der Fachliteratur suchen musste. Ich wurde daher in das dritte Semester zurückgestuft, obwohl ich in Rostow schon das fünfte beendet hatte.

Ich ärgerte mich über diese Zurücksetzung, musste aber zugeben, dass meine Kommilitonen vieles konnten, was ich nicht beherrschte. Die wussten, dass man vorsichtshalber eine Gasmaske aufsetzt, bevor man das Ventil einer Chlorbombe aufdreht, oder was zu tun war, wenn es irgendwo im Institut brannte – und das tat es jeden Tag mindestens einmal. In den Instituten in Minsk und Rostow hatte es nicht ein einziges Mal gebrannt, aber wir hatten ja auch kaum selbständig Experimente gemacht.

So wich meine anfängliche Begeisterung bald einer gewissen Ernüchterung. Der Wechsel fiel mir schwer, meine Kommilitonen in der DDR waren ganz anders als ich, sie wirkten auf mich fremd. Ihnen fehlte das kindlich Optimistische der sowjetischen Studenten, sie waren nicht nur erwachsener, sie schienen mir auch zynischer zu sein. Einige von ihnen waren verheiratet, hatten zum Teil sogar schon Kinder, die sie gelegentlich ins Labor mitbrachten. Frühe Heiraten waren in der DDR nichts Ungewöhnliches, da man dadurch schneller eine eigene Wohnung zugewiesen bekam. Zudem erhielt man auf Antrag einen zinslosen Ehe-Kredit von 5000 Mark, wobei die Kreditschuld sich nach Geburt des ersten Kindes um 1000 Ost-Mark und nach Geburt des zweiten Kindes um 1500 Mark verringerte. Nach dem dritten Kind galt der Ehe-Kredit als vollständig getilgt.*

Unter den Chemiestudenten gab es auch ehemalige Wehrmachtsangehörige, die völlig desillusioniert waren. Sie hatten die Schre-

* Nach 1990 wurde behauptet, in der DDR hätte es dafür den Begriff «Abkindern» gegeben. Das ist völliger Unfug, dieser der Veterinärmedizin sinngemäß entlehnte Zynismus (Abkalben) kam aus dem Westen über uns.

cken des Krieges genauso erlebt wie die Muschiks der Roten Armee, aber sie wurden nicht wie diese umjubelt oder bewundert. Kein Mensch kümmerte sich um sie, fragte nach ihnen. Sie waren nur froh, dass sie in Frieden studieren konnten, mehr wollten sie nicht. Sie waren sehr zielstrebig, rauchten wie die Schlote, manche tranken so viel, dass man erblasste, teils vor Schreck, teils vor Bewunderung.

Überhaupt war die politische Stimmung in der DDR ziemlich angespannt – es war nicht zu übersehen, dass man in einem geteilten Land lebte. Der alltägliche ideologische Druck war viel stärker, die Anzahl und die Intensität der politischen Kampagnen viel höher, als ich es je in der Sowjetunion erlebt hatte. Hier musste ich an allen möglichen Veranstaltungen teilnehmen, an denen ich überhaupt nicht teilnehmen wollte. Eigentlich hätte ich auch in die FDJ eintreten sollen – aber ich hatte genug von Uniformen und Gruppenzwang und weigerte mich mit der Begründung, zu alt zu sein. Das wurde nicht akzeptiert, denn die FDJ verstand sich als alleinige Vertretung der Studenten, also sogar auch der ehemaligen Soldaten, die noch älter waren als ich. Ich sagte daher: «Ihr wisst überhaupt nicht, was ich in der Sowjetunion erlebt habe, ich darf auch nicht darüber reden, lasst mich also in Frieden.» Mit meinen übertrieben düsteren Andeutungen hatte ich die Werber irritiert, sie ließen mich tatsächlich in Ruhe.

Als man mich zum Eintritt in die SED ermuntern wollte, geschah das ganz diskret. So erhielt ich eines Tages eine Einladung von der Institutsparteileitung mit folgendem Wortlaut: «Lieber Cornelius, wir laden Dich herzlich ein, am 1. Mai um fünf Uhr früh an der Vordemonstration der Genossen im Arbeiterbezirk Lindenau teilzunehmen.» Nahm man diese Einladung an, dann hieß das, man war für weitere Gespräche offen. Ignorierte man sie, bedeutete es, dass man nicht in die SED eintreten wollte. Ein paar Jahre später wurde noch zwei- oder dreimal direkt an mich appelliert: «Wir wollen Dich auffordern, doch mal zu überlegen, ob Du nicht SED-Genosse werden willst. Von einem Wissenschaftler, der an der Universität Verantwortung übernehmen will, erwarten wir das.» Meine Antwort: «Es tut mir leid, das geht nicht, denn Ihr verlangt den «wissenschaftlichen Atheismus» als Weltanschauung, ich bin aber evangelischer Christ und bleibe das auch.» Meine Absage wurde bedauert, aber ohne große Diskussionen und ohne Druck weitgehend respektiert. Natürlich reagierten einige wohlwollende Genossen auch mit Unverständnis: «Cornelius, wenn du was werden willst, solltest du doch noch mal darüber nachdenken.» Eben, genau das war es: eine Frage der Opportunität!

Wenn heute einige flinke Zeitgenossen behaupten, dass sie in die SED eintreten *mussten*, dann ist das eine reine Schutzbehauptung. Es war einfach eine Frage der persönlichen Güterabwägung: Was sind meine Grundüberzeugungen, und welches Gewicht haben sie für mich einerseits, und welches Gewicht haben meine Karriere und mein Ehrgeiz andererseits? Für mich war die Antwort einfach, da ich nie besonders karrieresüchtig war, für andere mag das schwieriger gewesen sein. Natürlich gab es auch genug Leute, die nicht aus Karrieregründen, sondern aus ehrlicher Überzeugung in die Partei eingetreten waren: Ältere, die aus den Verbrechen des NS-Regimes und den unermesslichen Schrecken des Krieges ihre eigenen Schlüsse gezogen hatten, oder jugendliche Idealisten, die ihre natürliche Sehnsucht nach einer gerechten Welt im DDR-Staatssozialismus erfüllt glaubten. Wir Parteilosen nannten sie die «vernünftigen Genossen», im Gegensatz zu den «Zweihundertprozentigen», den mit Recht gefürchteten ideologischen Scharfmachern, und den von uns verachteten bedenkenlosen Opportunisten.

Mich nervte auch der sozialistische Wettbewerb, der sich als Gruppenzwang auswirkte. An den DDR-Hochschulen waren jeweils fünfzehn bis zwanzig Studierende eines Fachs in sogenannten Seminargruppen zusammengefasst, die jeweils einen eigenen FDJ-

Sekretär und einen eigenen PO (Parteigruppenorganisator) besaßen und von einem Assistenten beziehungsweise Doktoranden, dem Seminargruppenberater, fachlich betreut und mehr oder weniger stark auch politisch beaufsichtigt wurden. Rein didaktisch gesehen, war dieses System durchaus zielführend, denn es erleichterte dem Einzelnen die Orientierung im unübersichtlichen Gewirr der Wissenschaftsdisziplinen und half ihm bei Verständnisproblemen oder anderen Schwierigkeiten. Allerdings sollte man auch ins Kino, ins Konzert oder in andere Kulturveranstaltungen möglichst gemeinsam gehen, weil das ebenso wie gute Studienleistungen, Sportfeste oder das Führen eines Brigadetagebuchs Punkte im Wettbewerb der Seminargruppen brachte.

Das reguläre Studium wurde oft unterbrochen, weil wir Studenten, aber auch die Wissenschaftler, zu irgendwelchen Arbeitseinsätzen gerufen wurden. Die Hochschulen schienen geradezu die Feuerwehr der Nation zu sein. Wenn die Helden der «Ernteschlacht» es nicht schafften, allein den Sieg zu erringen, wenn im Winter in den Tagebauen die Braunkohle gefror, wenn viel Schnee fiel – immer mussten wir einspringen und helfen. Ich habe wochenlang Zuckerrüben, Kartoffeln und Äpfel geerntet, Strohfeime gebaut, Windbruch in den Wäldern beseitigt, Kabelgräben ausgeschachtet und Waggons mit Kalk entladen. Das hat mir sicher nicht geschadet, im Gegenteil, ich lernte, was es heißt, schwere körperliche Arbeit zu verrichten. Im Hinblick auf die Volkswirtschaft war das jedoch sehr unüberlegt, denn dadurch wurden wir davon abgehalten, in dieser Zeit Wissen zu erwerben.

Es gab sogar Einsätze, die rein politisch motiviert waren – bei denen mussten wir zum Beispiel die Bauern von der richtigen Gesinnung, also vom Eintritt in die Landwirtschaftlichen Produktionsgenossenschaften (LPG) oder vom Verzicht auf das Westfernsehen überzeugen. Das war ja auch so eine DDR-typische Schizophrenie: Tagsüber wurde stramm für die «Politik von Partei und Regierung» getrommelt, und abends saßen alle, die nicht im «Tal der Ahnungslosen» in und um Dresden lebten, auch die hohen Funktionäre, vor dem Fernseher und schauten die Sendungen des Klassenfeindes an.

Wir wurden auch regelmäßig als Wahlhelfer eingesetzt, das hieß: Am Wahltag in geschlossener Formation gleich früh als Erste die Stimmen für die Kandidaten der Nationalen Front abgeben und anschließend die Leute in ihren Wohnungen aufsuchen, an ihren Türen klingeln und sagen: «Sie sind noch nicht zur Wahl gegangen, das sollten Sie auf keinen Fall vergessen. Denken Sie daran, das Wahllokal hat nur bis dann und dann auf.» Dabei konnte man die eigentümlichsten Abenteuer erleben. Einmal machte meinem Studienkollegen und Freund Jochen von Großmann und mir – bei diesen Einsätzen war man immer zu zweit – eine üppige Blondine in einem rosa Morgenmantel auf, wobei sie mit einer Hand dessen oberes Ende über ihrem Busen zusammenhielt. Sie bat uns hinein und führte uns in ein Zimmer, das eindeutig ein Schlafzimmer war. Die Decke war schwarz gestrichen und mit goldenen Sternen verziert, ein schweres Parfüm lag in der Luft. Auf einmal begann die Frau, sich lasziv zu rekeln und uns schöne Augen zu machen. Wir wussten gar nicht, wie uns geschah, und verließen fluchtartig die Wohnung. So entgegenkommend wurden wir aber nur in den seltensten Fällen behandelt. Die meisten blickten uns nur komisch an, und manche alte Herren mit Scheitel und Schnurrbart schlugen die Tür vor unserer Nase zu.

Zum Militär musste ich übrigens nicht. Es blieb bei der Erfassung meiner Daten, denn ich gehörte zu dem halben Jahrgang, der zu jung für die Wehrmacht und nun zu alt für die Volksarmee war. Glück gehabt! Was fuhr es mir aber in die Knochen, als später mein Sohn Frank gemustert wurde und mir danach seine Erkennungsmarke zeigte, die sich in einer Plastikhülle befand. Kalter Schweiß brach mir aus, denn ähnliche Erkennungsmarken hatte ich als Junge in Russland gefunden.

Ich fühlte mich in der DDR nicht nur fremd, ich wurde auch als fremd wahrgenommen. Meine Vorgeschichte war unklar, mit Sicherheit hatte ich damals einen leichten Akzent und sang im Labor oder bei irgendwelchen Arbeitseinsätzen gern russische Volkslieder. Wir «Russlandkinder» durften tatsächlich nicht sagen, warum wir in Obninsk gelebt hatten und woran unsere Väter dort gearbeitet hatten. Aber ich machte aus dieser Vergangenheit gezielt einen Mythos und zog daraus einige Vorteile – wie eben bei meiner Weigerung, in die FDJ einzutreten.

Es gab durchaus Momente, da wollte ich wieder zurück in die Sowjetunion. Von dieser paradoxen Sehnsucht wurden zeitweise wohl alle jugendlichen Heimkehrer erfasst, es ging nicht nur mir so. Wir Weissens blieben anfangs viel zu Hause, machten mit den Eltern Musik oder spielten Doppelkopf. Wir führten die alten Bräuche, die wir uns in der Sowjetunion angewöhnt hatten, in der DDR fort. Nicht nur weil uns zunächst die sozialen Kontakte fehlten, sondern weil wir uns den Eltern gegenüber auch irgendwie dazu verpflichtet fühlten, eine gewisse Solidarität empfanden, denn sie waren es ja nicht gewohnt, dass wir nicht da waren. Wir konnten jetzt nicht einfach sagen: «Tschüs, es war schön mit euch in der Sowjetunion, aber jetzt gehen wir unsere eigenen Wege.» Insofern konnte ich Marions Entscheidung langsam nachvollziehen.

Die Eltern bekamen in Leipzig wieder viel Besuch: Nicht nur alle Verwandten kamen der Reihe nach, auch die alten Breslauer und Berliner Freunde und – durch Vermittlung von Harald Poelchau – viele Leute des Widerstands gegen die Nazis beziehungsweise deren Kinder. Die wiederum brachten ihre Freunde mit, und so wurde unser Haus vor allem in den Zeiten der Leipziger Messen, während deren die Einreise in die DDR weniger reglementiert war, ein regelrechter Ost-West-Treffpunkt, in dem auch intensiv über die Zukunft Deutschlands diskutiert wurde. Zwar hatte, wie ich nach der Wiedervereinigung Deutschlands meiner Stasi-Akte entnehmen konnte, irgendein IM* aus der Nachbarschaft jahrelang die Kennzeichen aller vor dem Grundstück parkenden Autos notiert, aber die Stasi war wohl zu dämlich, um daraus irgendwelche Schlussfolgerungen zu ziehen. Jedenfalls standen auf den entsprechenden handschriftlichen Listen keinerlei Kommentare oder Bearbeitungsvermerke.

Mit der Zeit fanden die Eltern aber auch in Leipzig Verwandte im Geiste. Sie freundeten sich mit dem Gemeindepfarrer in der nahegelegenen Marienkirche Leipzig-Stötteritz Rudolf Grabs an, einem sehr unorthodoxen, nachdenklichen und mit der Amtskirche öfter im Streit liegenden Theologen, der die wohl sachkundigste Albert-Schweitzer-Biographie geschrieben hatte. Auch der Religionssoziologe Emil Fuchs war bei uns ein gern gesehener Gast. Fuchs, überzeugter Pazifist, Quäker und seit 1922 SPD-Mitglied und daher in der Nazizeit mit Berufsverbot belegt, hatte vor seiner Berufung an die Leipziger Universität in Berlin, und zwar ganz in der Nähe der Familie Poelchau, gelebt und war mit ihr befreundet. Das dritte Kind der Familie Fuchs, der später als «Atomspion» bekannt gewordene Klaus Fuchs, war ein Patensohn von Harald. Emil Fuchs wurde und wird bis heute an der theologischen Fakultät wegen seiner Loyalität zum Staat DDR geringgeschätzt. Ich finde das nicht angemessen, immerhin war er es, der 1964 bei der DDR-Regierung die Möglichkeit der Verweigerung des Wehrdienstes mit der Waffe durchsetzte und damit Tausenden junger Männer schwerste Gewissenskonflikte und womöglich Strafverfolgung ersparte. Die Gespräche mit Emil Fuchs bestärkten mich jedenfalls in meinen Ansichten über den religiösen Sozialismus als aussichtsreiche Alternative zu einer rein marktwirtschaftlich orientierten Gesellschaft.

Die ersten eigenen sozialen Kontakte fanden meine Geschwister und ich im Leipziger Universitätschor (LUC). Vor der Aufnahme

---

* IM: Informeller Mitarbeiter des Ministeriums für Staatssicherheit

mussten wir eine Prüfung bestehen, aber die war für uns eher trivial. Wir trafen auf eine verschworene Gemeinschaft von rund 120 jungen Leuten, die genauso musikbegeistert waren wie wir. Von uns wurde viel verlangt: zweimal pro Woche abends Proben, dazu spezielle Proben-Wochenenden und viele Konzerte. Außerdem gehörte zu unseren Aufgaben die Gestaltung der Kirchenmusik bei den regelmäßigen Universitäts-Gottesdiensten. Bei allem herrschte eine fröhliche und intensive Arbeitsatmosphäre. Unser Chef, der Universitätsmusikdirektor Friedrich Rabenschlag, ein Vollblutmusiker, temperamentvoll und zugleich detailversessen, konnte uns aber auch unglaublich motivieren und mitreißen.

Unser Repertoire umfasste vor allem geistliche Musik vom Vorbarock bis zur Moderne. Wir gaben regelmäßig A-capella-Konzerte mit Werken von Johann Hermann Schein, Samuel Scheidt, Johann Pachelbel, Heinrich Schütz, natürlich von Johann Sebastian Bach, aber auch von Ernst Pepping, Johann Nepomuk David und anderen zeitgenössischen Komponisten. Höhepunkte waren die jährlichen Aufführungen des Weihnachtsoratoriums im Advent und der Johannes- oder der Matthäus-Passion zur Passionszeit. Auch die h-Moll-Messe von Bach, das Mozart- und das Brahms-Requiem haben wir gesungen. In den Semesterferien unternahmen wir ausgedehnte Tourneen durch ganz Westdeutschland, von Husum bis nach München, dann stets begleitet vom unvergessenen Universitätsorganisten Robert («Robby») Köbler oder dem Freiberger Domkantor Hans («Hänschen») Otto. Unsere Konzerte wurden mit überschwänglicher Begeisterung aufgenommen, auch in der Presse, doch das Publikum hatte manchmal Schwierigkeiten zu verstehen, dass junge Leute aus dem vermeintlich geistig öden Osten derart hingebungsvoll und perfekt Bach und Brahms sangen. Wir produzierten in Hannover und im Saarland auch Rundfunkaufnahmen, und 1956 sangen wir sogar zur feierlichen Wiedereinweihung der 1944 ausgebrannten Basilika in Trier die Festmusik – mit dem damaligen

Bundespräsidenten Theodor Heuss in der ersten Reihe, der uns ausdrücklich begrüßte («liebe junge Leipziger Freunde ...»).

Während dieser Konzertreisen übernachteten wir anfangs einzeln bei Gemeindemitgliedern, später auf Wunsch der Universitätsleitung gemeinsam in Jugendherbergen oder Müttergenesungsheimen – wahrscheinlich sollten wir nicht zu viele Kontakte mit Westdeutschen aufbauen. Für manche Gastgeberfamilien kamen wir von einem fremden Stern. Sie wussten so gut wie gar nichts von der DDR und schienen auch nicht besonders interessiert, etwas zu erfahren. Manche fragten uns sogar: «Ach, ihr kommt aus dem von Polen besetzten Teil, nicht wahr?» Andere konfrontierten uns mit abenteuerlichen Vorstellungen von unserer Heimat: «Ihr müsst da ja alle Uniform tragen.» Oder: «Nehmt ordentlich Brot mit, damit ihr euch mal satt essen könnt.»

Diese Bemerkungen stärkten die Verbundenheit der Chormitglieder untereinander – nicht einer von uns blieb im Westen, immer kamen wir vollzählig zurück. Es hätte geradezu als unehrenhaft gegolten, wenn sich jemand von uns während einer Konzertreise abgesetzt hätte. Jedem von uns war klar, dass man bei einer Flucht in den Westen nicht nur Familie, Verwandte und Freunde nie wiedergesehen und sie womöglich auch gefährdet hätte, sondern dass dadurch auch weitere Konzertreisen des Chores mit Sicherheit erschwert worden wären. Außerdem sagten wir uns: «Wir können doch nicht alle ausreisen und unser Land einfach anderen überlassen.»

Der LUC war aber auch ein geschützter Raum, weil er als Aushängeschild für die Leipziger Universität galt und die Mitarbeit in ihm als gesellschaftliche Arbeit gewertet wurde. Gesellschaftliches Engagement jenseits des Studiums war in der DDR geradezu Pflicht – und das war für manche mit Sicherheit auch ein Motiv, im Chor mitzuarbeiten. Die meisten Chormitglieder waren parteilos, es gab aber auch einige SED-Mitglieder, die in der Regel konfessionslos waren, wenn sie bei uns anfingen. Aber je mehr sie sich mit der geistlichen

Musik beschäftigten, je öfter sie von der andächtigen Stimmung bei unseren Konzerten ergriffen wurden, desto mehr Verständnis zeigten sie für den christlichen Glauben. Es ist schon eine ganz eigenartige Hochstimmung, wenn man vor einem Konzert vor der Kirche steht, die Glocken läuten, und das Publikum erwartungsvoll in das Gotteshaus strömt. (Die Zigarette hielt man vorsichtshalber in der hohlen Hand, um keinen schlechten Eindruck zu machen.)

Im Unichor lernte ich auch Anne Tobatzsch, meine spätere Frau, kennen. Sie wollte nach dem Abitur Gesang studieren, war aber, da in der DDR Mitte der fünfziger Jahre wieder mal ein scharfer ideologischer Wind wehte, als Pfarrerstochter nicht zum Studium zugelassen worden. Auch eine Berufsausbildung wurde ihr versagt – die sei für Absolventen der Erweiterten Oberschule nicht vorgesehen. Es blieb ihr nur, sich irgendwo Arbeit als ungelernte Hilfskraft zu suchen. Schließlich wurde sie Fotolaborantin in einer kleinen Firma, die Filme entwickelte. Täglich stand sie – für 150 Ost-Mark Monatsgehalt – achteinhalb Stunden in der Dunkelkammer, ständig war sie giftigen Dämpfen ausgesetzt, ihre Hände waren ewig rot. Für die Konzertreisen des LUC musste sie unbezahlten Urlaub nehmen, und die 40 oder 50 D-Mark, die jedes Chormitglied bei einer solchen Reise als Taschengeld bekam und die ich zum Beispiel für Zigaretten oder Bücher meines Lieblingsautors Arno Schmidt ausgeben konnte, reichten für sie kaum, um das für das Leben in Leipzig Notwendigste zu kaufen. Dennoch hielt sie eisern an ihrem Traum, Sängerin zu werden, fest und nahm privaten Gesangsunterricht bei dem bekannten Leipziger Gesangspädagogen Fritz Polster.

Im LUC gab es eine ganze Reihe junger Leute, denen es ganz ähnlich ging. Auch ihnen wurde der Zugang zur höheren Bildung nur deshalb verwehrt, weil sie aus sogenannten bürgerlichen Familien stammten, das heißt, weil ihre Eltern selbständige Handwerker, kleine Unternehmer, Pfarrer oder auch Wissenschaftler waren. Sosehr ich es richtig fand, das bürgerliche Bildungsprivileg radikal und nachhaltig zu durchbrechen und Kinder aus – heute würde man sagen – eher bildungsfernen Schichten besonders zu fördern, zum Beispiel in den Arbeiter- und Bauernfakultäten (ABF)*, so sehr lehnte ich diese an die Sippenhaft der Nazis erinnernde Ausgrenzungspraxis ab. Ich fand das nicht nur sehr ungerecht, diskriminierend und grausam – viele von den betroffenen Jugendlichen verstanden die Welt nicht mehr und stürzten in tiefe Depressionen –, sondern auch politisch erzdumm. Denn die DDR verzichtete dadurch auf ein riesiges kreatives Potenzial und machte sich ohne Not zusätzlich Zehntausende erbitterter Feinde. Unter den fast vier Millionen Menschen, die der DDR in den vierzig Jahren ihres Bestehens den Rücken kehrten, sind sicher mindestens 15 Prozent aus Sorge um die Zukunft ihrer Kinder in den Westen gegangen.

1958 trat mein Studium in seine letzte entscheidende Phase: die Diplomarbeit. Ich hatte mich für die organische Synthesechemie entschieden, weil das meinen pharmakologischen Interessen am nächsten kam, und von Wilhelm Treibs, dem Direktor des Instituts für Organische Chemie, ein entsprechendes Thema zugewiesen bekommen. Zunächst musste ich in großen Mengen eine Ausgangsverbindung herstellen, die dem Skatol, einem Abbauprodukt von Eiweißstoffen im menschlichen Organismus, verwandt ist und folglich ganz ähnliche Eigenschaften wie dieses aufweist. In reiner Form bildet diese Substanz zartrosafarbene Kristalle und duftet leicht nach Rosen, verdünnt oder in Wechselwirkung mit Luft aber riecht sie intensiv nach Schweinestall oder eitriger Mandelentzündung. Mit anderen Worten: Es war ein wahnsinniger Gestank, der sich zudem schnell in der Haut, in den Haaren und in der Kleidung

* Die ABF wurden Ende der vierziger Jahre an den DDR-Universitäten eingerichtet, um Arbeiter, Bauern und junge Menschen, die aufgrund von Kriegseinwirkungen das Abitur nicht machen konnten, in einem dreijährigen Vorkurs auf ein Hochschulstudium vorzubereiten.

festsetzte – ich wurde durch den täglichen Umgang mit dieser Verbindung praktisch gesellschaftsunfähig.

Zwar hatte ich mir angewöhnt, bei der Arbeit neben dem üblichen weißen Chemikerkittel eine gesonderte «Laborkleidung», also alte, eigentlich zum Wegwerfen bestimmte Klamotten, zu tragen, die ich nach dem Duschen bis zum nächsten Arbeitstag gleich im Umkleideraum des Instituts ließ. Und für den Weg zum und vom Institut benutzte ich eine spezielle «Wegkleidung», die ich zu Hause sofort zum Lüften auf den Balkon hängte. Trotzdem roch ich weiterhin entsetzlich. Ich konnte zwar noch morgens mit der Straßenbahn ins Labor fahren, aber abends fingen die anderen Fahrgäste spätestens nach der zweiten Haltestelle an, sicht- und hörbar zu schnüffeln. Schließlich rief einer: «Hier stinkt es ja widerlich, wer ist das?» Schnell war ich identifiziert, und dann hieß es: «Raus hier, du Schwein!», sodass ich den weiteren Weg nach Hause laufen musste.

Trotz des täglichen mehrfachen Duschens und Kleiderwechselns konnte es aber immer noch passieren, dass in einem Konzert nach der Pause die Plätze rechts und links neben mir und hinter mir frei blieben. Wenn ich einen Kugelschreiber verliehen hatte, musste ich erleben, dass der Benutzer hinterher an seinen Händen schnupperte. In der Mensa konnte ich mich ebenfalls nicht blickenlassen. Mein Vater gab mir daher jeden Tag drei Ost-Mark, damit ich mittags in den Ratskeller gehen konnte. In dieses Lokal ging ich schon um halb zwölf, weil es dann noch fast leer war. Ich saß dann meist alleine dort und aß Bratkartoffeln mit Rührei, die es für die drei Mark gab. Immerhin wurde ich vornehm von einem Ober der alten Schule bedient. Als ich ihn Jahre später wiedertraf, weil ich mit ihm über ein Familienfest im Ratskeller verhandelte – er war dort inzwischen Geschäftsführer geworden –, fragte ich ihn zum Schluss:

«Sie haben mich doch erkannt, oder?»

«Natürlich, mein Herr.»

«Sie haben nie die Nase gerümpft, als Sie mich damals bedienten. Dabei muss ich doch übel gerochen haben. Was mögen Sie bloß gedacht haben?»

«Mein Herr, Sie waren mein Gast, und der Gast werden gewusst haben, warum er stinke.» Er war wirklich einer von der alten Schule.

Schließlich war die Diplomarbeit fertig. Mein Vater war neugierig und wollte sie lesen. Ich überreichte sie ihm voller Stolz. Einen Tag später kam er mit der Arbeit in mein Zimmer. Ich hätte es ahnen können, in seinen Augen glitzerte es gefährlich: «Cornelius, ich verstehe ja nicht alles, aber ich glaube, es ist eine ordentliche Arbeit. Doch sie fängt mit folgendem Satz an: ‹Wie sich leicht zeigen lässt, ist Azulen ein nichtbenzoider aromatischer Kohlenwasserstoffstoff.› Na fein, dann zeig mir das bitte mal!»

«Äh … das kann ich nicht», stotterte ich, «das habe ich aus dem Lehrbuch für Theoretische Chemie.»

«Dann schreib so etwas nicht hin. Und rede als zukünftiger Wissenschaftler nie mehr großkotzig über etwas, das du nicht selbst verstanden hast.»

Das saß! Ich war beschämt, doch es war mir eine wichtige Lehre für meine weitere wissenschaftliche Arbeit.

In den nachfolgenden Diplomprüfungen habe ich auch nicht gerade durch souveränes Wissen geglänzt: Vier Zweien in den Kernfächern, einzig in Marxismus/Leninismus konnte ich eine Eins vorweisen, wobei ich allerdings getrickst hatte: Der Prüfer wollte etwas über die Geschichte der Kollektivierung der DDR-Landwirtschaft hören. Meine Antwort: «Entschuldigen Sie, zu dieser Zeit lebte ich in der Sowjetunion. Kann ich über die Geschichte der Kollektivierung in der sowjetischen Landwirtschaft berichten?» – «Ja, natürlich», antwortete der Dozent. Also schwadronierte ich das Blaue vom Himmel zusammen. Ich hatte nicht die geringste Ahnung von diesem Thema – der Prüfer aber offensichtlich auch nicht. Und so gab er mir vorsichtshalber eine Eins.

Mit meinen vier Zweien hatte ich keine Aussicht auf eine Assistentenstelle im Institut, dafür wurden wirklich hervorragende Leistungen verlangt. Das hieß, dass ich mich an die staatliche Stellenvermittlung wenden musste. Schon während des Studiums hatte sich jeder verpflichten müssen, die Stelle, die von Partei und Regierung für ihn vorgesehen war, auch anzunehmen. Das bedeutete, dass man gegebenenfalls auch einen der ungeliebten Jobs in den großen Chemiekombinaten annehmen musste, etwa in Bitterfeld, Leuna, Buna oder Böhlen.

Man konnte dieses Verfahren jedoch unterlaufen, wenn man sich auf eigene Faust nach einer passenden Stelle umsah. Das wollte ich auf jeden Fall versuchen, und so klapperte ich systematisch die Chemiebetriebe im Lande ab. Doch überall, wo ich mich vorstellte – in Berlin, Dresden, Nünchritz –, gab man mir zu verstehen: «Wir würden Sie gern nehmen, wir haben ja Bedarf an Fachkräften. Aber eine Wohnung können wir Ihnen nicht stellen, die müssen Sie sich selbst besorgen.» In Berlin, wohin es mich am meisten zog, war die Warteliste für eine Wohnung auf fünf Jahre berechnet, mit der Aussicht, dass es wahrscheinlich sogar noch länger dauern würde.

Eines Tages hörte ich, dass am Akademieinstitut für Mikrobiologie und experimentelle Therapie in Jena eine Position frei sei, für die sich anscheinend kein Wissenschaftler finden ließ. Ich wurde vom Direktor Hans Knöll sehr freundlich empfangen und durch das ganze Haus geführt. Alles war sehr modern, und ich dachte schon, einen Glückstreffer gelandet zu haben, denn es war immer noch mein Traum, in der Arzneimittelforschung zu arbeiten. Doch irgendwann kamen wir in einen Bereich, der einschließlich der Decke gefliest war, was ich schon verdächtig fand. An den Wänden hingen riesige Bottiche aus Glas, sogenannte Jenaer Hängegefäße. In diesen befanden sich Tauchsieder, die eine trübe gelbe Flüssigkeit in den Glasgefäßen zum Sieden brachten. Überall roch es durchdringend nach Pferdeharn.

«Das ist Ihr zukünftiger Arbeitsplatz», sagte der Direktor, «die Abteilung, in der Steroide hergestellt werden, die Grundkörper der Verhütungspille und anderer Arzneimittel.» Mir wurde ganz flau. Natürlich wusste ich, dass diese Substanzen aus dem Urin von trächtigen Stuten gewonnen wurden. Der wurde hier in den Hängegefäßen gekocht, damit das Wasser entweichen konnte. Zurück blieb eine konzentrierte Lösung, aus der beim Abkühlen die Rohsteroide auskristallisierten, um dann gereinigt und verarbeitet zu werden.

«Nein, ich habe schon genug fürs Vaterland gestunken! Diesen Job werde ich nicht annehmen.», sagte ich mir. Hinzu kam, dass ich entweder zwischen Leipzig und Jena hätte pendeln oder in einem Ledigenwohnheim leben müssen. Ich sagte ab. Und das war eine Entscheidung, die mir wirklich Glück brachte, denn zufällig wurde genau an diesem Tage am Institut für organische Chemie in Leipzig eine Stelle frei – und alle anderen Absolventen waren inzwischen vermittelt. So blieb nur noch ich als Anwärter übrig. Zwei Umstände sprachen dabei für mich: Der Direktor des Instituts Wilhelm Treibs wollte ein Labor für radioaktive Isotope einrichten und wusste natürlich, dass mein Vater Leiter des Akademieinstituts für angewandte Radioaktivität war. Wahrscheinlich sagte er sich: «Weiss junior ist die richtige Besetzung, denn er bringt beste Beziehungen mit, um an das notwendige professionelle Know-how zu kommen.» Außerdem hatte ich schon während des Studiums ein fakultatives radiochemisches Praktikum im IAR absolviert und dabei den «Berechtigungsschein zum Umgang mit radioaktiven Isotopen» erworben. So wurde ich im Frühsommer 1960 mit einem Schlag stolzer wissenschaftlicher Assistent mit einem Monatsgehalt von 675 Ost-Mark brutto und Chef des Isotopenlabors mit zwei (!) Laborantinnen. Mir wurde eine zwölfköpfige Studentengruppe des zweiten Studienjahres zugeteilt, mit denen ich die Seminare zur Grundvorlesung in organischer Chemie durchzuführen und die ich durch das entsprechende Laborpraktikum zu begleiten hatte. Alles in allem eine Arbeit, die mir gefiel, der Ernst des Wissenschaftlerlebens fing also recht freundlich an.

Inzwischen hatten sich die in der DDR lebenden ehemaligen «Russlandkinder» mehrmals getroffen. Wir freuten uns, vertraute Gesichter wiederzusehen, aßen mitgebrachte russische «Chalva» aus Sonnenblumenkernen, tranken grusinischen Wein und tauschten Erinnerungen und unsere Erfahrungen in den neuen Lebenswelten aus. Bei einem dieser Treffen tauchte auch Hans Hertz auf, der sein Studium in Moskau abgeschlossen hatte. Meine Schwester Bettina und Hans verliebten sich ineinander und heirateten 1957, sie wurden von Rudolf Grabs in der Leipziger Marienkirche getraut. Bettina zog nach Berlin, sie war also die Erste, die das elterliche Haus verließ.

Auch Anne und ich hatten uns während eines Zelturlaubs am Scharmützelsee verlobt. Wir heirateten sozusagen zweimal: 1960 ohne Wissen der Angehörigen und ohne Feier nur standesamtlich, um in die offizielle Warteliste der Wohnungssuchenden des Instituts aufgenommen zu werden, wozu der Trauschein Voraussetzung war. Es war ein trüber Novembertag, ich holte Anne in der Mittagspause von ihrer Arbeitsstelle ab, und wir fuhren gemeinsam zum Stötteritzer Rathaus. Die Standesbeamtin hielt eine kleine Rede, in der sie uns erklärte, dass die Basis der Ehe die Liebe der Partner zueinander, zu den hoffentlich zu erwartenden Kindern und zum sozialistischen Vaterland sei. Danach fuhren wir sofort wieder zurück zur Arbeit.

Unsere eigentliche Hochzeit feierten wir in Polditz, dem 45 Kilometer von Leipzig entfernten Heimatdorf von Anne. Am 21. Mai 1961, einem Pfingstsonntag, wurden wir von Annes Vater Gottfried Tobatzsch in der großen Polditzer Kirche getraut. Aus Ost und West waren die Angehörigen beider Familien gekommen, dazu unsere Freunde und auch viele Polditzer. Die Trauung war sehr feierlich, die liebevoll-ernsten Worte von Annes Vater beeindruckten alle, und ich spürte, welche Verantwortung ich übernahm. Annes Vater war es auch, der mich wieder halbwegs mit der Kirche versöhnte. Er war so völlig anders als der Pfarrer, der mich konfirmiert hatte: überhaupt nicht bigott, kein Freund großer Worte, auch nicht in seinen Predigten, aber ein zuverlässiger und geachteter Hirte seiner dörflichen Gemeinden, bescheiden und zudem firm in allen handwerklichen Tätigkeiten. 1896 geboren, hatte er eigentlich Ingenieur werden wollen. Die blutigen Materialschlachten des Ersten Weltkriegs, die er als Frontoffizier an der Westfront erlebte, und seine dort erlittenen schweren Kriegsverletzungen veranlassten ihn jedoch, seinen ursprünglichen Berufswunsch aufzugeben und Theologie zu studieren. Seine Frau Jutta wurde später die Lieblingsgroßmutter unserer Kinder.

Es sollte für lange Zeit eines der letzten großen Treffen der Familien sein, denn kaum ein halbes Jahr später wurde die Berliner Mauer gebaut, und Reisen von und nach Westdeutschland wurden faktisch unmöglich.

## 19 Der 13. August 1961

Ende Juli 1961 machten wir wieder mit Fahrrädern und Zelt Urlaub am Scharmützelsee. Es war ein verregneter Sommer, kaum einmal haben wir im See gebadet. Stattdessen machten wir Ausflüge nach Bad Saarow und Storkow, wanderten viel und sammelten Pilze. Dabei fiel uns auf, dass auf den Straßen ungewöhnlich viel Militär unterwegs war, vor allem nachts war oft das Geräusch langer Autokolonnen und zum Teil auch von Panzerketten zu hören. Wir hatten das beunruhigende Gefühl, dass etwas Unheimliches vor sich ging.

Schon seit über einem Jahr gab es Gerüchte, dass ganz Berlin abgeriegelt und dass möglicherweise Leipzig Hauptstadt oder zumindest Behördenzentrum der DDR werden sollte. In den Zügen von und nach Berlin wurden vor allem Jugendliche aufs schärfste durch mitreisende Polizei und Zollbeamte kontrolliert und nach ihrem Woher und Wohin befragt, und auch auf den Straßen musste man am Stadtrand von Berlin eine Art Grenzkontrolle passieren. Wir waren in den Jahren zuvor immer mal nach Ostberlin und von dort mit der S- oder U-Bahn weiter in die Westsektoren gefahren, um Verwandte oder Bekannte zu besuchen oder ins Kino zu gehen. In den großen Westberliner Kinos erhielten nämlich Besucher aus dem Osten für Filme mit dem Prädikat «wertvoll» oder «besonders wertvoll» Eintrittskarten zum 1:1-Wechselkurs. So sahen wir zum Beispiel im «Delphi» in der Kantstraße gleich zweimal die wundervolle Verfilmung von Gershwins Oper *Porgy and Bess* mit Sammy Davis jr. in der Rolle des Sportin'Live. Diese Fahrten wurden uns allerdings zunehmend durch die Kontrollen vergällt, denn man musste alles vorzeigen, was man bei sich hatte. Wehe, wenn dabei D-Mark oder irgendetwas anderes aus dem Westen zum Vorschein gekommen wäre!

Doch je schärfer die Kontrollen wurden, je stärker die Gerüchte waberten, desto mehr Menschen machten sich auf den Weg in den Westen. Viele ahnten wohl, dass es die letzte Gelegenheit zur Flucht sei, und die Worte von Walter Ulbricht im Juni 1961 «Niemand hat die Absicht, eine Mauer zu errichten, ja?» beförderten diese Ahnungen nur. Jeden Monat flüchteten Zehntausende, meist jüngere gutausgebildete Menschen, und wir Zurückbleibenden fragten uns jeden Morgen bang, wer von den Freunden und Kollegen heute wohl fehlen würde. Einweihen durfte man bei eventuellen Ausreiseplänen ja niemanden, denn wer davon erfahren hätte, wäre ein Mitwisser gewesen, und das war ein schwerwiegender Straftatbestand. Die wirtschaftlichen Folgen des Massenexodus waren unübersehbar: Der Arbeitskräftemangel wurde immer größer, die Betriebe konnten kaum noch regulär produzieren, und die Versorgungslage spitzte sich zu. Wie sollte das nur enden? Waren wir wirklich, wie damals der Volkswitz die Abkürzung DDR deutete, «**D**er **D**ämliche **R**est»? Ich persönlich konnte mir überhaupt nicht vorstellen, dass es technisch möglich sei, eine Großstadt wie Berlin mit ihrem S- und U-Bahn-Netz, mit ihren verzweigten Wasserläufen, ihrem Tunnelsystem und ihren Abwasserkanälen in zwei völlig voneinander isolierte Teile zu zerschneiden. Doch ich wurde bald eines Besseren belehrt.

Am Morgen nach dem Ende des Urlaubs – es war Sonntag, wir saßen grade auf dem Balkon beim Frühstück – wurde im Sender Leipzig nach der Übertragung der Bach-Kantate *Mer hahn en neue Oberkeet* plötzlich ein «Beschluss des Ministerrates der DDR» verlesen. Darin hieß es: «Zur Unterbindung der feindlichen Tätigkeit der revanchistischen und militaristischen Kräfte Westdeutschlands und Westberlins wird eine solche Kontrolle an der Grenze der

Deutschen Demokratischen Republik einschließlich der Grenze zu den Westsektoren von Groß-Berlin eingeführt, wie sie an den Grenzen jedes souveränen Staates üblich ist.» Im Deutschlandfunk hörten wir dann die Einzelheiten: Der Bahnverkehr innerhalb Berlins war seit Mitternacht unterbrochen, entlang der Sektorengrenzen waren Polizei, Volksarmee und Kampfgruppen aufmarschiert, es wurden Stacheldrahthindernisse aufgebaut, niemand durfte die Grenze passieren.

Wir waren zwar erleichtert über die besonnenen Reaktionen der Westmächte, denn die DDR rasselte derart mit dem Säbel, dass wir ernsthaft militärische Auseinandersetzungen befürchteten. Prinzipiell aber war ich entsetzt über diesen Schritt der SED, er brachte meine immer noch halbwegs festgefügten Ansichten über die DDR gewaltig ins Wanken. Abgesehen von dem menschlichen Leid, das er über die auf unabsehbare Zeit getrennten Familien brachte, abgesehen von den Verzweiflungstaten, die ihm unweigerlich folgen würden: Wie soll eine Gesellschaftsordnung funktionieren, zu der man die Menschen durch brutale Freiheitsberaubung zwingt? Ich sah die sozialistische Idee diskreditiert und alle, die für sie arbeiteten, zutiefst blamiert. Dabei hätte es für den Mauerbau durchaus Alternativen gegeben. Man hätte nur von Anfang an darauf verzichten müssen, sich große Teile der eigenen Bevölkerung durch die unsinnigen Enteignungen auch der kleinsten Unternehmen, durch die Zwangskollektivierung der Landwirtschaft und die andauernden Schikanen gegenüber kirchlich gebundenen Menschen zu Gegnern zu machen.

In der Uni ging es in den nächsten Tagen zu wie in einem aufgescheuchten Wespennest. In sofort einberufenen Mitarbeiterversammlungen sollten wir den Bau des «Antifaschistischen Schutzwalles» begrüßen und uns bereit erklären, «den Frieden und das sozialistische Vaterland mit der Waffe zu verteidigen, wenn Partei und Regierung dazu aufrufen». Manfred Scholz, ein Assistent, von dem ich wusste, dass er katholisch war, und ich waren die Einzigen, die sich bis zuletzt weigerten, einen entsprechenden Revers zu unterschreiben. Wir wurden erheblich unter Druck gesetzt: Immer wieder sollten wir unsere Haltung begründen und mussten uns Vorwürfe («pazifistische Drückeberger») anhören. Wir fürchteten schon, aus der Uni geworfen zu werden, doch glücklicherweise wurde diese Kampagne nach einiger Zeit aus mir unbekannten Gründen abgeblasen.

Weit belastender war, dass der gesamte Lehrkörper der Uni in speziellen Vorbereitungsveranstaltungen zu einem harten politischen Kurs gegenüber den aus den Ferien zurückerwarteten und womöglich unruhigen Studierenden vergattert wurde. Die SED und die Universitätsobrigkeit hatten regelrecht Angst vor den Studenten, die könnten ja – inzwischen möglicherweise vom Klassenfeind beeinflusst – mit gegnerischen Parolen oder Provokationen aufwarten. Uns wurde vorgeschrieben, mit welchen Argumenten wir die Studenten gegebenenfalls auf den Pfad der Tugend zurückzuholen hätten. Außerdem sollte jedes «Vorkommnis» – nach damaligem Verständnis der Funktionäre war jede unbedachte Frage und jeder vorsichtig verklausulierte Zweifel an der Politik der DDR ein solches Vorkommnis – sofort schriftlich der FDJ-Leitung gemeldet werden. Wer da als Assistent Bedenken anmeldete, riskierte selbst Kopf und Kragen.

In diesen Stunden verfluchte ich es, eine Stelle an der Hochschule angenommen zu haben. Etwas ruhiger wurde ich erst, als zwei befreundete Assistenten eine Stunde mit mir durch die Stadt liefen (um so sicherzugehen, dass uns niemand hörte) und wir uns darauf einigten, provokative Äußerungen von Studenten nicht zu melden. Wir wollten verfängliche Bemerkungen einfach überhören beziehungsweise gar nicht erst verstehen, um so keine Eskalation aufkommen zu lassen. Das erwies sich dann sogar als durchführbar, aber es kostete einige Nerven. Natürlich gab es an der Universität dennoch genug beflissene Kollegen und auch studentische Hardliner (die sogenannten Partisanen oder Exmatrikuliermaschinen), die alles aufbauschten und überall Verrat witterten: «Wieso kritisierst du die sowjetischen Atombombenversuche, Genosse Student? Woher weißt du überhaupt, dass es die gegeben hat? Bist du etwa gegen den Weltfrieden?» Sie sorgten dafür, dass in diesen Tagen einundsiebzig Studenten der Leipziger Uni «zur Bewährung in die Produktion delegiert» wurden, die allerdings in der Regel nach ein paar Wochen ohne großes Aufheben weiterstudieren konnten.

Sofort nach dem 13. August wurde der private Reiseverkehr nach Westdeutschland vollständig unterbunden. Selbst Dienstreisen in irgendein westliches Land wurden nur noch in den seltensten Fällen genehmigt. Natürlich durfte auch der Unichor keine weiteren Konzerte in Westdeutschland geben. Ich selbst sollte eigentlich auf Vorschlag und durch Vermittlung von Wilhelm Treibs im Spätherbst zu einem vierwöchigen Isotopenpraktikum nach Freiburg i. Br. fahren, das fiel nun ebenfalls ins Wasser. Die Zusicherung voller Reisefreiheit, die mein Vater nach unserer Rückkehr für sich und die Familie gefordert und erhalten hatte, war das Papier nicht mehr wert, auf dem sie stand.

Das musste mein Vater bald auch für seine eigene Person zur Kenntnis nehmen. Er hatte noch vor dem Mauerbau eine Einladung der IAEA* zu deren Jahreskongress in Wien erhalten und bereits zugesagt. Nun wurde ihm von irgendwelchen Ministerialbeamten gesagt: «Sie können nicht fahren, erklären Sie den Veranstaltern, dass Sie keine Zeit und kein Interesse hätten.»

Mein Vater erwiderte: «Ich habe aber Zeit, und meine Frau ist ebenfalls eingeladen. Ich denke gar nicht daran, für Sie auch noch faule Ausreden zu erfinden, ich werde der IAEA mitteilen, dass mir die Konferenzteilnahme verboten wurde.»

---

* International Atomic Energy Agency

Die Situation spitzte sich zu, schließlich machten die Behörden ein Zugeständnis: Mein Vater durfte reisen, nicht aber meine Mutter. Sie sagte nur: «Unter diesen Umständen habe ich gar keine Lust mehr, ich verzichte auf Wien.»

Auf dem Kongress war, wie mein Vater im Nachhinein erzählte, ein gerade entwickelter Body Counter (Ganzkörperzähler) ausgestellt, eine Art Telefonzelle, in die man hineingehen und mit der man die eventuell vom Körper aufgenommenen radioaktiven Isotope feststellen lassen konnte. Das interessierte ihn natürlich auch ganz persönlich, nachdem er rund dreißig Jahre mit offenen radioaktiven Stoffen gearbeitet hatte. Er ließ sich also durchmessen, und als er danach wieder aus dem Gerät herauskam, schaute ihn das Bedienungspersonal mit großen Augen an.

«Was ist los?», fragte er.

«Das Gerät ist für eine derart hohe Strahlungsintensität nicht ausgelegt.» Er hatte, wenn ich seinen Worten glauben darf – er neigte manchmal um der Pointe willen zu Übertreibungen –, so viel Gammastrahler inkorporiert, dass das Dosimeter augenblicklich seinen Geist aufgab. Damit korrespondiert in gewisser Weise, was unsere Lagerärztin Sinaida Fjodorowna viel später meinem Bruder Clemens berichtete: dass nämlich der tägliche Fußweg des Vaters vom Labor zur Wohnung noch Jahre nach unserer Abreise aus Obninsk mit dem Geigerzähler verfolgt werden konnte. Offenbar hatte ihm das alles aber nicht geschadet, trotz bestimmter medizinischer Symptome: Seine Handrücken sahen wie erfroren aus, vernarbt, an einigen Stellen knallrot, dann wieder bläulich, und auch die Flimmerhärchen seiner Lungen waren schwer geschädigt. Jedenfalls starb er am Ende nicht an den Folgen der Strahlung, sondern mit achtzig an einem Herzversagen.

Nach dem Bruch der Vereinbarung zur Reisefreiheit wurden die Eltern sehr misstrauisch gegenüber allen DDR-Behörden. «Cornelius, die haben uns im Sack», sagte eines Tages mein Vater, «wenn ihr euch jetzt eine eigene Wohnung sucht, werden sie uns fremde Leute mit ins Haus setzen. Wollt ihr nicht doch lieber bleiben? Irgendwie werden wir uns schon einrichten.» Tatsächlich hatten Anne und ich vom Wohnungsamt eine Wohnung zugewiesen bekommen, eine sogenannte Teil-Hauptmiete bei einer alten Frau – ein Zimmer für uns, gemeinsame Nutzung der völlig zugestellten Küche und des düsteren Badezimmers. Die alte Dame war sehr rechthaberisch, fast zänkisch, sie sagte gleich, dass wir uns in den gemeinsam zu nutzenden Räumen nach ihren Gewohnheiten zu richten hätten und auf keinen Fall etwas verändern dürften. Wir planten zwar schon den Umzug, aber mit einem sehr mulmigen Gefühl.

Also arrangierten wir uns lieber mit meinen Eltern, teilten das Haus in der Holzhäuser Straße so, dass wir zwei Haushalte führen konnten. Da auch Clemens inzwischen geheiratet hatte und ausgezogen war (er arbeitete als Arzt im Leipziger Krankenhaus Sankt Georg), schien das eine akzeptable Möglichkeit zu sein. Anfangs hatten wir nur ein Zimmer im ersten Stock – das sogenannte Wohnarbeitsschlafzimmer – und eine winzige Notküche unterm Dach. Später, nachdem unsere Kinder Caroline und Frank geboren waren, hatten die Eltern ein Einsehen und überließen uns das ganze Erdgeschoss einschließlich der Küche. Für die Eltern blieb das obere Stockwerk mit dem Bad und drei Zimmern, von denen wir eines zur Küche umwidmeten. Unser Bad richtete ich in der ehemaligen Waschküche im Keller ein.

# 20 Forschen in der DDR

Zu den selbstverständlichen Pflichten eines wissenschaftlichen Assistenten gehörte neben der Betreuung einer Seminargruppe die Anfertigung einer Doktorarbeit. Wilhelm Treibs, ein bekannter Naturstoff-Chemiker, hatte mir das Thema «Untersuchungen zum Stoffwechsel der Kamille mit Hilfe des Kohlenstoffisotops C-14» gestellt. Es war Teil eines Forschungsauftrages der Chemischen Werke Miltitz, die vor allem Duft- und Aromastoffe – sogenannte ätherische Öle – für die Kosmetik-, Arzneimittel- und Lebensmittelindustrie aus Pflanzen herstellten.

Die Kamille ist seit langem bekannt durch ihre entzündungshemmende und krampflösende Wirkung, und ich sollte nun herausfinden, auf welchem Wege die Pflanze die entsprechenden Wirkstoffe produziert. Die Aufgabe erschien mir von vornherein äußerst kompliziert. Denn Pflanzen beziehen den Kohlenstoff durch Fotosynthese, also unter dem Einfluss von Licht, aus dem Kohlendioxid der Luft. Ich hätte also ein gasdichtes Gewächshaus gebraucht, um den Kamillepflanzen radioaktives Kohlendioxid anbieten zu können. Mein Vater riet mir dringend ab: Ich hätte gar nicht die notwendigen technischen Voraussetzungen dafür. So entschied ich mich, das Thema eigenmächtig abzuwandeln. Ich wollte erst einmal versuchen, bestimmte Inhaltsstoffe der Kamille mit dem stabilen Isotop des Wasserstoffs, dem Deuterium, zu markieren.

Dieses Vorhaben wurde mir insofern leichtgemacht, als mein Doktorvater im Sommer 1961 eine Reise nach Westdeutschland antrat – und nach dem 13. August nicht wieder zurückkam. Treibs war kein sehr angenehmer Chef gewesen. Er war überzeugter Junggeselle, hatte keinerlei Interessen außer der Chemie und erwartete das Gleiche von uns. Das Institut regierte er nach Gutsherrenart. So war es ungeschriebenes Gesetz, ihm vorher anzuzeigen, dass man zu heiraten gedachte. In seiner Jugend hatte er, wie er einmal in angeheiterter Stimmung dem zur Salzsäule erstarrten Parteisekretär verriet, «als Baltikumer mit dem Maschinengewehr die Roten bekämpft». Nach 1945 wurde er aus Opportunitätsgründen Mitglied der SED. Nun jedoch hielt er zunächst die Institutsparteileitung mit Briefen hin: «Habe mir das Bein verstaucht, komme erst übernächste Woche nach Leipzig zurück.» In der übernächsten Woche traf ein zweites Schreiben ein: «Es ist noch nicht besser, werde weiter einige Zeit im Westen bleiben müssen.» Schließlich bat er um die Übersendung von Forschungsmaterialien. Die Genossen der Institutsparteileitung befanden sich in einer heiklen Lage: Schickten sie ihm die gewünschten Unterlagen und er bliebe im Westen, dann hätten sie die notwendige politische Wachsamkeit vermissen lassen und einen Überläufer unterstützt. Schickten sie ihm die Papiere nicht und er käme doch zurück, würde er ihnen die Hölle heißmachen. Ich hatte darauf gewettet, dass er nicht wiederkehren würde, und gewann die Wette – immerhin zehn Flaschen Bier. Ich war heilfroh, als er weg war. Nun hatte ich zwar keinen Doktorvater mehr, aber ich konnte ohne Dreinreden von oben völlig selbständig arbeiten.

Die Wissenschaft in der DDR war durchweg streng hierarchisch-zentralistisch organisiert und sehr utilitaristisch geprägt. Als Produktivkraft im Sinne des Marxismus/Leninismus hatte sie vor allem der Volkswirtschaft zu dienen. Die Forschung sollte möglichst schnell praktisch verwertbare Ergebnisse erzielen, die dann in der Industrie umgesetzt werden, zu verbesserten Produkten und gesteigerten Exporten und letztlich zum Sieg des Sozialismus führen sollten. Damit hätte man die Überlegenheit der Planwirtschaft gegenüber der Marktwirtschaft des Westens bewiesen. Die Grundlinien der Forschungspolitik wurden in der Abteilung Wissenschaft beim ZK der SED festgelegt, ein enger Zirkel, in dem die Parteilinie unangefochten das Primat hatte. Daneben gab es seit 1957 den Forschungsrat der DDR, der als oberstes Wissenschaftsgremium dem Ministerrat der DDR beratend zur Seite stand. Viele der in diesen Gremien mitarbeitenden, zum Teil hochrangigen Wissenschaftler, die einst durchaus etwas geleistet hatten, wurden mit der Zeit selbst zu Funktionären, die an ihren Privilegien klebten und kaum widersprachen, wenn wieder einmal eine für die Wissenschaft unsinnige oder schädliche Entscheidung durchgesetzt werden sollte.

Fast alle Forschungsvorhaben der DDR wurden seit Anfang der siebziger Jahre in einer größeren Zahl sogenannter Hauptforschungsrichtungen (HFR), die sich wiederum in mehrere Forschungsrichtungen (FR) gliederten, koordiniert und kontrolliert. Dabei galt das unumstößliche Dogma, dass Wissenschaft planbar ist – und damit auch deren Ergebnisse. Ich hielt das von Anfang an für Humbug, für einen absurden Irrglauben, dem nur Bürokraten, also Leute, die nie selbst wissenschaftlich oder überhaupt geistig gearbeitet hatten, aufsitzen konnten. Wie hätte ein Albert Einstein die Entdeckung der Relativitätstheorie – womöglich noch mit vorgegebenen Terminen – planen können? Wissenschaft ist ein mit Risiken und Irrtümern verbundener chaotischer Prozess, sie geht verschlungene Wege und braucht einen langen Atem. Was sich – in Grenzen – planen lässt, sind bestenfalls Präzisierungen des schon grundsätzlich Bekannten. Das wirklich Neue war stets ein Ergebnis des freien Querdenkens und konnte sich oft genug erst in langen quälenden Auseinandersetzungen gegen die bis dahin gültige Lehrmeinung – die Basis jeder Planung also – durchsetzen. Dennoch mussten wir jährlich Forschungspläne aufstellen und verteidigen und die verschiedenen Arbeitsstufen, die zu erwartenden Zwischenergebnisse und Termine in sogenannten Pflichtenheften fixieren.

Als Anreizsystem für die Planerfüllung diente der «sozialistische Wettbewerb» zwischen den Forschungseinrichtungen, also zwischen den Hochschulen ebenso wie intern zwischen deren Substrukturen. Den Siegern in diesem Wettbewerb winkten nicht nur symbolische Auszeichnungen wie die «Wanderfahne der Kreisleitung der SED» und Ähnliches, sondern auch saftige Kollektivprämien. Ein Wettbewerb setzt aber voraus, dass man die Qualität des Produzierten messen und vergleichen kann. Doch wer sollte das tun? Etwa diejenigen, die in Konkurrenz zueinander standen? Oder die Vorgesetzten? Wie hätten Zeitgenossen die Bedeutung der Unschärferelation von Werner Heisenberg beurteilen können? War sie etwas Revolutionäres oder nicht? Heisenberg hätte seine Ideen nach DDR-Wettbewerbsmaßstäben in ein Plansystem einbringen, vielleicht sogar noch einen Abschlusstermin mitliefern müssen. Das aber hätte nie funktioniert, die Exzellenz wissenschaftlicher Arbeit und die Bedeutung von Forschungsergebnissen werden meist erst später durch die darauf aufbauenden Arbeiten erkennbar.

Und weil dies letztlich auch die Wettbewerbsideologen merkten, wich man auf Ersatzkriterien aus: Wie oft diskutierte das Forscherkollektiv politisch? Wie stand es um dessen Zusammenhalt? Wurde auch ein Kinobesuch geplant oder gemeinsam Sport getrieben? Führte man ein Brigadetagebuch? Für den wissenschaftlichen Erfolg war das natürlich ganz und gar irrelevant, es bedeutete nur, dass man sich dadurch verzetteln konnte.

Um auch die einzelnen Wissenschaftler für diesen bürokratischen Unfug zu motivieren, gab es ein System von persönlichen Erfolgsprämien und leistungsbezogenen Gehaltszuschlägen, die von der jeweils höheren Leitungsebene nach Rücksprache mit der zuständigen Partei- und Gewerkschaftsgruppe vergeben werden konnten. Ich beobachtete – zunächst als gewählter Vertrauensmann einer Gewerkschaftsgruppe und später als stellvertretender «BGLler»* –, dass die Vergabe der «Leistungsstimuli» mangels objektiver Kriterien entweder nach dem Gleichverteilungsprinzip («Wer ist dieses Jahr dran?») oder nach dem Wohlverhaltensprinzip («Wer hat keinen politischen Ärger gemacht?») erfolgte, also ihr Ziel völlig verfehlte. Der ganze Wettbewerbsrummel führte sich auch dadurch selbst ad absurdum, dass man vorsichtshalber für das nächste Jahr möglichst auch Ergebnisse plante, die man schon längst in der Schublade hatte. Damit war garantiert, dass man nie wegen Nichterfüllung der Planvorgaben Probleme bekommen konnte. Das paradoxe Ergebnis war, dass potenziell relevante Forschungsergebnisse erst ein Jahr später in die Praxis überführt wurden, als es ohne Wettbewerb geschehen wäre.

Neben den Hochschulen gab es in der DDR noch die rund fünfzig Forschungsinstitute der Akademie der Wissenschaften, die mit den westlichen Max-Planck- oder Leibniz-Instituten in etwa vergleichbar waren und zu denen auch das von meinem Vater geleitete IAR gehörte. Ähnlich wie in Westdeutschland lehrten die führenden Wissenschaftler der Akademieinstitute meist auch als Professoren an den benachbarten Hochschulen.

Die Industrieforschung schließlich sollte sich vor allem um die Produktentwicklung und Produktpflege kümmern. Aber da in der DDR die Leistungsfähigkeit eines Betriebes entsprechend der herrschenden Tonnenideologie vorrangig an der Quantität – also an Stückzahlen etc. – und weniger an der Qualität oder Neuartigkeit der Produkte gemessen wurde, steckten die Betriebsleitungen die finanziellen Ressourcen hauptsächlich in den produzierenden und nicht in den forschenden Bereich. Und je mehr Engpässe es in der Produktion gab, umso mehr wurde die eigene Forschung und Entwicklung vernachlässigt, mit der Folge, dass die produzierten Güter

* BGL: Betriebs-Gewerkschaftsleitung, BGLler: umgangssprachlich deren Vorsitzender

veralteten und nicht mehr weltmarktfähig waren. Um dieses Defizit zu beheben, wurden den Hochschul- und Akademieinstituten zunehmend Aufgaben zugewiesen, die eigentlich in die Industrieforschung gehörten. Natürlich war den Wissenschaftsfunktionären bewusst, dass sie auf diese Weise die Grundlagenforschung zurückdrängten. Uns sagten sie: «Leute, die Grundlagenforschung überlassen wir dem Westen. Und wenn wir deren Ergebnisse brauchen, holen wir sie uns aus der Literatur. Dadurch spielen wir Hase und Igel mit den Kapitalisten, die angewandte Forschung ist wichtiger.» Das war aber ein großer Irrtum. Mein Vater stand dieser Entwicklung sehr kritisch gegenüber: «Wer selbst keine Grundlagenforschung betreibt, wird ganz schnell zu dumm, um zu erkennen, welche Erkenntnisse der Grundlagenforschung aussichtsreich für technische Neuerungen sind.»

Genau das trat ein. Auch wenn die DDR-Wissenschaftler oft zu originellen und interessanten Ergebnissen kamen, blieben sie doch immer zweite Sieger, weil sie durch neue Grundlagenerkenntnisse woanders auf der Welt schon längst wieder überholt waren. Beispiel Datenaufzeichnung: So wurde sehr viel Kraft und Geist investiert, um die klassischen fotografischen Verfahren zu optimieren. In Wolfen, nahe Bitterfeld, befand sich die große Filmfabrik ORWO (Original Wolfen), die vor dem Krieg zur Agfa gehörte. Bis 1964 hieß sie noch VEB Film- und Chemiefaserwerk Agfa Wolfen, danach erfolgte die Umbenennung, um sie von der Agfa AG in Leverkusen zu unterscheiden. Ungefähr die Hälfte der Wissenschaftskapazität der Leipziger Sektion Chemie war in die Vertragsforschung mit ORWO eingebunden. Das Ziel war es, billigere, schärfere und brillantere Filme als die Konkurrenz aus dem Westen, also vor allem Agfa und Kodak, zu entwickeln, was bei einer sehr exportorientierten Industrie – alle Unternehmen kämpften um den Weltmarkt – besonders wichtig war. Dabei wurden auch durchaus exotische Verfahren ins Visier genommen, denn man wollte vom Silberbromid wegkommen, der Grundlage aller klassischen Fotografie, da Silber auf dem Weltmarkt immer teurer wurde. Doch nahezu von einem Tag auf den anderen waren die üblichen silberbasierten Fotomaterialien nicht mehr gefragt, weil durch die Entwicklung der Speicherchips und der Mikroelektronik die digitale Fotografie möglich geworden war. Dies hatte man in der DDR aber gar nicht so richtig mitbekommen. Allein deshalb, weil die gesamte Mikroelektronik auf Grundlagenforschung beruhte, die wir kaum betrieben haben. Da fand weltweit eine wissenschaftliche Revolution statt – und wir hatten sie nicht bemerkt. Als 1988 der erste 1-Megabit-Chip in der DDR entwickelt worden war und man ihn dem Vorsitzenden des Staatsrats Erich Honecker feierlich überreichte, erhielt man einen solchen in Amerika schon auf jedem Campus als Gastgeschenk.

Eine weitere, für den einzelnen Wissenschaftler negative Konsequenz der Auftragsforschung bestand darin, dass deren Ergebnisse meist vertraulich zu behandeln waren, also gar nicht oder nur sehr viel später in Fachzeitschriften oder Vorträgen publiziert werden durften. Die betroffenen Kollegen hatten es also sehr schwer, sich in der internationalen Wissenschaftswelt einen Namen zu machen. Es gab verschiedene Klassen der Geheimhaltung: «Vertrauliche Dienstsachen» (VD) waren noch verhältnismäßig harmlos. Eine Zeitlang war ich VVS-verpflichtet (VVS = «Vertrauliche Verschlusssache»), das hatte damit zu tun, dass ich zum stellvertretenden Leiter der Forschungsrichtung Theoretische Chemie berufen worden war. Eine solche Einstufung hatte viel bürokratischen Aufwand zur Folge, beispielsweise musste jedes Blatt Papier, das mit der Dienstaufgabe im Zusammenhang stand, nummeriert, in ein spezielles Nachweisbuch eingetragen und in einem Stahlschrank aufbewahrt werden. Wer GVS-verpflichtet wurde (GVS = «Geheime Verschlusssache»), war am übelsten dran, denn er durfte dann zum Beispiel keinerlei persönliche Kontakte zu Kollegen oder Verwandten in westlichen Ländern haben.

Zum schweren Handicap für die Forschung in der DDR wurde nach dem Mauerbau 1961 das allgemeine rigorose Reiseverbot in die westliche Welt. Man konnte zwar ohne Schwierigkeiten nach Bulgarien und in die Tschechoslowakei fahren, aber schon Reisegenehmigungen nach Polen und Ungarn hingen von der jeweiligen politischen Großwetterlage ab. Um in die Sowjetunion zu gelangen, brauchte man eine offizielle Einladung von einer wissenschaftlichen Einrichtung, die man allerdings auch bekam, wenn man über die entsprechenden Kontakte verfügte. Dienstreisen in Länder außerhalb des Ostblocks, so wichtig sie auch sein mochten, durften dagegen nur ausgewählte «Reisekader NSW»* antreten. Zum Reisekader konnte man von der Institutsleitung vorgeschlagen werden, was eine scharfe Zuverlässigkeitsprüfung durch die Parteileitung und womöglich auch durch das Ministerium für Staatssicherheit (MfS) zur Folge hatte. Diese Überprüfung umfasste so ziemlich das gesamte Lebensumfeld des Vorgeschlagenen, angefangen bei dessen familiären Verhältnissen über seine politischen Ansichten und sein gesellschaftliches Engagement bis hin zur Sicherheitsrelevanz seiner Forschungsarbeit; ihre Intensität und Dauer hingen vom Reiseziel ab. Relativ am einfachsten war es, als Reisekader für Länder der Dritten Welt bestätigt zu werden. Für neutrale kapitalistische Staaten waren die Hürden schon sehr viel höher, für Nato-Staaten oder gar für Westdeutschland fast unüberwindlich. Dieses ganze ausgeklügelte System führte natürlich dazu, dass die DDR-Wissenschaft langsam, aber sicher ins Hintertreffen geriet. Wissenschaft lebt nun einmal vom freien Austausch von Ideen und Informationen, und dazu reicht kein noch so intensives Literaturstudium, dazu bedarf es auch persönlicher Kontakte zum Beispiel durch Tagungen und Studienaufenthalte, die uns nun weitestgehend verwehrt blieben.

Mein Vater, dessen Institut sich inzwischen internationale Repu-

---

* NSW: Nichtsozialistisches Währungsgebiet

tation erworben hatte, litt schwer unter diesen verordneten Zumutungen und geriet daher in einen schwelenden Dauerkonflikt mit den Behörden. Er kam nicht klar mit der Wissenschaftspolitik der DDR. Die andauernden, zum Teil kindischen Kampagnen zur Steigerung der Arbeitsproduktivität («Wir füllen zu Ehren des V. Parteitages der SED eine [Papp-]Rakete mit guten Taten»), das ständige unqualifizierte Dreinreden wissenschaftsfremder Funktionäre, die Abschottung von der internationalen Wissenschaftswelt – all das ging ihm gegen den Strich.

Wer morgens nur drei Minuten nach Arbeitszeitbeginn ins Institut kam, wurde an der Pforte registriert und in eine Liste eingetragen, die mein Vater am Ende jeden Monats gegenzeichnen sollte. Derartige Anordnungen konnten ihn zur Weißglut bringen. Als er dem Parteisekretär erklärte: «Es ist doch vollkommen egal, wann die Leute kommen oder gehen, Hauptsache, sie sind wissenschaftlich produktiv», musste er sich wochenlange ideologische Belehrungen gefallen lassen. Ebenso machte es ihn rasend, als nicht mehr er, sondern die Kaderleitung das letzte Wort bei Einstellungen hatte. Zwei Jahre vor seinem regulären Renteneintritt bat er daher den Präsidenten der Akademie der Wissenschaften Werner Hartke schriftlich um seine vorzeitige Entlassung in den Ruhestand. Zugleich schlug er – und das war typisch für ihn – als seinen Nachfolger den Parteisekretär des Instituts vor: «Der weiß doch sowieso alles besser.» Das wurde natürlich als Provokation verstanden, sein Entlassungsgesuch wurde abgelehnt. Als er zwei Jahre später wirklich verabschiedet wurde, geschah das nicht in einem feierlichen Akt, wie es für ein ordentliches Mitglied der Akademie der Wissenschaften, einen Nationalpreisträger und Direktor eines großen wissenschaftlichen Instituts angebracht gewesen wäre. Normalerweise wären unzählige Telegramme eingetroffen, Vertreter der Obrigkeit – mindestens der SED-Bezirkssekretär, der Oberbürgermeister, wenn nicht gar Walter Ulbricht oder Willi Stoph – wären erschienen, und womöglich wäre noch ein Orden verliehen worden. Aber all das blieb aus. Mein Vater nahm es mit Gelassenheit auf, er war heilfroh, aus der Mühle heraus zu sein.

Weniger gelassen, sondern tief betroffen nahm mein Vater vier Jahre später zur Kenntnis, dass im Zuge einer Akademiereform die ausgeklügelte Struktur seines Instituts zerschlagen und die Fragmente mit anderen Einrichtungen zum Zentralinstitut für Isotopen- und Strahlenforschung zusammengeschlossen wurden. Seine Nachfolger Walter Herrmann und Hartwig Koch hatten wacker um den Erhalt dieses weltweit wohl einmaligen Instituts gekämpft, waren aber dem vereinten Bündnis von SED und irgendwelchen Emporkömmlingen, die ihre Chance witterten, unterlegen. Mein Vater sah sein Lebenswerk zerstört und zog sich völlig resigniert aus dem Wissenschaftsbetrieb zurück.

In seinen letzten zehn Lebensjahren verbrachten die Eltern den ganzen Sommer von März bis November in Bechstedt in Thüringen. Nach dem Verlust ihrer Heimat hatten sie sich in diese friedliche Landschaft verliebt und dort ein kleines Holzhäuschen als ihren Alterssitz erworben. Beide hatten zwei Weltkriege, die Zerstörung unseres Häuschens, schlimme Hungerzeiten und die für sie nicht einfachen Zeiten in der Sowjetunion erlebt. Danach hatte mein Vater alle Kraft in den Aufbau des IAR gesteckt. Nun waren sie müde geworden und fanden in dem beschaulichen Dorf ihre Wahlheimat. Dort las mein Vater Thomas Mann, hörte immer wieder seine geliebten alten Streichquartette und ging mit seinem Schäferhund Flex spazieren. Abends saßen die beiden auf der Terrasse oder am Fenster und schauten über das weite Land bis hinüber zum Inselsberg, ein Fernblick von über dreißig Kilometern.

Als mein Vater am Morgen des 29. Oktober 1981 nicht aufwachen wollte, fassten wir alle das erst einmal nicht, denn er lag einfach in seinem Bett, mit gefalteten Händen, ganz friedlich. Er wurde auf seinen Wunsch – wie später auch unsere Mutter – in Thüringen beigesetzt.

# 21 Kollektiv der sozialistischen Arbeit

Im Unterschied zu der älteren Wissenschaftlergeneration waren wir jungen Assistenten in das bürokratische DDR-System hineingewachsen, durchschauten es und agierten in ihm eher pragmatisch. Das heißt, wie weiland der brave Soldat Schwejk in der k.u.k. Monarchie versuchten wir, seine Vorteile zu nutzen und es dort, wo es unsere Arbeit behinderte, unauffällig zu unterlaufen. Und so begann ich, nachdem mein Doktorvater im Westen geblieben war, das mir vorgegebene Forschungsthema Schritt für Schritt meinen Interessen anzupassen. In jedem Jahresbericht tauschte ich in der nicht unbegründeten Annahme, dass die Wissenschaftsbürokraten ihn sowieso nicht lesen oder zumindest nicht verstehen würden, ein bis zwei Worte der Überschrift aus. So wurde aus dem ursprünglichen Forschungsauftrag «Untersuchungen zum Stoffwechsel der Kamille» schließlich das Thema «Über Wasserstoff-Isotopenaustauschreaktionen des Azulens». Azulen, ein sehr schöner blauer Kohlenwasserstoff, kann zwar aus der Kamille gewonnen werden, hat aber als Heilwirkstoff keinerlei Bedeutung. Ich wollte die Reaktionsfähigkeiten an verschiedenen Orten seiner Struktur messen.

Im übertragenen Sinne kann man sich das so vorstellen: Eine Hand hat eine Fünf-Finger-Struktur, und ich wollte untersuchen, ob der Daumen etwa schneller reagiert als zum Beispiel der kleine Finger. Mit pharmazeutischer Chemie hatte das nichts mehr zu tun, es war reine Grundlagenforschung. Aber sie interessierte mich, und ich beschäftigte mich Tag und Nacht nur mit ihr. Schließlich wollte ich die Schlappe bei der Diplomprüfung durch eine ordentliche Doktorarbeit wettmachen. Tatsächlich habe ich sogar die Abstufung der Reaktionsbereitschaft an den einzelnen Molekülorten quantitativ bestimmen können. Die Ergebnisse veröffentlichte ich dann in mehreren Publikationen im International Journal of Organic Chemistry *Tetrahedron*. Eigentlich waren wir aus politischen und ökonomischen Gründen gehalten, vorzugsweise in Fachzeitschriften zu publizieren, die in der DDR verlegt wurden, Ausnahmen bedurften wieder einer Kette von Anträgen und Genehmigungen. Aber die DDR-Journale wurden im Ausland weniger gelesen und die darin veröffentlichten Arbeiten selten zitiert, daher holte ich mir die Genehmigungen mit der Begründung, dass meine Untersuchungen so speziell seien, dass sie nicht in das Profil der DDR-Fachzeitschriften passten – eine Strategie, um mich selbst ein wenig aufzuwerten. Mit Veröffentlichungen im Westen konnte man einfach mehr Ansehen erwerben als mit solchen im Osten.

Nach meiner Promotion 1964 wurde mir vom Institutsdirektor Manfred Mühlstädt eine Stelle als wissenschaftlicher Mitarbeiter mit der Möglichkeit zur Habilitation angeboten. Ich sagte mit Freuden zu und durfte schon bald einen Doktoranden – Werner Engewald – betreuen. Wir wurden ein richtig gutes Team, zumal wir beide damals auch für die Betreuung der Studenten im obligatorischen mehrwöchigen Berufspraktikum in der chemischen Industrie zuständig waren. So fuhren wir oft frühmorgens mit den Schichtarbeitern in das Chemiedreieck rund um Halle und Leipzig. Wir waren beeindruckt von den extrem harten Arbeitsbedingungen in Buna und Leuna, im Elektrochemischen Kombinat Bitterfeld, in der Film- und in der Farbenfabrik Wolfen und in den Kohleveredelungswerken Böhlen und Espenhain und bekamen großen Respekt vor den Frauen und Männern, die dort in Hitze und Kälte und in einer großenteils verpesteten Atmosphäre ruhig und besonnen ihre schwere Arbeit verrichteten. Wir fühlten uns in unseren weißen Kitteln privilegiert, und als sich einmal ein Student über den blau lackierten Traktorreifen mokierte, der in einem Bitterfelder Vorgarten als Einfassung für ein Blumenbeet diente, fuhr ich ihn böse an: «Sie sollten einen Menschen bewundern, der nach der täglichen Knochenarbeit in der Chemie noch das Streben nach etwas aus seiner Sicht Schönem hat!»

Während unserer Forschungsarbeiten merkte ich bald, dass wir zwar sehr effektiv die Reaktivität von Molekülen messen, aber mit Hilfe der bisher bekannten Erfahrungsregeln der Chemie nicht erklären konnten. Wir wandten uns daher einem damals mit der schnellen Entwicklung der Computertechnik neu entstehenden Zweig der Chemie, der Quantenchemie, zu. Die Quantenchemie versucht, die Eigenschaften von Molekülen mit Hilfe stark vereinfachter Ansätze der theoretischen Physik (genauer gesagt: der Wellenmechanik) zu berechnen. Da zwei etwas ältere Kollegen, die Spektroskopiker Manfred Scholz und Rolf Borsdorf, bei der Interpretation ihrer Messergebnisse ähnliche Schwierigkeiten hatten wie wir, schlossen wir uns mit ihnen und einigen weiteren interessierten Leipziger Wissenschaftlern zu einer informellen «Interessengemeinschaft Quantenchemie» zusammen.

Als Neulinge auf diesem Gebiet waren wir zunächst dringend auf fachliche Hilfe von außen angewiesen. Die gewährten uns auf sehr kollegiale Weise Rudolf Zahradnik und Jaroslav Koutecky von der Tschechoslowakischen Akademie der Wissenschaften in Prag und Oskar E. Polansky von der Universität Wien, indem sie mit beziehungsweise für uns spezielle Weiterbildungskurse veranstalteten. Allmählich wandelte ich mich so vom experimentellen zum theoretischen Chemiker, wobei mir die solide mathematische und theoretisch-physikalische Ausbildung in der Sowjetunion sehr zugutekam. Ganze Nächte verbrachten wir nun im Rechenzentrum der Universität am Großrechner ZRA 1*, um unsere Molekülberechnungen durchzuführen. Da der ZRA 1 noch mit Hunderten von Elektronenröhren bestückt war, wurde es dabei mächtig warm. Wenn der Rechner einmal streikte, befühlten wir einfach der Reihe nach die Röhren: Die, die sich kalt anfühlte, war offensichtlich kaputt und wurde ausgetauscht.

Mit der Zeit erarbeiteten wir uns in den chemischen Instituten dadurch einiges Ansehen, dass wir – sozusagen im Sinne kollegialer Dienstleistungen – auch an konkreten Molekülen, die für andere Forschungsvorhaben relevant waren, quantenchemische Berechnungen vornahmen. Unsere Interessengemeinschaft erlangte daher drei Jahre nach der 3. Hochschulreform, mit der 1968 an den DDR-Hochschulen die Institute abgeschafft und an ihre Stelle völlig neue, aus meiner Sicht übrigens durchaus zweckmäßige Struktureinheiten – die sogenannten Sektionen mit mehreren ihnen nachgeordneten Forschungskollektiven (FK) und Arbeitsgruppen (AG) – traten, sogar den Status einer selbständigen Arbeitsgruppe unter der Leitung von Manfred Scholz.

Ähnliche Entwicklungen gab es auch an den Universitäten in Berlin, Jena und Dresden sowie an der Technischen Hochschule für Chemie in Merseburg und am Institut für Physikalische Chemie der Akademie der Wissenschaften in Berlin. Es entstand so eine kleine inländische Community der Quantenchemiker, in der wir uns regelmäßig über die neuesten Entwicklungen austauschten und in der die Leipziger Gruppe dank ihrer Größe, Vielseitigkeit und Produktivität bald eine führende Rolle spielte. Mir gefiel es in dieser Gemeinschaft, zu der mehrheitlich Menschen gehörten, die bei aller Verschiedenheit ähnliche wissenschaftliche Ideale hatten, aber persönlich nicht sehr ehrgeizig waren, was Macht, Titel und Geld

* Zeiss-Rechen-Automat 1, der erste in der DDR ab Ende der fünfziger Jahre hergestellte programmierbare Großrechner

betraf. Das Letztere war auch angebracht, denn um «wichtig» zu sein, war es auf jeden Fall besser, auf klar praxisrelevanten Gebieten zu arbeiten. Dann kam man leichter zu finanziellen Mitteln und Mitarbeitern und machte auch schneller Karriere. Man musste sich also entscheiden: Gehe ich in die «wichtige» oder in die «unwichtige» Wissenschaft?

Die reine Grundlagenforschung hatte allerdings einen wesentlichen Vorteil: Sie war kaum reglementiert, da sie als politisch nicht entscheidend gewertet wurde. Wer sich dafür entschied, konnte also seiner eigenen wissenschaftlichen Neugier nachgehen. Und diese Neugier, die ewige Frage «Was ist hinter dem Horizont?», ist, das lehren jahrhundertlange Erfahrungen, die eigentliche Triebkraft, die Menschen dazu bringt, auf die höchsten Berge zu steigen, sich in viel zu kleine Boote zu setzen und neue Kontinente zu entdecken – oder eben Wissenschaft zu treiben. Und zwar selbst um den Preis, damit die herrschende Meinung in Frage zu stellen und dafür im Extremfall wie Giordano Bruno auf dem Scheiterhaufen hingerichtet zu werden.

Diese Triebkraft wurde in der DDR von der Administration völlig unterschätzt. Stattdessen setzte man darauf, die Wissenschaft mit Hilfe hierarchischer Kommandostrukturen und materieller Anreize auf vermeintlich zukunftsträchtige Gebiete lenken zu können. Darin waren aber zwei Denkfehler enthalten. Erstens: Niemand kann beurteilen, schon gar nicht eine vorgesetzte Behörde, welches Forschungsvorhaben wichtig und aussichtsreich ist. Selbst der Wissenschaftler, der mit einem konkreten Projekt befasst ist, weiß nicht, ob und wann es in irgendeiner Weise Früchte tragen, also zu neuen Erkenntnissen oder gar zu wirtschaftlich verwertbaren Neuerungen führen wird, ob er einen Volltreffer landet oder eine Enttäuschung erfährt. Johann Friedrich Böttger wollte und sollte eigentlich Gold herstellen – und entdeckte durch einen Umweg das Porzellan. Da man jedoch in der DDR einem Wissenschaftler genau vorgab, was er zu erfinden hatte, unterdrückte man seine inhärente Neugierde und damit seine Kreativität. Und zweitens: Materielle oder immaterielle Anreize etwa durch Prämien und Auszeichnungen sind für die meisten Wissenschaftler erst an dritter Stelle interessant, Priorität haben für sie gute Arbeitsmöglichkeiten und Anerkennung in der Fachwelt. Natürlich haben wir uns gefreut, als unsere AG als «Kollektiv der sozialistischen Arbeit» anerkannt wurde, aber für die Motivation des Einzelnen war das doch eher drittrangig.

Ab 1966 trafen sich die ostdeutschen Quantenchemiker regelmäßig zu den legendären «Arbeitstagungen über Probleme der Quantenchemie in der DDR», die alle eineinhalb Jahre abwechselnd von den verschiedenen Arbeitsgruppen veranstaltet wurden und meist in Heiligendamm beziehungsweise Kühlungsborn an der winterlichen Ostsee stattfanden. Diese Tagungen entwickelten sich schnell zu einer wichtigen Plattform für die Zusammenarbeit nicht nur untereinander, sondern auch mit unseren Fachkollegen in Polen, Bulgarien und der Tschechoslowakei. Die Wissenschaftler in diesen Ländern waren nicht solchen Restriktionen ausgesetzt wie wir in der DDR, das heißt, sie konnten ohne große Schwierigkeiten Fachtagungen im Westen besuchen, wissenschaftliche und persönliche Kontakte knüpfen und sogar Stipendien und längere Gastaufenthalte in westlichen Forschungsinstituten wahrnehmen. Wir rechneten es vor allem Rudolf Zahradnik (Prag) und Nikolai Tyutyulkov (Sofia) hoch an, dass sie ihre so gewonnenen Erkenntnisse nicht etwa eifersüchtig für sich behielten, sondern uns kollegial in ihre Kooperationsbeziehungen einbezogen. Dass wir so immerhin indirekt an der internationalen Entwicklung teilhaben konnten, wurde in der Geschichte der DDR-Quantenchemie bislang kaum gewürdigt. Glücklicherweise konnten wir selbst zu jeder unserer Arbeitstagungen zwei bis drei Kollegen aus dem Westen zu Plenarvorträgen einladen. Das erforderte zwar einigen bürokratischen Aufwand, erwies sich aber stets als Bereicherung sowohl in fachlicher als auch in menschlicher Hinsicht. Unsere westdeutschen, österreichischen und amerikanischen Gäste, die zunächst meist etwas reserviert waren, tauten in der zwanglosen Atmosphäre schnell auf, und nach dem Ende des offiziellen Programms versammelten sich abends bei Bier oder Kümmelschnaps muntere Diskussionsrunden, die oft bis in die Morgenstunden zusammenblieben.

Wir Leipziger fühlten uns ein wenig als Propheten des neuen Wissensgebietes und veranstalteten in den siebziger Jahren eine Reihe von einwöchigen Postgradualkursen, um Kollegen aus der Praxis die neuen theoretischen Verfahren nahezubringen. Diese Kurse erfreuten sich bei den Teilnehmern aus Akademie- und Universitätsinstituten und aus der Industrie großer Beliebtheit und führten zu weiteren interessanten Kooperationsbeziehungen nach außen. Mehrere Wissenschaftler aus unseren Partnereinrichtungen fertigten in der Leipziger AG ihre Doktorarbeit an. Insgesamt promovierten bei uns bis 1990 gut 30 junge Leute.

Ich selber schloss 1973 meine Promotion B* ab, nachdem ich schon vorher zum Dozenten für Chemische Bindung und Molekülstruktur ernannt worden war. Nach dem frühen Tod unseres Chefs Manfred Scholz im Jahr 1981 wurde ich zum Leiter der AG Quantenchemie ernannt. Daraufhin schrieb irgendein dummer IM (der aber nicht zur Gruppe gehörte) in einem Bericht an das MfS, dass ich nicht über die erforderlichen Leitungsqualitäten verfüge («lässt die Mitarbeiter an der langen Leine laufen und sorgt nicht genügend für die Einhaltung der Arbeitsdisziplin») und dass die führende Rolle der Partei in der Forschungsgruppe nicht gesichert sei. Das war diese typische Bürokratenhaltung: Alles muss angeordnet sein, jede Eigeninitiative ist verdächtig. Ich dagegen sah mich lediglich

* Die Promotion B war 1968 nach sowjetischem Vorbild an die Stelle der Habilitation getreten, sie führte zu dem akademischen Grad Dr. scientiae (Doktor der Wissenschaften).

als *primus inter pares*, der die Gruppe nach außen zu vertreten und bei internen Konflikten zu moderieren hatte. Im Übrigen waren die wichtigeren Mitarbeiter der AG Fritz Dietz, Dietmar Heidrich und Joachim Reinhold nur wenig jünger als ich und hatten sich als erfahrene Wissenschaftler mit eigenen fruchtbaren Ideen und Vorhaben längst einen Namen gemacht. Sollte ich denen nun Vorschriften bezüglich ihrer Forschungsthemen und ihres Arbeitsstils machen? Und was die Arbeitsmoral betrifft: Ich sagte meinen Mitarbeitern immer, dass nicht die Anzahl der abgesessenen Stunden maßgeblich sei (die konnte man auch mit Zeitungslesen oder Briefeschreiben totschlagen), sondern die Anzahl und die Qualität der Publikationen.

Offenbar ging das dem IM irgendwann auch auf, denn zu meinem Vergnügen las ich dann in einem weiteren IM-Bericht aus den achtziger Jahren, dass die AG Quantenchemie dank meines behutsamen Leitungsstils außerordentlich produktiv sei und großes Ansehen in der Fachwelt genieße. Ich persönlich habe übrigens von Bespitzelung nie etwas bemerkt, uns fiel nur auf, dass bei manchen Telefonaten die Stimme des Gesprächspartners nach einem Knacken plötzlich leiser wurde. Ich sagte in solchen Fällen gern: «Herr Oberleutnant, Sie können ruhig eine Zigarette rauchen gehen, wir reden nur über Familiäres.» Dann wurde es meist gleich wieder lauter.

An den DDR-Hochschulen wurde Wissenschaft wie überall nach dem Humboldt'schen Prinzip der Einheit von Forschung und Lehre betrieben. Das wurde zwar nach der deutschen Wiedervereinigung von einigen ahnungslosen, aber plötzlich leider maßgeblichen Leuten aus dem Westen bezweifelt: An den DDR-Universitäten sei nicht nennenswert geforscht worden, das Studium sei durchweg «verschult» gewesen, tödlich für kreative Köpfe. Das passte zwar hervorragend zu dem unsäglichen Generalverdikt von der «Wissenschaftswüste Ostdeutschland», wurde dadurch aber auch nicht richtiger. Ich kann aus heutiger Sicht nur feststellen: Sicher, das Studium war straff organisiert, für jeden Studienabschnitt war ein eigenes Lehrkollektiv verantwortlich, in dem die Lehrinhalte abgestimmt und auch alle Fragen des Studienalltags besprochen wurden. Die Studenten fühlten sich dadurch im unübersichtlichen Kosmos der Wissenschaft nicht alleingelassen und dankten es damit, dass Studienzeit-Überschreitungen oder gar Studienabbrüche so gut wie überhaupt nicht vorkamen. Und mit Sicherheit sind die heutigen Bachelor-Studiengänge stärker verschult, als wir es uns damals je vorstellen konnten.

Wir Theoretiker drängten jedenfalls darauf, dass unser Fach auch in der Lehre angemessen vertreten sein solle. Mit dem Ergebnis, dass die Quantenchemie im 1970 neu konzipierten wahlobligatorischen Vertiefungsstudium «Physikalische und Theoretische Chemie» einen zentralen Platz zugewiesen bekam. Diese Vertiefungsrichtung wählten zwar nur rund 15 Prozent der Studierenden, aber die gehörten zu den Interessierten; ich arbeitete gern mit ihnen. Unerfreulich am Studiensystem der DDR war etwas ganz anderes: Partei und Regierung erwarteten, dass man die Studenten auch in den Fachvorlesungen und den dazugehörigen Seminaren bei jeder sich bietenden Gelegenheit politisch agitierte. Dabei gab es aber immer die Möglichkeit – und jeder vernünftige Hochschullehrer nutzte sie –, quasi in Anführungszeichen oder übertrieben ehrfürchtig zu sprechen oder bestimmte Codewörter (zum Beispiel «im Westen» oder gar «drüben» statt der offiziellen Sprachregelung «in der BRD») zu benutzen, um zu signalisieren, dass man es nicht ganz so ernst meinte. Die, an die es adressiert war, verstanden es, die, die es nicht verstanden, sollten es auch gar nicht.

Da wir Quantenchemiker mit unseren Vorlesungen und Seminaren im Vertiefungsstudium nicht voll ausgelastet waren, hatten wir fast alle noch weitere Lehraufgaben wahrzunehmen. Ich selber hatte Anfang der achtziger Jahre eine von drei parallellaufenden Experimental-Vorlesungen «Chemie für Mediziner» übernommen. Da war ich nun ganz und gar in meinem Element: großer Hörsaal mit über zweihundert Studierenden, spektakuläre Experimente, ein Lehrstoff, der mich wegen seiner Nähe zur Pharmakologie und Toxikologie immer noch faszinierte. Da ich wusste, dass die Chemie für die Medizinstudenten ein eher ungeliebtes Nebenfach war, gestaltete ich die Vorlesung so locker wie nur irgend möglich und griff dabei tief in die Trickkiste der Chemiker. Ich präsentierte mich gewissermaßen als Magier. Während andere Universitäten des Landes die sogenannten Vorlesungsvorbereitungen – spezielle Labors, die den in Generationen gesammelten Erfahrungsschatz der Vorlesungsexperimente hüteten und weiterentwickelten –, nach 1968 weitgehend abgebaut und die Experimente durch Lehrfilme, die man auf Knopfdruck abrufen konnte, ersetzt hatten, waren die Leipziger Chemiker klug genug, um zu verstehen, wie wichtig gerade in der Chemie die eigene sinnliche Erfahrung von Feuererscheinungen, Explosionen, Farbspielen und Gerüchen ist.

Legendär wurden die jährlichen Weihnachtsvorlesungen, die in dieser Form meines Wissens nur in Leipzig gehalten wurden, eine bunte Mischung aus selbstproduzierten Filmsequenzen, Musik, Textbeiträgen, Quiz-Einlagen und Live-Experimenten mit allem, was unser Fachbereich an Feuerwerk, Ton- und Lichteffekten zu bieten hatte. Mindestens sechs Wochen Arbeit investierten die Mitarbeiterinnen der Vorlesungsvorbereitung und die rund zehn studentischen Hilfsassistenten in diese Multimedia-Spektakel, die jedes Jahr ein anderes Thema hatten, von «Die Heil- und Liebeskunst» bis hin zu «Laster auf Straßen und anderswo».

Ich trat immer unter dem Pseudonym Dr. Emanuel Seidenschwänzle auf, mal im Motorrad-Look der dreißiger Jahre, mal im Frack mit Monokel, stets aber mit einem alten Geigenkasten unterm Arm, der nur eine Flasche Whisky enthielt. Die Anreden waren entsprechend: «Morjen, Leute, hallo, Mädchens!» oder «Lebe

Schölerinnen ond Schöler!» Es war übrigens nicht ganz einfach, die Sprechweise des Lehrers Schnauz aus dem Film *Die Feuerzangenbowle* eine ganze Stunde lang durchzuhalten. Die Vorlesungen hatten durchaus Anklänge eines politischen Kabaretts, in dem die örtlichen und die Berliner Autoritäten verulkt wurden.

Wir starteten im Hörsaal sogar selbstgebaute Raketen. Niemand im Auditorium konnte erkennen, dass die an schwarz lackierten Drähten entlangliefen und so zu einer handtellergroßen Öffnung in der Hörsaaldecke geleitet wurden. Auf dem Dachboden darüber stand neben dem Loch ein Hilfsassistent mit Asbesthandschuhen, der die Raketen auffing und in einen Eimer mit Wasser warf. Wir agierten ständig hart an der Grenze zum Gefährlichen. Die Luft im Hörsaal war nach dem Abschlussfeuerwerk undurchsichtig vor Rauchschwaden, aber alle Beteiligten handelten hochprofessionell, nie ist etwas Ernstes passiert.

1982 gab es allerdings wegen der Weihnachtsvorlesung einigen politischen Ärger. Ein von den Studenten produzierter satirischer Film handelte von den völlig gegensätzlichen Erfahrungen des gesellschaftlich wenig anerkannten und unterbezahlten Chemikers Peter Muffsky und des hochdekorierten steinreichen Mediziners Dr. Rockheberle mit den DDR-Behörden. Darin spielten trottelige Volkspolizisten, bestechliche Angestellte im Wohnungsamt und ein riesiger Tausend-DM-Schein – eigentlich ein Werbegag der westdeutschen Sparkassen – eine Rolle. Die Namen der beiden Helden waren frei erfunden, doch dummerweise gab es in einer Leipziger Klinik einen Mediziner ähnlichen Namens. Der fühlte sich getroffen und beschwerte sich bei der Universitätsspitze. Daraufhin wurden die Studenten dazu verdonnert, die ganze Show noch einmal der SED-Kreisleitung zur Kontrolle vorzuführen. Doch die jungen Leute waren clever und löschten während der Vorführung «versehentlich» das Tonband mit der Eingangs-Fanfare der ARD-Fernsehserie *Dallas* (die wir ja gar nicht kennen durften) und den heikelsten Dialogen. Die wachsamen Genossen von der Kreisleitung sahen also nur einen Stummfilm, mussten dann aber auch grinsen, und die Sache ging glimpflich aus: Im nächsten Jahr sollten wir nur eine «besinnliche» Weihnachtsvorlesung halten. Woran wir uns aber 1983 natürlich nicht mehr erinnern konnten.

Die Weihnachtsvorlesungen erfreuten sich eines unglaublichen Zulaufs von Studierenden und Mitarbeitern aus allen Leipziger Hochschulen und wurden so beliebt, dass wir 1988 ernsthaft überlegten, sie auch in Halle und anderen Städten der Umgebung anzubieten. Jeder Nicht-Medizinstudent, der in den Hörsaal wollte, musste zwei Ostmark in eine Blechschüssel werfen – so kamen an einem Nachmittag gut 100 Mark zusammen. Da die Vorlesungen – nur mit verschiedenen Hochschullehrern – jedes Jahr mindestens vier Mal hintereinander stattfanden, konnten wir unmittelbar nach der letzten von den Einnahmen eine Riesen-Abschlussfete mit allen Aktiven und vielen Gästen steigen lassen. Dazu gab es Feuerzangenbowle, die wir mit reinstem Alkohol zubereiteten, den wir offiziell aus der Chemikalienausgabe holten.

Überhaupt wurde ausgesprochen gern und viel gefeiert. Dabei gab es zwischen den Fachrichtungen durchaus Unterschiede: Bei den Physikern, die es einerseits mit der Unendlichkeit des Weltalls und andererseits mit den Geheimnissen des Mikrokosmos zu tun hatten, feierte man fast nachdenklich, bei den standesbewussten Medizinern eher vornehm. Bei den pragmatisch-rustikalen Hemdsärmeltypen der Chemiker endete dagegen fast jeder Betriebsausflug mit einer Verkostung entweder in einer Brauerei, einer Sektkellerei oder einer Schnapsbrennerei. Auch bei den Doktor- und Habilfeiern ging es hoch her.

Aus einem dieser Anlässe gründeten wir sogar eine Rock-Band, die «Hetero-Outsiders». Der Bandname war zum Teil aus dem Arbeitsgebiet des zu Feiernden, der Heterozyklenchemie, abgeleitet, und Outsider, Englisch für Außenseiter, versteht sich von selbst.

Ich saß in dieser Band mit Pilotenbrille und blonder Langhaarperücke am Keyboard, unser Repertoire bestand nur aus drei Titeln von Bill Haley, Bob Dylan und The Animals, die wir einfach in Schleife spielten, allerdings mit durchschlagendem Erfolg: Das Publikum geriet in Ekstase, zu unserer Musik wurde schließlich Polonaise getanzt, erst über die Tische und dann zum Fenster – natürlich zu ebener Erde – hinaus, zum anderen Fenster wieder herein.

Bei diesen Festen blieben übrigens alle politischen Auseinandersetzungen vor der Tür, man war wohl allgemein der Meinung, dass man sich nicht auch noch die Abende damit verderben sollte. Da konnte es sogar passieren, dass einem ein als ideologischer Scharfmacher bekannter SED-Genosse plötzlich bierselig politische Witze erzählte. Das war allerdings nicht immer angenehm, man fragte sich dann als Parteiloser unwillkürlich: «Verdammt, warum erzählt der mir so was?» Einmal hatte ich auf der Treppe ein Parteiabzeichen der SED gefunden, das steckte ich mir an und ging damit lässig in den Frühstücksraum. Meine Kollegen erspähten sofort das Abzeichen, es breitete sich peinliches Schweigen aus. Schließlich lachte ich und sagte: «Na, jetzt seid ihr von den Socken, was?» Doch man nahm mir diesen Scherz sehr übel, da man gerade den neu in die Partei Eingetretenen mit einigem Misstrauen begegnete. «Cornelius, mit so etwas macht man keine Witze» war das Resümee. Recht hatten sie!

# 22 Prager Frühling 1968

Die nächste innenpolitische Eiszeit brach in der DDR im Frühjahr 1968 an. Schon zu Jahresanfang hatten die West-Sender aus der Tschechoslowakei Unglaubliches berichtet: Alexander Dubček, neu gewählter Erster Sekretär der Kommunistischen Partei der ČSSR, ein in der Wolle gefärbter Kommunist, der durch seine Kindheit und Jugend in der Sowjetunion geprägt war und von 1955 bis 1958 an der Moskauer Parteihochschule studiert hatte, setzte in der ČSSR ein grundsätzliches Reformprogramm in Gang, das später unter dem Namen «Prager Frühling» bekannt wurde. Das Ziel Dubčeks und seiner Mitstreiter war bekanntlich die Zusammenführung von Freiheit und Sozialismus, ein «Sozialismus mit menschlichem Antlitz».

Das gefiel den DDR-Oberen, die jede Liberalisierung als Revisionismus, also als Teufelswerk ablehnten, überhaupt nicht. Da sie die Ansteckungsgefahr aus der ČSSR fürchteten, wurde der ideologische Druck auf die Bevölkerung, der seit dem Mauerbau eigentlich spürbar nachgelassen hatte, wieder deutlich verstärkt. Das spürten alle, und das kulminierte am 31. Mai in der Sprengung der Leipziger Universitätskirche. Indizien für derartige Pläne der SED gab es schon seit Jahren. Die besorgte Leipziger Bevölkerung, aber auch viele Wissenschaftler, Denkmalpfleger und Musiker aus dem ganzen Land wandten sich daher mit Anfragen und Protestbriefen an die Obrigkeit, es wurden Vorschläge unterbreitet, notfalls die Kirche zu einem Konzerthaus umzuwidmen oder um 50 Meter aus dem Blickfeld zu verschieben – technisch wäre das wohl machbar gewesen – oder mit einer Fassade zu verkleiden. Ich selbst hielt die Gerüchte von der geplanten Sprengung zunächst für Unfug – ich konnte mir einfach nicht vorstellen, dass die SED es wagen würde, sich an einem über siebenhundert Jahre alten, im Krieg völlig unversehrt gebliebenen Gotteshaus zu vergreifen. Walter Ulbricht wollte aber ein Exempel statuieren und den DDR-Bürgern zeigen, wer Herr im Hause ist und dass es einen Aufbruch wie in der ČSSR bei uns nicht geben würde.

Die Tage rund um die Sprengung sind mir in sehr unangenehmer Erinnerung geblieben. Um schnell vollendete Tatsachen zu schaffen, wurden die Vorbereitungen zu dem Zerstörungswerk extrem beschleunigt, sodass nicht einmal Zeit blieb, die kostbare Mende-Orgel und die Särge der früheren Magister und Professoren aus den Kellergewölben zu bergen. Viele wertvolle Kunstschätze konnten ebenfalls nicht gerettet werden, da sie fest in den Mauern verankert waren. Über der Stadt lag eine düstere Atmosphäre, viele Leipziger versammelten sich trotz des riesigen Polizeiaufgebots Abend für Abend vor der Kirche zum stummen Protest. Auch die Studenten blieben nicht gleichgültig. In den regulären FDJ-Versammlungen bezeichneten einige von ihnen das geplante Vorhaben offen als das, was es war: als Kulturbarbarei. Daraufhin wurde von der Universitätsleitung angeordnet, dass zum Zeitpunkt der Sprengung überall Pflichtseminare zu aktuellen politischen Themen stattzufinden hätten. Ich ignorierte das insofern, als ich mein Seminar «versehentlich» eine Stunde früher anberaumte und dann sofort zum Augustusplatz lief. Der war weiträumig abgesperrt, an den wenigen Stellen mit freiem Blick auf die Kirche stauten sich Hunderte von Menschen. Nach dem Knall der Sprengung schien die Kirche noch für Sekundenbruchteile unversehrt stehen zu bleiben. Ich wollte schon frohlocken, doch dann neigte sie sich nach links und stürzte in einer riesigen Staubwolke zusammen. Aus der Menge ertönten durchdringende Pfiffe und wütende Buhrufe, dann gingen die Menschen mit versteinerten Mienen auseinander. Das «Zentralorgan» der Ost-CDU *Neue Zeit* hielt es für richtig, am nächsten Tag einen höhnischen Leitartikel mit der Überschrift «Krokodilstränen» zu publizieren. Die zynische Missachtung des eindeutigen Bürgerwillens an jenem Tag haben die Leipziger nie vergessen. Ich bin überzeugt: Hier wurde der Keim dafür gelegt, dass die Demonstrationen des Revolutionsherbstes 1989 gerade in Leipzig besonders machtvoll abliefen.

Ich selbst träumte nach der Zerstörung der Universitätskirche noch lange Zeit immer wieder denselben Traum: dass die Sprengung völlig misslungen oder die Kirche nur leicht beschädigt worden sei. Allerdings hätte ich damals nie zu hoffen gewagt, dass heute, nur viereinhalb Jahrzehnte später, dieser Traum mit dem grandiosen Neubau des Universitätskomplexes am Augustusplatz in Erfüllung gehen würde. Dem verantwortlichen Architekten Erick van Egeraat ist es gelungen, gegen viele Widerstände von außen der Universität mit dem sogenannten Paulinum ihr geistiges Zentrum zurückzugeben, einen Ort, der wie vor 1968 Aula und Gotteshaus zugleich sein wird und der in der äußeren Gestaltung mit den Ausdrucksmöglichkeiten moderner Architektur in würdiger Weise an die alte Universitätskirche und die Schandtat ihrer Zerstörung erinnern wird.

Das Jahr 1968 ging indes unerfreulich weiter. Im Sommer wurden einige grenznahe Teile des Erzgebirges und der Lausitz zu Sperrgebieten erklärt, weil dort große Manöver der Warschauer-Pakt-Staaten stattfinden sollten. Bekannte aus diesen Regionen berichteten von endlosen Panzer- und Lkw-Kolonnen der NVA *, wobei alle Fahrzeuge an den Seiten und auf dem Dach mit breiten weißen Streifen gekennzeichnet gewesen seien. Diese ungewöhnliche Markierung bedeutete nichts Gutes, sie konnte nur zur Unterscheidung

* NVA = Nationale Volksarmee (der DDR)

von den baugleichen Fahrzeugen der tschechoslowakischen «Bruderarmee» vorgesehen sein. Am 21. August marschierten die Truppen des Warschauer Paktes – angeblich unter Beteiligung der NVA – in die ČSSR ein. Alexander Dubček wurde von sowjetischen Militärs verhaftet und nach Moskau verschleppt und die Reformbewegung in der Tschechoslowakei von Panzern brutal beendet. Für mich war der Gedanke, dass schon wieder deutsche Soldaten mit Gewalt in das friedliche Nachbarland eindrangen, unerträglich.* Und was uns die befreundeten Kollegen aus Prag berichteten, ließ jede Hoffnung auf einen demokratischen Wandel der DDR sterben.

Dies war für mich wie auch für viele andere der Anlass, zu resignieren und mich so weit wie nur möglich ins Private zurückzuziehen. Ich versuchte, meine Arbeit ordentlich zu machen, aber ich engagierte mich nicht mehr, hielt strikt den Mund. Damals entstand wohl die beliebte Redensart «Privat geht vor Katastrophe». Die Folge war der Zerfall der DDR-Gesellschaft in eine Vielzahl kleiner, streng sortierter und weitgehend voneinander isolierter Freundeskreise, also eigentlich ein Atavismus, der niemandem gefallen konnte. In meinen Augen hatte sich der «real existierende Sozialismus» der DDR mit der Kirchensprengung und dem Einmarsch in der ČSSR endgültig erledigt.

---

* Inzwischen ist erwiesen, dass es sich bei den Berichten der DDR-Medien über den Einmarsch von NVA-Kampfverbänden in die ČSSR um eine bewusste Irreführung der Bevölkerung handelte. Tatsächlich hatte der Oberkommandierende des Warschauer Paktes, Marschall Iwan Jakubowski, die Beteiligung der NVA in letzter Minute untersagt.

# 23 Reisekader NSW

Nachdem unsere Forschungsgruppe in den sozialistischen Ländern relativ bekannt geworden war, wollten wir natürlich unsere Forschungskontakte auch in den Westen ausweiten. Mein erster Versuch, in den erlauchten Kreis der Reisekader aufzusteigen, war nur theoretisch erfolgreich. Ich hatte 1972 eine Einladung zum 1. Internationalen Kongress über Quantenchemie in Menton/Frankreich erhalten und auch einen Vortrag angemeldet. Mein damaliger Dienstvorgesetzter Prof. Wolfgang Lorenz, jeglicher Bürokratie abhold, meinte grinsend, dass ich die im ersten Schritt erforderliche fachliche und gesellschaftliche Beurteilung ruhig selber schreiben solle: «Sie kennen sich doch selbst am besten.» Dieser zweifellos richtigen Feststellung war nichts entgegenzusetzen, obwohl sie eigentlich eine Unterwanderung des ganzen Kontrollsystems bedeutete. Also schrieb ich über mich in der dritten Person: «Dr. Cornelius Weiss ist ein in Forschung und Lehre sehr engagierter Mitarbeiter. Er ist stellvertretender Leiter der Arbeitsgruppe Quantenchemie und kann bereits auf zwanzig wissenschaftliche Publikationen in renommierten Fachzeitschriften und fast ebenso viel Vorträge auf Fachkonferenzen verweisen. Darüber hinaus leistet er als Gewerkschafts-Vertrauensmann und Mitglied der Betriebsgewerkschaftsleitung hervorragende gesellschaftliche Arbeit. Es ist davon auszugehen, dass er auf der Tagung in Menton unser Land würdig vertreten und die Friedenspolitik von Partei und Regierung sachgerecht erläutern wird.»

Tatsächlich wurde der Antrag von allen Instanzen – also von der Universitätsleitung und vom Ministerium für Hoch- und Fachschulwesen positiv entschieden, den Reisepass sollte ich vier Tage vor Reisebeginn persönlich im Ministerium in Berlin abholen. Als ich zur festgelegten Zeit dort erschien, war der Pass natürlich nicht da. Zwei Tage später auch nicht. Schließlich wurde mir gesagt, dass ich ihn am Flughafen Berlin-Schönefeld unmittelbar vor dem Abflug erhalten würde. Auch das erwies sich als Fehlinformation. Ich konnte gerade noch den Leiter der DDR-Delegation Prof. Lutz Zülicke bitten, mich bei den Veranstaltern zu entschuldigen und mein Hotelzimmer zu stornieren, dann fuhr ich zum dritten Mal innerhalb einer Woche ergebnislos nach Leipzig zurück und packte meinen Koffer aus. Wenige Tage später rief mich das Direktorat für internationale Beziehungen der Universität an und teilte mir jovial mit, dass mein Pass da sei und ich nun nach Menton reisen könne. Als ich darauf hinwies, dass die Tagung gerade vorbei und die Reise damit völlig sinnlos sei, wurde ich streng belehrt: «Die Reise war geplant, sie muss nun im Sinne der Planerfüllung auch durchgeführt werden!» Man drohte mir sogar ein Disziplinarverfahren an, wenn ich nicht führe.

Natürlich weigerte ich mich dennoch, und das Disziplinarverfahren blieb auch aus. Meine Kollegen aber erklärten mich für verrückt: «So eine Chance schlägt man doch nicht in den Wind! Du hättest dir ein paar schöne Tage an der Riviera machen können.» Tja, aber wie – ohne Geld? Man wurde nämlich bei solchen Dienstreisen wegen der chronischen Devisenknappheit nur mit einem extrem niedrigen Tagegeld – etwa fünf D-Mark – ausgestattet. Und was sollte ich hinterher in den obligatorischen Reisebericht schreiben? Dass ich vier Tage lang im Mittelmeer gebadet habe?

Das ganze Theater um den Pass zahlte sich schon zwei Jahre später aus. Ich wurde nämlich von der Ain-Shams-Universität in Kairo offiziell zu einer vierwöchigen Gastprofessur eingeladen, da dort großes Interesse an den damals modernen Verfahren der Theoretischen Chemie bestand. Die Aufenthaltskosten in Kairo sollten vollständig vom Gastgeber übernommen werden. Den Behörden der DDR war das nicht ganz geheuer. Sie schlugen einen anderen Kandidaten vor, aber die Antwort war: «Den wollen wir nicht, wir wollen den Weiss, den kennen wir aus der Literatur.» Damit es keinen Skandal gab, mussten sie mich wohl oder übel nach Ägypten reisen lassen. Für dieses Abenteuer – anders konnte man es nicht bezeichnen – bekam ich als Notgroschen zehn oder fünfzehn Dollar in die Hand gedrückt, die ich hinterher zurückzugeben hatte. Reiseschecks oder gar Kreditkarten gab es nicht. Ich musste mich also darauf verlassen, dass ich in Kairo von einem Vertreter der Uni am Flughafen abgeholt werden würde, der mir das Tagegeld übergeben und eine Übernachtungsmöglichkeit vermitteln sollte (vor dem Abflug wusste ich ja nicht einmal, wo ich wohnen würde).

Jetzt, auf dem Flughafen Berlin-Schönefeld, hieß es aber: «Es tut uns leid, wir haben Nebel, keine einzige Maschine kann in Berlin landen. Daher musste auch der Flug nach Kairo abgesagt werden. Kommen Sie morgen wieder.» In der Hauptstadt der DDR ein freies Hotelzimmer zu finden war ausgeschlossen. Mit blieb nichts anderes übrig, als auf dem Flughafen zu übernachten. Am nächsten Morgen wurde mir gesagt: «Das Wetter hat sich nicht geändert. Sie können frühestens nächste Woche fliegen, denn erst einmal müssen die Teilnehmerinnen des Internationalen Frauenkongresses, die auch auf ihre Rückflüge warten, in ihre Heimatländer. Fahren Sie nach Hause, wir werden Sie benachrichtigen.»

Also reiste ich mit meinem gesamten Gepäck wieder zurück nach Leipzig. Tagelang wartete ich auf den versprochenen Anruf. Als ich schon aufgeben und meine Koffer wieder auspacken wollte, klingelte das Telefon im Institut: «Wahrscheinlich können Sie morgen fliegen, bitte finden Sie sich um acht Uhr auf dem Flughafen ein.»

Tatsächlich hatte sich das Wetter gebessert, und ich stieg ein weiteres Mal in den Zug nach Ostberlin. Natürlich starteten wir nicht um acht Uhr, auch nicht um neun, aber immerhin gegen zweiundzwanzig Uhr. Statt der planmäßigen, relativ modernen sowjetischen Turbopropmaschine IL 18* wartete auf dem Rollfeld ein klappriges Vorgängermodell, die IL 14, eine wesentlich langsamere zweimotorige Propellermaschine, die insgesamt acht Stunden nach Kairo brauchte.

Während ich etwas verzagt aus dem Fenster in die Dunkelheit der Nacht blickte, fragte ich mich, ob mich überhaupt jemand auf dem Flughafen in Ägypten abholen würde. Woher sollte man wissen, dass ich in dieser Maschine saß? Was sollte ich machen, wenn keiner da war? Mir war klar, dass ich mit meinen paar Dollar nicht weit kommen würde. Aber meine Sorgen waren ganz überflüssig: Gleich hinter der Zollkontrolle stand mein ägyptischer Kollege Mohamed Sabry Abdel-Mottaleb, der an der Friedrich-Schiller-Universität Jena promoviert hatte und perfekt Deutsch sprach. Er nahm mich freundlich in Empfang und brachte mich in dem wohl bekanntesten Hotel Kairos, dem Mena House, direkt vis-à-vis von den Pyramiden unter, in dem ich wie ein Staatsgast behandelt wurde. Alle Mahlzeiten im Hotel waren für mich kostenlos, das Zimmer fürstlich. Ich fühlte mich wie in einer Geschichte aus *Tausendundeiner Nacht*. Der einzige Nachteil: Die Ain-Shams-Universität befand sich im Vorort Heliopolis, von meinem Hotel aus am anderen Ende der Stadt. Ich musste also quer durch ganz Kairo, um zu meinem zeitweiligen Arbeitsplatz zu gelangen. Dabei merkte ich, dass ich mit den dortigen öffentlichen Verkehrsmitteln nicht zurechtkam. Sie waren völlig überfüllt, und ich traute mich nicht, wie andere auf das Dach eines Busses zu klettern oder auf der Kupplung der Straßenbahn zu fahren. Schließlich einigte ich mich mit der Universität,

* Die sowjetischen Flugzeugtypen wurden nach ihren Chefkonstrukteuren benannt, die IL-Reihe nach Sergej Iljuschin.

zweistündige Vorlesungen zu halten, sodass ich nur jeden zweiten Tag den Weg durch Kairo auf mich nehmen musste. Dazu leistete ich mir ein Sammeltaxi, in dem ich hin und wieder einen Käfig mit fünf Hühnern auf dem Schoß halten musste, weil es ebenfalls regelmäßig überladen war.

An den freien Tagen machte mein ägyptischer Freund mit mir Ausflüge in das Land und zeigte mir die Sehenswürdigkeiten Kairos. Ich war fasziniert von der Millionenstadt, von dem Gewirr der Gassen und Gässchen mit ihren vielen Garküchen und Imbissständen und vom quirlenden Leben im Souq. Ich besuchte auch die großen Moscheen, die koptische Kirche El-Mualaqa, die Ben-Esra-Synagoge, die an dem Ort stehen soll, wo der kleine Moses in seinem Korb gefunden wurde, und natürlich das Ägyptische Museum mit seinen spektakulären Schätzen aus der Pharaonenzeit. Bei Sonnenuntergang saß ich oft stundenlang vor der Cheopspyramide oder der Sphinx. Außerdem verbrachte ich viel Zeit am Swimmingpool des Luxushotels, wo ich mich auf die nächste Vorlesung vorbereitete.

Die Abreise aus Kairo vollzog sich – anders als die aus Berlin – wie die eines Staatsgastes. Ich wurde ohne jede Kontrolle in den VIP-Bereich des Flughafens geleitet, mit Getränken bewirtet und stieg schließlich kurz nach Mitternacht in eine fast leere IL 62, das Flaggschiff der DDR-Luftfahrtgesellschaft Interflug. Der Heimflug allerdings verlief nicht ganz planmäßig. Noch während des Steigfluges über Kairo rutschte auf dem Teppichboden der Maschine ein Schuhkarton vor meine Füße. Da sich auf meine Frage niemand als Besitzer meldete, übergab ich das bleischwere Paket der Stewardess. Die wurde, als sie das Gewicht spürte, leichenblass und telefonierte mit dem Cockpit (in den DDR-Passagiermaschinen gab es als Sicherheitsmaßnahme gegen Entführungen generell keine Verbindungstüren zwischen Kabine und Cockpit). Sofort danach unterbrach die Maschine den Steigflug und kreiste nunmehr über der Wüste. Die armen Stewardessen mussten inzwischen – den Telefonhörer am Ohr – das Paket öffnen. Nach einer Viertelstunde kam eine von ihnen an meinen Platz, servierte mir eine Flasche Rotkäppchen-Sekt und erklärte strahlend: «In dem Paket waren nur fünfzig Esslöffel aus Stahl. Jetzt können wir auf Reiseflughöhe steigen.» Nun ja, ich gebe zu, dass ich durchaus erleichtert war. Im Morgengrauen gab der Kapitän plötzlich bekannt, dass wir in Leipzig zwischenlanden müssten, da in Berlin-Schönefeld Glatteis sei. Toll, dachte ich, da bin ich ja mindestens drei Stunden früher zu Hause. Da hatte ich aber nicht mit dem Amtsschimmel gerechnet: In Leipzig mussten wir zwar alle die Maschine verlassen, durften uns aber nur in den Transitraum begeben. Leipzig sei außerhalb der Messewochen nicht auf die Abfertigung internationaler Flüge eingerichtet, hieß es. Nach zwei Stunden ging der Flug weiter, zwanzig Minuten später waren wir in Berlin. Aber da war mein D-Zug nach Leipzig gerade abgefahren, der nächste fuhr mittags: Statt drei Stunden früher war ich vier Stunden später als geplant zu Hause.

Nachdem ich während der Ägyptenreise bewiesen hatte, dass ich ideologisch genügend gefestigt war, den überall lauernden raffinierten Lockungen des Klassenfeindes zu widerstehen, durfte ich 1979 und 1982 ohne größere Scherereien zu zwei internationalen Tagungen nach Dubrovnik reisen. Die Tagungen fanden im vornehmen Hotel Libertas statt, das terrassenförmig in einen Uferfelsen hinein gebaut war, und dort wohnten auch alle Tagungsteilnehmer – mit Ausnahme der beiden aus der DDR. Für uns hatte das Ministerium wie üblich die billigste Unterkunft in der Stadt besorgt, und das Tagegeld war wie immer so knapp bemessen, dass man sich bestenfalls ein Joghurt vom Imbissstand leisten konnte. Im Übrigen verpflegte man sich vom Mitgebrachten – jeder DDR-Dienstreisende hatte mindestens eine Hartwurst, Butter und Knäckebrot im Koffer – und bediente sich nachhaltig beim offiziellen Empfang am Buffet.

Mir war zwar klar, dass die Regierung angesichts ihres chronischen Devisenmangels nicht viel mehr für Dienstreisende ausgeben konnte, aber es war immer wieder peinlich, die Rolle des Underdogs wahrnehmen zu müssen. Wenn sich abends nach dem offiziellen Programm die anderen Kollegen in geselligen Runden zum Essen oder auf eine Flasche Wein trafen, konnten wir nie dabei sein, weil uns das nötige Geld fehlte. Mir war empfohlen worden, in solchen Situationen Kopfschmerzen vorzutäuschen, um nicht als Spielverderber oder Geizkragen dazustehen. Das schien mir aber allzu durchschaubar zu sein. Ich sagte lieber gar nichts. Einige westdeutsche Wissenschaftler erkannten wohl die wahren Gründe für mein Fernbleiben und luden mich freundlich ein. Dabei entstanden menschliche Kontakte, die sich auch nach der Wiedervereinigung als höchst erfreulich und dauerhaft erwiesen haben.

In Jugoslawien kam ich das erste und letzte Mal für eine Sekunde auf die Idee, die DDR zu verlassen. Ausgelöst hatte dies eine Gruppe von jungen Leuten, die mit Rucksäcken unterwegs waren und offenbar hier und dort arbeiteten, um ihren weiteren Trip durch die Welt zu finanzieren. Sie saßen auf einer Parkbank und redeten darüber, dass sie weiter nach Israel wollten und von dort aus in Richtung Ferner Osten, in eines der Meditationszentren in Indien. Als ich das hörte, schoss mir wie ein Blitz die Erkenntnis durch den Kopf: «Mensch, ich bin frei!» Ich könnte jetzt wie selbstverständlich zu ihnen sagen: «Nehmt mich mit!» Natürlich habe ich das nicht getan. Aber ich empfand einen inneren Triumph: Ich hatte mich bewusst und selbstbestimmt entschieden, wieder zurück zu meinen Leuten zu gehen, zurück in die DDR. Es war eine Art autogene Therapie, eine innere Befreiung.

Jeder Dienstreisende musste unmittelbar nach seiner Rückkehr einen etwa eine Seite langen sogenannten Sofortbericht abgeben. Darüber hinaus hatte man innerhalb von drei Wochen einen ausführlichen Rapport zu schreiben, der alle fachlichen Ergebnisse der Reise enthalten musste, dazu die eigenen Eindrücke von den politischen Verhältnissen im Gastland und auch – das schien mir sehr heikel – die Inhalte der Gespräche mit allen Personen, die man getroffen hatte. Direkte Spionageaufträge bekam man als normaler Dienstreisender zwar nicht, aber die Anforderungen an die Berichte waren schon grenzwertig. Da man sich nie sicher sein konnte, dass man nicht auch während der Reise überwacht wurde, mussten im Reisebericht zumindest alle äußeren Daten – vom vorgeschriebenen Reiseweg bis hin zur Zimmernummer im Hotel (!) – stimmen. Um die Fachkollegen nicht zu hintergehen, sagte ich ihnen andeutungsweise, was ich über unsere Gespräche berichten werde: natürlich nur absolut Unverfängliches, aber zugleich den Behörden Wohlgefälliges. Das hatte auch den Vorteil, dass sie einerseits gegenüber jedermann bestätigen konnten: «Ja, der Weiss hat mit uns über die Friedenspolitik der DDR und die Ergebnisse des 13. Plenums des ZK der SED diskutiert» – und andererseits keine Einreiseschwierigkeiten bei einem vielleicht einmal stattfindenden Gegenbesuch in der DDR haben würden.

# 24 Leipzig-Blues

Für Anne gab es auch weiterhin keine Chance, von einem Opernhaus oder einem anderen staatlichen Ensemble engagiert zu werden. Die einzigen Auftrittsmöglichkeiten boten ihr die Kirchgemeinden in und rund um Leipzig. Die schauten nicht auf Abschlusszeugnisse, sondern aufs Können. Dort trat sie regelmäßig zu den kirchlichen Feiertagen oder bei besonderen Anlässen – Hochzeiten, Taufen oder Trauerfeiern – als freischaffende Sängerin auf. Wenn dies, wie meist, am Wochenende geschah, sorgte ich von Freitagabend bis Sonntag für die Kinder. Später fand sie eine schöne Aufgabe als Sängerin und Chorassistentin im «Leipziger Synagogalchor», der von Oberkantor Werner Sander 1962 gegründet worden war. Dieses in Europa wohl einmalige Ensemble widmet sich bis heute der Pflege der durch die Nazis dem Vergessen preisgegebenen jüdischen geistlichen Musik und der jiddischen Folklore Osteuropas und feierte unter der Leitung von Helmut Klotz schon zu DDR-Zeiten und erst recht nach 1989 im In- und Ausland Triumphe.

Caroline musste Ähnliches wie ihre Mutter erfahren. Obwohl eine der besten Schülerinnen ihrer Klasse, obwohl in der FDJ, obwohl Lernpatin, die leistungsschwache Mitschüler förderte und sie bei den Hausaufgaben unterstützte, durfte sie nach der achten Klasse nicht die Erweiterte Oberschule (EOS) besuchen. Man sagte ihr: «Du nicht, weil du nicht zur Arbeiterklasse gehörst.» Darin zeigte sich die Perversion der Schulpolitik der DDR: Kinder von Offizieren, Partei- und Staatsfunktionären «delegierte» man auf die

EOS, obwohl deren Eltern der Arbeiterklasse mit Sicherheit ferner waren als ich.

Diese bürokratische Grausamkeit war für meine Tochter das Ende ihrer Kindheit. Sie konnte die Zurückweisung natürlich nicht verstehen. Wie auch? Ich hatte Angst um sie und schickte der Reihe nach Beschwerden an den Direktor der Schule, den Schulinspektor des Stadtbezirks und den Stadtschulrat. Doch von den Funktionären erntete ich nur Spott und Hohn: «Sie können machen, was Sie wollen, Doktorchen, der Beschluss der Parteileitung der Schule ist unumstößlich.» Die Burschen redeten mich tatsächlich im Diminutiv an! Ich dachte ernsthaft daran, einen Ausreiseantrag zu stellen. Das hätte zwar bedeutet, augenblicklich in der Universität kaltgestellt zu werden. Wir hätten die Eltern zurücklassen müssen, die zwar noch nicht pflegebedürftig, aber auch nicht mehr jung waren, meine Geschwister, alle Freunde.

Gott sei Dank blieb uns das jedoch erspart. In meiner Not hatte ich zuletzt einen Brief an den Staatsrat geschrieben, in dem ich darauf hinwies, dass auch die DDR 1975 die Helsinki-Vereinbarungen über die Menschenrechte, wonach es keine Diskriminierung aus religiösen, rassischen oder sonstigen Gründen geben dürfe, unterschrieben hatte. Einige – an sich vernünftige – Kollegen warnten mich daraufhin: «Cornelius, du kannst doch gar nicht wissen, was genau in Helsinki vereinbart wurde, das stand nie im ‹Neuen Deutschland›.» Da war er wieder, dieser vorauseilende Gehorsam, der den Wahn der Funktionäre nur bestärkte, sie seien allmächtig. Ich aber war der Ansicht, dass die Regierung auch im Inland zu dem stehen müsse, was sie großspurig nach außen verkündete.

Ich hatte den Brief gerade abgeschickt, als ich überraschend einen persönlichen Termin beim Bezirksschulrat Wilfried Trescher erhielt. Dieser Mann, der so gar nicht dem Klischee des eiskalten oder ängstlichen Funktionärs entsprach, war der Erste, der mich ernst nahm. Er hörte mich freundlich an, hatte wohl auch ein Einsehen und versprach, sich für Caroline einzusetzen. Tatsächlich erhielt sie die Zulassung zur EOS, und sie hatte Glück: Ihre neue Schule bot auch Französisch als Fremdsprache an. Für das von ihr angestrebte Musikstudium war das ideal. Bei ihr endete es also noch einmal gut – aber bei Tausenden anderen Kindern war das nicht der Fall, weil die Behörden stur blieben oder die Eltern sich vielleicht ungeschickt einsetzten oder dies aus Resignation gar nicht erst versuchten.

Frank hatte zwei Jahre später wegen seiner Lehrstelle ähnliche Scherereien. Er wollte Musikinstrumentenbauer werden und hatte daher schon zweimal während der Schulferien in einer renommierten Leipziger Klavierfabrik gearbeitet. Nachdem er sich dort wegen seiner Geschicklichkeit und Zuverlässigkeit sowohl bei den Kollegen als auch bei den Vorgesetzten Ansehen erworben hatte, wurde ihm tatsächlich eine der begehrten Lehrstellen zugesagt. Ich war völlig überrascht, als mir eine knappe Woche vor Lehrbeginn der Leiter des – halbstaatlichen – Betriebes telefonisch mitteilte, dass er zwei Behinderte einstellen müsse und Frank die Stelle daher leider nicht bekommen könne. Die Begründung musste ich wohl einsehen, obwohl mir Frank, der sich so auf die Ausbildung zum Tischler gefreut hatte, bitter leidtat. Wenig später erfuhr ich dann jedoch auf Umwegen, dass die angeblich Behinderten in Wahrheit die Söhne von einflussreichen Funktionären waren: Wieder einmal hatte das unselige Zusammentreffen von bedenkenlos genutzter Machtfülle des Partei- oder Staatsapparats einerseits und mangelnder Zivilcourage des eigentlich allein zuständigen Betriebsleiters andererseits zu Willkür und Unrecht geführt!

Mit Müh und Not fanden wir in der verbliebenen knappen Zeit noch einen freien Ausbildungsplatz in einem Metallbetrieb in Borsdorf, einer kleinen Stadt nicht weit von Leipzig. Frank wurde Werkzeugmacher, und das erwies sich sogar als Segen, denn das erlaubte ihm nach der Wende, sich selbständig zu machen. Heute ist die Firma Weiss-Messebau gut aufgestellt am internationalen Markt, und ich trage bei jeder sich bietenden Gelegenheit voller Stolz die Wetterjacke mit dem Firmenlogo.

Meine eigene wissenschaftliche Karriere stagnierte seit Mitte der siebziger Jahre. Der Reihe nach wurden meine ehemaligen Kommilitonen zu Professoren berufen, auch mein erster Doktorand Werner Engewald (worüber ich mich herzlich freute). Aber obwohl sich einige Vorgesetzte – vor allem Manfred Weißenfels (1976–80 Direktor der Sektion Chemie) und Horst Hennig (1980–86 Prorektor für Naturwissenschaften und 1987–90 Rektor der Universität) – sehr für mich einsetzten, blieb ich Dozent. An meinem 50. Geburtstag wurde ich zum damals amtierenden Sektionsdirektor gerufen, einem früheren Mitstudenten, der sich inzwischen zu einem gefürchteten Scharfmacher entwickelt hatte. Der überreichte mir einen Blumenstrauß und sagte dazu wörtlich: «Cornelius, richte dich darauf ein: Solange wir die Macht haben, wirst du nicht Professor.» Ich ärgerte mich darüber, natürlich, aber ich kann nicht behaupten, dass mein Lebensglück unbedingt an einer Professur gehangen hätte. Meinen Kollegen Achim Mehlhorn und Jürgen Fabian in Dresden und Hans-Georg Bartel in Berlin – alles parteilose Pioniere der DDR-Quantenchemie – ging es ja auch nicht besser, im Gegenteil, sie blieben auf Oberassistentenstellen hängen. Ich persönlich sagte mir: «Na gut, ich hab bewusst ein ‹unwichtiges› Spezialfach gewählt und bin bewusst parteilos geblieben. Wenn die mich deswegen partout nicht wollen, kann ich von jetzt an pünktlich Feierabend machen und mich ein bisschen mehr um Franks Band kümmern.»

Frank hatte schon seit einigen Jahren Gitarrenunterricht bei Brigitte Köbler, der Witwe des Universitätsorganisten Robert Köbler, der die Zerstörung der Universitätskirche mit seiner geliebten Orgel nie verwinden konnte und wenig später verstorben war. Sie erkannte, dass Frank eine ausgeprägte Vorliebe und auch das notwendige Feeling für den Blues hatte, und als er 1981 eine Schülerband – die *Twister Blues Band* (später *Wildwuchs*) – gründete, ließ sie ihn im Unterricht spielen, was er mochte, und korrigierte nur behutsam seine Fehler. Da Musikinstrumente teuer waren und die Jugendlichen natürlich nicht viel Geld besaßen, baute ich ihnen das erste Schlagzeug selbst: Für die Basstrommel bog ich einen vierzig Zentimeter breiten Streifen Sprelacart (eine normalerweise für Küchentische verwendete, zwei Millimeter starke Schichtstoffplatte) vorsichtig zur zylinderförmigen Zarge und bespannte sie mit Gärtnerfolie als Trommelfell. Ich lötete den Jungs auch eine kleine batteriebetriebene Elektronenorgel mit vier Registern zusammen; die erwies sich jedoch nicht als bühnentauglich, da sie sich während ihrer Benutzung zu schnell verstimmte.

Ich war hingerissen von der naiv-archaischen Schönheit der – meist selbstkomponierten – Musik der jungen Leute, von denen kaum einer Noten lesen konnte, und überrascht von dem Kreativitätsschub, den die Band in der Schule auslöste. Mädchen und Jungen fertigten gleichermaßen begeistert Linolschnitte mit dem Band-Logo an, malten Plakate an oder dichteten anrührende Liedtexte. Besonders in Erinnerung geblieben ist mir ein von Andreas Weise, einem Mitschüler, geschriebener Text, der von Frank vertont und von der Band in vielen Fassungen gespielt wurde:

*Unsere Blicke treffen sich*
*im Neonlicht.*
*Die Stadt ist hell,*
*bunt und grell.*
*Wir sehen uns an,*
*minutenlang,*
*doch wir wissen,*
*dass es so nicht weitergehen kann.*
*Großstadtliebe, die zerbricht*
*an Stahl, Beton und Neonlicht.*

Franks Band spielte zunächst nur in Leipziger Schulen, später aber auch in FDJ- oder Betriebs-Klubhäusern und auf Open-Air-Veranstaltungen in und rund um Leipzig. Für öffentliche Auftritte brauchten sowohl Berufs- als auch Amateurbands in der DDR eine sogenannte Spielerlaubnis, die vom Rat des Kreises in fünf Stufen – von der «Grundstufe» bis zur «Sonderstufe mit Konzerterlaubnis» – vergeben wurde. Von der Einstufung hing die Gage ab, die der Band gezahlt werden durfte. Für den Erwerb der Spielerlaubnis war es erforderlich, alle Texte vorab einzureichen und dann vor einer strengen Jury live aufzutreten. Das war jedes Mal eine Zitterpartie, aber *Wildwuchs* schaffte es immerhin bis zum Prädikat «Oberstufe – sehr gut», das heißt, die Band durfte mit einer Gage von etwa 100 Mark pro Auftritt rechnen, also sehr wenig im Verhältnis zum Aufwand.

Fast immer brachte ich die Band mit meinem Moskwitsch* zu ihren Auftritten: Vier der fünf Bandmitglieder saßen im Auto (das fünfte musste mit dem Moped fahren), die Instrumente und die irgendwie zusammengestoppelte Verstärkeranlage transportierte ich im Anhänger. Während des Auftritts postierte ich mich in der Nähe des Mischpults und nahm das ganze Konzert mit einem selbstgebastelten Stereo-Mikrophon und einem Kassettenrecorder auf. Nach dem Konzert brauchte ich meist Stunden, um die von Bier und Beifall euphorisierten Bandmitglieder wieder einzusammeln, sodass wir oft erst lange nach Mitternacht wieder zu Hause ankamen. Später, als Frank unmittelbar nach seinem achtzehnten Geburtstag den Führerschein erworben hatte, schaffte er sich auf Pachtbasis einen uralten und andauernd reparaturanfälligen rumänischen Kleintransporter – im Volksmund «Balkanziege» genannt – an, und ich wurde als Chauffeur nicht mehr gebraucht.

* Der Moskwitsch (russisch für Moskauer) war eine in Moskau und Ischewsk gefertigte Automarke, die sich in allen Ostblockländern großer Beliebtheit erfreute.

Die bunte Leipziger Blues- und Rockszene war ständig im Wandel begriffen. Die verschiedenen Bands lösten sich oft – manchmal ausgerechnet in besonders erfolgreichen Phasen – wegen «grundsätzlicher musikalischer Differenzen» auf, und ihre Mitglieder spielten in anderer Besetzung weiter. Auch *Wildwuchs* entging diesem Schicksal nicht. Frank, inzwischen in der Szene unter dem Namen *Fruchtel* wohlbekannt, spielte danach bis zur Wende in den lokal renommierten Blues-Bands *Lilienthal* und *Justus.*

Caroline studierte zu dieser Zeit an der Leipziger Universität Musikwissenschaft und nahm ebenfalls regen Anteil an der Entwicklung von Franks Band. Sie ärgerte sich, dass an ihrem Fachbereich die sogenannte Unterhaltungsmusik – also unter anderem Jazz, Rock, Blues und Musical – so gut wie gar nicht wahrgenommen wurde. Sie war der Meinung, dass speziell die Rockmusik sowohl in der Forschung als auch in der Lehre gebührenden Raum finden müsse, und schlug daher ihrem akademischen Lehrer Udo Klement, einem Musikhistoriker und Kenner vor allem der zeitgenössischen DDR-Musik, als Thema ihrer Diplomarbeit «Die Entwicklungs- und Schaffensbedingungen ausgewählter Amateurrockgruppen» vor. Für den recht konservativen Fachbereich, der sich in der Forschung hauptsächlich mit Bach und Wagner beschäftigte, war das fast schon ein Sakrileg. Doch Udo Klement stimmte dem Projekt weitsichtig und tolerant zu.

Für Caroline war es natürlich vorteilhaft, dass eines ihrer «Forschungsobjekte» – *Wildwuchs* – regelmäßig im Keller unseres Hauses probte. Weitere aufgeschlossene Interviewpartner fand sie im Freundes- und Bekanntenkreis: Sebastian Krumbiegel, der jüngste Sohn von Cornelia und Peter Krumbiegel, mit denen wir seit Unichor-Zeiten befreundet waren, und Steffen Reinhold, der Sohn meines Kollegen Joachim Reinhold. Sebastian war Thomaner und hatte – wohl zum Entsetzen des Thomaskantors – als Fünfzehnjähriger mit weiteren Thomanern die Gruppe *Phönix*, die sich später in *Rockpol* umbenannte, gegründet. Steffens Band *Kassandra* gab es seit 1982, sie trat gelegentlich in den gleichen Veranstaltungen auf wie *Wildwuchs.*

Frank hatte gerade den Plan gefasst, die Musik zum Beruf zu machen, als mit der politischen Wende 1989/90 für die ostdeutschen Bands eine schwere Zeit anbrach. Deren bisheriges Publikum reiste nach der Grenzöffnung lieber in die Blues- und Rockhochburgen im Westen, es wollte – verständlicherweise – die Musik seiner Heroen nicht mehr nur nachgespielt, sondern endlich im Original erleben. Dazu kam, dass die wichtigsten früheren Veranstalter, also die FDJ-Klubhäuser, kein Geld mehr hatten oder ganz geschlossen wurden. Viele Bands gaben schließlich irgendwann auf, und ihre Mitglieder suchten sich zumeist irgendeinen Broterwerb jenseits der Musik.

Zu den wenigen Gruppen, die mit Glück überlebten, gehörte Sebastian Krumbiegels *Rockpol,* die es nach einem Intermezzo als *Die Herzbuben* unter dem Namen *Die Prinzen* sogar zu Starruhm brachte. Steffen Reinhold trat nach seinem Lehrerstudium als Komponist von E-Musik in Erscheinung, Frank spielte noch bis Ende der neunziger Jahre in seiner Band *Dr. Jenzz*, tritt heute aber, weil sein Unternehmen ihn fordert, leider nur noch gelegentlich als *special guest* bei Rockkonzerten in der Region auf. Caroline, die heute für die Öffentlichkeitsarbeit des Museums für Musikinstrumente der Leipziger Universität zuständig ist, hatte in ihrer Diplomarbeit wesentliche musikalische und soziologische Aspekte der lebendigen und originellen, inzwischen aber weitgehend vergessenen ostdeutschen Jugendkultur der achtziger Jahre dokumentiert. Vielleicht wird sie ihre Erkenntnisse irgendwann in geeigneter Form publizieren, es wäre ein interessanter Blick auf das Lebensgefühl der damaligen jungen Generation.

## 25 Wir sind das Volk!

Die Ereignisse des Herbstes 1989 – die friedliche Revolution – hatte ich so nicht kommen sehen. Es schien undenkbar, dass ein Staat wie die DDR, der sich selbst als Diktatur der Arbeiterklasse bezeichnete, freiwillig das Handtuch wirft. Sicher, es war für jedermann erkennbar, dass die DDR materiell und moralisch immer weiter verfiel. Zwar wurde uns unentwegt eingetrichtert, dass die DDR zu den zehn stärksten Industriestaaten der Welt gehöre, aber der Zerfall der Städte, die Zerstörung der Umwelt und der permanente Mangel in allen Bereichen der Wirtschaft waren inzwischen nicht mehr zu übersehen. Da ihm das Wasser bis zum Hals stand, verkaufte der Staat alles in den Westen, was nicht niet- und nagelfest war – Antiquitäten und angeblich überflüssige Kunstschätze, Blutkonserven und sogar das Granitpflaster wichtiger Landstraßen, die dafür mit einer billigen Schwarzdecke überzogen wurden.

Doch trotz der 1983 und 1984 gewährten Milliardenkredite der Bundesrepublik kam es immer häufiger zu schweren Störungen und Ausfällen in der Produktion und zu Engpässen in der Versorgung. Die DDR-Bevölkerung war überraschende Versorgungslücken zwar gewohnt und hatte seit jeher eine überdimensionierte Vorratshaltung mit einer Art Naturalwirtschaft kombiniert, wobei im Tauschhandel der Grundsatz Mangelware gegen Mangelware galt. Doch allmählich erschöpfte sich die Geduld der Menschen, die Unzufriedenheit wuchs stetig, die Arbeitsmoral nahm rapide ab, und überall breitete sich ein lähmender Fatalismus aus.

Zu dieser Zeit hörte ich auch auf, zu den an sich obligatorischen Maidemonstrationen zu gehen. Ich hatte einfach keine Lust mehr, stundenlang herumzustehen, um dann an irgendwelchen örtlichen Politgrößen vorbeizumarschieren und dabei auch noch Fähnchen (Winkelemente) zu schwenken und zu jubeln. Unter dem Vorwand einer Erkältung oder mit der Ausrede: «Ich hab euch am Stellplatz nicht gefunden, ich bin dann vorne bei den Medizinern oder Sportlern mitgelaufen», ließ sich das ohne weiteres bewerkstelligen. Aber das interessierte kaum noch jemanden, auch in diesem Bereich hatte der Kampfgeist erheblich nachgelassen.

Anders als in der DDR bahnten sich in der Sowjetunion nach dem Tod des langjährigen Generalsekretärs des ZK der KPdSU, Leonid Iljitsch Breschnew, langsam gewisse positive Veränderungen an. Im Juni 1983 hatte ich mir während eines Urlaubs auf der Insel Hiddensee im Hafenskiosk eine *Prawda* gekauft, weil alle deutschen Zeitungen schon vergriffen waren. Ich dachte, ich träume, als ich darin statt der üblichen Verlautbarungen über «Ernteschlachten» und «Siege in der Produktion» einen drei Seiten langen Artikel des neuen Generalsekretärs der KPdSU Juri Wladimirowitsch Andropow fand, der in einer völlig ungewohnten Sprache geschrieben war. In – jedenfalls für sowjetische Verhältnisse – fast nicht zu überbietender Klarheit prangerte er die Ignoranz der Parteifunktionäre, die ausufernde Bürokratie, die Intransparenz ihrer Entscheidungen, die verbreitete Korruption und den allgemeinen Schlendrian an und forderte tiefgreifende innenpolitische Reformen.

Natürlich wurde dieser Artikel in der DDR nie publiziert. Und der vorsichtige Reformweg, wie ihn Michail Sergejewitsch Gorbatschow zwei Jahre später unter den Stichworten Glasnost (Transparenz) und Perestroika (Umbau) einschlug, wurde von der DDR-Führung ebenso selbstherrlich wie kategorisch abgelehnt. Der alte Propagandaslogan «Von der Sowjetunion lernen heißt siegen lernen» war offenbar überholt, denn sogar das sowjetische Kulturjournal *Sputnik* (Begleiter) wurde verboten, nachdem in dessen Novemberausgabe von 1988 ein Artikel über den in der DDR-Geschichtsschreibung verschwiegenen Hitler-Stalin-Pakt erschienen war. Interessant waren die Reaktionen meiner Chemikerkollegen darauf: Während sich einige SED-Genossen in der nächsten Gewerkschaftsversammlung öffentlich über diesen idiotischen Eingriff lustig machten oder beschwerten, hielten es ein Parteiloser und ein Mitglied der Ost-CDU für richtig, das Verbot von *Sputnik* unter Hinweis auf dessen «schmuddelige Inhalte» gehorsamst zu begrüßen.

Ein ähnlich schamloses Anbiedern hatte ich schon zuvor auf einem der Lehrgänge der «Marxistisch-leninistischen Abendschule» erlebt, die jeder Hochschullehrer alle vier bis fünf Jahre besuchen musste. Ein Lehrgang bestand aus vier jeweils einwöchigen Kursen, die in dem kleinen Ort Rohrbach in Thüringen stattfanden und in denen immer wieder die gleichen Themen abgehandelt wurden: Geschichte der Arbeiterbewegung, Ökonomie des Sozialismus und des Kapitalismus und marxistisch-leninistische Philosophie. Anfang der siebziger Jahre ging es bei diesen Veranstaltungen (die unter Kollegen auch «Rotlichtbestrahlungen» genannt wurden) zu wie in einer Kadettenanstalt: Militärische Disziplin, obligatorischer Frühsport, in den Vorlesungen mussten stets die gleichen Plätze eingenommen werden, damit der Lehrgangsleiter mit Hilfe des «Klassenspiegels» immer sofort erkennen – und notieren – konnte, wer was gesagt hatte. Mein zweiter Lehrgang sieben Jahre später verlief schon deutlich moderater. Beim dritten Lehrgang im Winter 1987/88 passierte fast Unglaubliches: Einige der Vortragenden, sie alle Mitglieder der SED, sprachen unerwartet Klartext. Der Philosoph Bernd Okun, damals der jüngste Professor in der DDR, referierte über die Freiheit der Wissenschaft und des Wortes, der Erkenntnistheoretiker Dieter Wittich sagte in seinem Vortrag, den er – was ungewöhnlich war – völlig frei hielt, dass nicht jedes Detail des Marxismus/Leninismus die absolute Wahrheit sein müsse, und ein Juraprofessor forderte die Einrichtung von Verwaltungsgerichten – bis dahin in der DDR ein Tabu, da die Partei als «Avantgarde der Arbeiterklasse» ja immer recht hatte und es folglich keine Konflikte zwischen Bürgern und Behörden geben konnte.

Zehn Jahre früher hätte das jedem Vortragenden wohl drei Jahre Gefängnis und jedem Zuhörer, der nicht die Arbeiterfaust geschwungen hatte, ein Jahr «Bewährung in der Produktion» eingebracht. So weit kam es nicht, aber die Sache hatte doch noch ein bemerkenswertes und peinliches Nachspiel: Zwei oder drei parteilose Naturwissenschaftler beschwerten sich bei der SED-Kreisleitung, dass in Rohrbach unwidersprochen «revisionistische Thesen» verbreitet worden seien und dass die Lehrgangsleitung die erforderliche revolutionäre Wachsamkeit habe vermissen lassen!

Für mich war das in doppelter Hinsicht aufschlussreich. Erstens gab es an der Universität Leipzig offensichtlich einen kleinen Zirkel mutiger Gesellschaftswissenschaftler, die sich, angesteckt vom Virus der Perestroika, von den ideologischen Fesseln befreien wollten und dabei auch Konflikte mit der eigenen Partei und dem Staatsapparat nicht scheuten. Und zweitens bestätigte der Vorfall meine alte These, dass die Nichtmitgliedschaft in der SED nicht automatisch ein Zeichen von besonderer Charakterstärke oder gar von Heldenmut war, wie es heute allzu viele aus durchsichtigen Gründen glauben machen wollen. Umgekehrt sind die heute üblichen pauschalen Schuldzuweisungen wegen einer SED-Mitgliedschaft zwar politisch bequem, aber dennoch sachlich falsch und zudem rechtsstaatlich unhaltbar. Es gab in der DDR wie überall auf der Welt die verschiedensten Charaktere, die sich nicht in Schubladen sortieren lassen, und die moralischen Fronten verliefen ganz gewiss nicht nur zwischen den Parteilosen und den SED-Genossen, sondern auch quer zu ihnen.

Natürlich war es ratsam, sich vor den ideologischen Hardlinern in Acht zu nehmen. Vorsicht galt auch gegenüber den späten Karrieristen, die erst im reifen Alter von vierzig oder fünfzig Jahren plötzlich ihre Liebe zur Partei entdeckten und einen Aufnahmeantrag stellten – nur weil ihnen eine Professur winkte. Manche von denen glaubten nämlich – wie die meisten Konvertiten – beweisen zu müssen, was für wachsame und zuverlässige Genossen sie trotz ihres späten Wandels doch waren, und dazu konnte ihnen auch mal eine Denunziation durchaus nützlich sein. Es gab aber auch ebenso viele Genossen, die von uns respektiert wurden, weil sie ihre Überzeugungen geradlinig vertraten, aber von anderen nie mehr verlangten als von sich selbst.

Das Spektrum der Wertvorstellungen und Verhaltensweisen der Parteilosen war ebenfalls breit gefächert. Es reichte von der durchaus moralisch begründeten Auseinandersetzung mit dem «real existierenden Sozialismus» der DDR oder dem engagierten gesellschaftlichen Einsatz jenseits der Partei – zum Beispiel in kirchlichen Kreisen, in der Gewerkschaft, in der Friedensbewegung oder den (illegalen) Umweltgruppen – bis hin zum völligen Desinteresse an gesellschaftspolitischen Fragen. Manche Leute, die oft aus dem Bürgertum stammten und ihren verlorenen Privilegien nachtrauerten, nahmen für sich einen nicht unbedingt honorigen Freiheitsbegriff in Anspruch: «Ich will frei sein, meine persönlichen Interessen zu verfolgen, notfalls auch auf Kosten der Gesellschaft.» Im Grunde folgten sie damit neoliberalen Vorstellungen, die mit Brüderlichkeit und Demokratie nicht viel zu tun hatten.

Im Mai 1989 erhielt mein Sohn Frank den Einberufungsbefehl zur Nationalen Volksarmee. Er erklärte mir daraufhin, dass er den Wehrdienst verweigern werde. Ich hatte das fast erwartet und sagte: «Okay, Frank, dann wirst du eben Bausoldat, das ist zwar auch kein

Zuckerlecken, aber dann musst du wenigstens keine Waffe anfassen.»

Bausoldat zu werden war in der DDR die für Pazifisten einzig gesetzlich vorgesehene und sehr restriktiv gehandhabte Möglichkeit, ihrer Überzeugung treu bleiben zu können. Bei dieser Art von Wehrdienst hatte man keine Ausbildung an der Waffe zu absolvieren, sondern musste mit dem Spaten marschieren und zum Beispiel Flugplätze oder Bunker bauen.

«Nein», erwiderte Frank, «ich baue auch keine Bunker. Und im Ernstfall müsste ich dann ja doch auf die Cousins im Westen schießen. Das werde ich nicht tun, ich werde total verweigern.»

Als ich das hörte, erstarrte ich vor Schreck. Seine Zukunft war dahin, meine nicht weniger, denn man würde mir vorhalten, dass ich die Studenten nicht richtig erziehen könne, wenn es mir doch nicht einmal bei meinem eigenen Sohn gelungen sei. Doch einen Moment später schämte ich mich dieses Gedankens und sagte:

«Du weißt natürlich, was dich erwartet? Du wirst mit Sicherheit für eineinhalb Jahre ins Militärgefängnis Schwedt kommen, und das kann die Hölle werden. Wenn du die Zeit abgesessen hast, wird man dich sofort wieder einziehen, und wenn du dann immer noch nein sagst, wird es noch schlimmer für dich. Aber wenn du sicher bist, dass dies der richtige Weg für dich ist, dann werden wir ihn durchziehen.»

Ich bewunderte Franks Mut. Ob ich den in dieser Situation auch aufgebracht hätte, weiß ich nicht.

Mit Hilfe eines Pfarrers formulierten wir dann die Begründung für die Totalverweigerung. Einige Tage nach der Abgabe seiner schriftlichen Erklärung wurde Frank zu einem Gespräch ins Wehrkreiskommando bestellt, aber da war der Staatsapparat schon so mürbe, dass ein Anruf meiner Frau ausreichte, um den Termin hinauszuzögern. Sie sagte: «Mein Sohn liegt mit einer schweren Halsentzündung im Bett. Kann er nächste Woche kommen?» Fünf Jahre früher wäre daraufhin wahrscheinlich die Militärpolizei mit der «Grünen Minna» vorgefahren. Der verantwortliche Offizier schien aber auch schon in Endzeitstimmung zu sein, denn er lud Frank nicht mehr vor. Die Wolke, die über uns gehangen hatte, war auf einmal weggeblasen.

Viel später erzählte ich während eines «Herrenessens» einem Major der Bundeswehr von Franks Entscheidung. Ich war von seiner Reaktion sehr betroffen: «Aha, ein Drückeberger», meinte er. Ich glaube, hier erübrigt sich jeder Kommentar.

Der Sommer 1989 wurde sehr unruhig. Am 10. Juni wurden in Leipzig die Teilnehmer eines von den Behörden untersagten Straßenmusikfestivals von der Polizei brutal durch die Straßen gejagt und verhaftet. Immer mehr DDR-Bürger suchten in den diplomatischen Vertretungen anderer Länder um Asyl nach, und am 19. August flohen 600 Menschen von Ungarn aus durch die für drei Stunden offene Grenze nach Österreich. Jeden Montag versammelten sich mehr Menschen zu den traditionellen Friedensgebeten in der Nikolaikirche; seit dem 4. September fanden danach regelmäßig spontane Demonstrationen für Demokratie, Menschenrechte und auch gegen die Massenflucht («Wir bleiben hier, Reformen wollen wir!») mit Tausenden von Teilnehmern statt, die ebenso regelmäßig von der Polizei gewaltsam aufgelöst wurden. Überall im Lande gründeten sich Oppositionsgruppen wie das «Neue Forum», «Demokratie jetzt» und «Demokratischer Aufbruch».

Im August 1989 gab es auch erste Schritte, in der DDR die Sozialdemokratische Partei unter dem Namen SDP wieder zu gründen. Meine Frau brachte aus Niederndodeleben, einem kleinen Ort in der Nähe von Magdeburg, wo sie ein Patenkind besucht hatte, zwei Schreibmaschinenseiten mit. Es war der Entwurf eines SDP-Parteiprogramms, den sie von Markus Meckel, der damals die dortige Ökumenische Begegnungs- und Bildungsstätte leitete, bekommen hatte. Als ich die beiden Seiten gelesen hatte, es war wohl der siebte Durchschlag auf ganz dünnem Papier, sagte ich begeistert: «Mensch, die sind wirklich mutig. Hoffentlich geht das gut.»

All diese Ereignisse debattierten die Menschen nun nicht mehr nur im privaten Kreis, sie trugen die Diskussionen auch offensiv in die monatlichen Gewerkschaftsversammlungen und, wie ich hörte, auch in die Partei.

Ich selbst war im September zu meiner Überraschung zum außerordentlichen (ao.) Professor berufen worden. Der Zusatz «ao.» bedeutete, dass es sich eigentlich um eine Titularprofessur handelte, das heißt, man hatte weiterhin den dienstrechtlichen Status eines Dozenten und erhielt auch sonst keine zusätzlichen Rechte. Die Berufungszeremonie im Festsaal des «Hauses der Ministerien» in Berlin (heute Bundesfinanzministerium) war eher gespenstisch: Alle Anwesenden zeigten sich festlich gestimmt, dabei wusste jeder, dass sich über dem Land etwas Gefährliches zusammenbraute. Ich war jedenfalls beunruhigt über die schnell eskalierende innenpolitische Lage und befürchtete ernsthaft zunehmende Repressalien gegenüber Aufbegehrenden, möglicherweise gar Unruhen und Blutvergießen. Selbst ein Bürgerkrieg schien mir angesichts der geopolitischen Lage der DDR nicht mehr völlig ausgeschlossen. Ein amerikanischer Quäker, der mich in diesen Tagen zu Hause besuchte, sagte mir später, dass er über meine pessimistische Einschätzung der Situation sehr erschrocken gewesen sei.

Im Herbst 1989 schienen sich meine düsteren Ahnungen zu bestätigen. Ausgerechnet um den 40. Gründungstag der DDR am 7. Oktober, den die Partei- und Staatsführung besonders pompös begehen wollte, spitzte sich die Situation schnell weiter zu. Im ganzen Land wurden die Feierlichkeiten von Protestaktionen begleitet. Gorbatschow mahnte daraufhin beim Festakt in Berlin öffentlich Reformen an. Bei einem der Gespräche Gorbatschows mit Erich Honecker sind vermutlich die berühmten Worte «Wer zu spät kommt, den bestraft das Leben» gefallen. Auch in Leipzig kam es am Nachmittag und am Abend des 7. Oktober zu schweren Zusammenstößen zwischen der Polizei und friedlich protestierenden Bürgern und zu Verhaftungswellen.

Am darauffolgenden Montag, dem 9. Oktober, lag über der ganzen Stadt eine bleierne Atmosphäre nervöser Anspannung. In der *Leipziger Volkszeitung* standen klare Drohungen, weitere «konterrevolutionäre Aktionen» endgültig zu unterbinden – «wenn es sein muss, mit der Waffe in der Hand!» Es kursierten angsteinflößende Gerüchte über Truppenkonzentrationen in der Umgebung der Stadt, über eine Urlaubssperre für das Personal der Krankenhäuser und über die Bereitstellung von Blutkonserven. Von den bürgerkriegsartigen Ereignissen am Freitag hatte ich zunächst nichts mitbekommen, weil wir das Wochenende in Thüringen verbracht hatten. Die Universitätsleitung forderte die Studenten ultimativ auf, der für den Abend erwarteten Demonstration fernzubleiben, und wir Lehrkräfte wurden dazu verpflichtet, diese Anordnung sofort in den Lehrveranstaltungen bekannt zu geben. Meinen Studenten, einer kleinen Gruppe von theoretischen Chemikern, sagte ich an jenem Morgen: «Ihr habt gehört, heute Nachmittag wird es im Zentrum der Stadt eine Demo geben. Ich weiß, viele von euch lockt es, dort hinzugehen. Überlegt euch bitte genau, ob ihr das tun wollt. Und noch ein Wort meines Patenonkels, der im Widerstand gegen Hitler aktiv war: ‹Keine unnötigen Opfer!›» Ich stellte es den Studenten ebenso wie den Doktoranden der Arbeitsgruppe also anheim, sich so oder so zu entscheiden. Doch sie sollten sich der Gefahr bewusst sein.

Frank kam gegen halb drei Uhr zu mir ins Hauptgebäude der Uni am damaligen Karl-Marx-Platz (heute Augustusplatz) und berichtete, dass die nicht weit entfernte Franz-Mehring-Buchhandlung, in der er damals arbeitete, schon mittags schließen musste, damit bei möglichen Auseinandersetzungen niemand in die Ladenräume flüchten konnte. Kurz darauf sahen wir, wie eine Kolonne von dreißig, vierzig Militärfahrzeugen, begrüßt von einem gellenden Pfeif- und Hupkonzert, über den Karl-Marx-Platz in Richtung Innenstadt fuhr.

Wir wollten uns das genauer ansehen und gingen daher noch kurz ins Stadtzentrum. Das war regelrecht von Bereitschaftspolizei, NVA und Kampfgruppen der Arbeiterklasse* besetzt. Käsebleich hockten die Männer mit ihren Helmen, Schilden und Schlagstöcken auf den Lkws – ich zählte mehr als hundert –, manche zitterten vor Angst oder Kälte oder beidem, einer wurde gerade schluchzend weggeführt. Frank entdeckte zwei seiner Bekannten, die als Wehrpflichtige zur Bereitschaftspolizei eingezogen worden waren. Mit geröteten Augen riefen sie ihm gespielt lässig hinterher: «Bis nachher, Kumpel!»

Nachdem wir das Militäraufgebot gesehen hatten, beschlossen wir, doch lieber nach Hause zu fahren. Frank wollte noch irgendetwas erledigen, und ich ging, es war inzwischen vier, halb fünf, zu meinem Auto, das ich außerhalb des Innenstadtrings stehen gelassen hatte. Viele Medizinstudenten kamen mir entgegen und schauten mich sehr merkwürdig an. Es wurde mir immer peinlicher, vor dem Geschehen quasi zu flüchten, und als ich daran dachte, dass ich immer gepredigt hatte, als Hochschullehrer für die Studenten verantwortlich zu sein, auch jenseits der Hörsäle, drehte ich mich spontan um und schloss mich den jungen Leuten an.

Hinter dem Gewandhaus, zweihundert Meter vom Augustusplatz

---

* Die Kampfgruppen der Arbeiterklasse wurden 1952 aus nicht wehrpflichtigen Angehörigen der Großbetriebe aufgebaut. Sie waren uniformiert, verfügten über leichte und mittelschwere Infanteriewaffen zum Teil älterer Bauart und hatten offiziell die Aufgabe, ihre Betriebe gegen «Saboteure und andere Feinde des Sozialismus» zu schützen. Auch an der Karl-Marx-Universität Leipzig gab es eine Betriebskampfgruppe.

entfernt, hörte ich zum ersten Mal aus zehntausend Kehlen den stolzen Urschrei der Demokratie: «Wir sind das Volk!» Mich überlief es eiskalt vor Ehrfurcht. Augenblicklich war vergessen, dass ich nach Hause gewollt hatte. An der Haltestelleninsel auf dem Augustusplatz riefen die Demonstranten im Chor: «Schließ dich an!» Dabei blieb einer vor mir stehen und sah mir direkt in die Augen, es war ein Schulfreund meiner Tochter. Ich konnte nicht anders und reihte mich, wenn auch anfangs sehr zögerlich, in den schier endlosen Zug der Demonstranten ein. Und plötzlich fühlte ich mich aufgehoben in der Menge, den neben mir laufenden, völlig fremden Menschen in Solidarität verbunden und voller Stolz, endlich laut «Nein» zu sagen. Die Kommandeure der Kampfgruppen und der Polizei waren angesichts der unerwarteten Dimension des Protestes offenbar ratlos. Später stellte sich heraus, dass Honeckers Stellvertreter Egon Krenz auf die dringenden Hilferufe der SED-Bezirksleitung nicht geantwortet hatte. Er reagierte nach dem Motto: «Macht ihr mal!»

Dass es am 9. Oktober zu keiner blutigen Katastrophe kam, ist sicher ganz wesentlich dem stündlich über Lautsprecher verlesenen Aufruf zur Gewaltlosigkeit von sechs couragierten Leipziger Bürgern zu verdanken. Ich nenne ihre Namen mit Respekt: Gewandhauskapellmeister Kurt Masur, der Kabarettist Bernd Lutz Lange, der Theologe Peter Zimmermann, die Sekretäre der SED-Bezirksleitung Kurt Meyer, Jochen Pommert und Roland Wötzel. Aber auch die Besonnenheit sowohl der mit Sprechchören («Keine Gewalt») um den Leipziger Ring ziehenden 70 000 Demonstranten als auch der ihnen gegenüberstehenden militärischen Kräfte verhinderte eine Eskalation. Schließlich hatte auch die damalige SED-Führung ihren Anteil am friedlichen Ausgang des Geschehens: Sie hätte die Proteste mit roher Waffengewalt durchaus niederschlagen und damit ihre Niederlage noch um ein paar Jahre hinausschieben können. Doch ebendies hat sie nicht getan! Der einzige westdeutsche Politiker, der das nach der Wiedervereinigung anerkannt hat, war meines Wissens Peter Gauweiler. Der schrieb 1997, damals immerhin CSU-Bezirksvorsitzender von München, im *Spiegel*: «Will man angesichts der gut dokumentierten Ereignisse wirklich leugnen, dass es Verantwortungsbewusstsein in der SED-Spitze des November 1989 gab? Und dass wichtige Männer des Systems ... – jedenfalls im Ergebnis – als Patrioten gehandelt haben?»

Die Polizei, sichtlich erleichtert, beschränkte sich am 9. Oktober jedenfalls darauf, den Verkehr zu regeln, also gelegentlich für Krankenwagen eine Gasse zu bahnen. Auf der Demonstration selbst gab es an diesem Abend aber nicht einen Verletzten.

Die Demonstrationen wurden danach von Montag zu Montag immer machtvoller und führten am 9. November zum Mauerfall, der uns die ersehnte Reisefreiheit brachte. Aber sie wandelten allmählich auch ihren Charakter. Insbesondere nach der Besetzung der Bezirksverwaltung der Staatssicherheit am 4. Dezember, also als es zum Demonstrieren keines Mutes mehr bedurfte, überschwemmten immer mehr Trittbrettfahrer, Schreihälse, die «schon immer dagegen» waren, die Demos und drängten den «Deutschen Demokratischen Revolutionären» (Klaus von Dohnanyi) ihre zum Teil infantilen Losungen – «Helmut nimm uns an der Hand, führ uns ins Wirtschaftswunderland» – auf. Einige Parteienvertreter passten sich diesem Publikum an und hielten vom Balkon des Opernhauses herab unangenehm populistische Reden. Die Intoleranz gegenüber Andersdenkenden nahm zu, es gab erste Handgreiflichkeiten, gleichzeitig priesen Männer mit riesigen bunten Zylinderhüten irgendwelche eilig aus dem Westen herangekarrten Ladenhüter an. Auch Rechtsradikale traten mit riesigen Fahnen, auf denen Deutschland in den Grenzen von 1937 zu sehen war, und zum Teil mit der kaiserlichen Reichskriegsflagge zunehmend militant in Erscheinung.

Am 28. November hatten einunddreißig bekannte DDR-Bürger, unter ihnen die Theologen Friedrich Schorlemmer, Günter Krusche und Christoph Demke, die Rocksängerin Tamara Danz, die Schriftsteller Christa Wolf, Volker Braun und Stefan Heym sowie die Bürgerrechtler der ersten Stunde Ulrike Poppe, Sebastian Pflugbeil und Konrad Weiß den Aufruf «Für unser Land» veröffentlicht. Darin wurden tiefgreifende innere Reformen gefordert und gleichzeitig für die Eigenstaatlichkeit der DDR plädiert: «Noch haben wir die Chance, eine sozialistische Alternative zur Bundesrepublik zu entwickeln. Noch können wir uns besinnen auf die antifaschistischen und humanistischen Ideale, von denen wir einst ausgegangen sind.»

Am selben Tag rief mich Cornelia Walter, eine Fachkollegin und vertraute Freundin, an. Ich hatte sie auf einer Tagung kennengelernt, sie war – fasziniert von der Marx'schen Vision «Jeder nach seinen Leistungen, jedem nach seinen Bedürfnissen» – als junge idealistische Katholikin schon während ihres Studiums Mitglied der SED geworden. Mit dem unnachgiebigen Anprangern von Ungerechtigkeiten und Missständen im realsozialistischen Alltag ihrer Hochschule hatte sie sich wiederholt Ärger mit ihrer Partei eingehandelt. Nun aber trieb sie die Sorge um die Zukunft unserer damals gerade dreijährigen Tochter Sarah Antonia um: «Cornelius, wisst ihr wirklich, was ihr da anrichtet? Ihr wollt vielleicht das Beste, aber ihr werdet vor den Karren des Kapitals gespannt werden. Und unser Kind wird es ausbaden.» Viele der Leipziger Demonstranten artikulierten ähnliche Bedenken («Wo bleibt der aufrechte Gang? Nein zur Hegemonie, ja zur Konföderation!»), doch sie wurden überschrien und zum Teil sogar tätlich angegriffen. Ich hörte damals nicht auf die mahnenden Stimmen. Obwohl auch ich angesichts mancher damaligen Entwicklungen ein etwas mulmiges Gefühl hatte, blieb ich betont zuversichtlich und unterzeichnete einen von Johannes Wenzel, einem Germanisten der Leipziger Universität, verfassten Gegenaufruf.

Ein letzter großer Moment des Revolutionsherbstes 1989 war die

Kerzen- und Schweigedemo am 18. Dezember, zu der Kurt Masur und Friedrich Magirius, der Superintendent der Nikolaikirche, aufgerufen hatten. Danach blieb ich den Demonstrationen fern. Nur als Willy Brandt am 25. Februar 1990 auf dem Augustusplatz sprach, wollte ich unbedingt dabei sein. Brandt war für mich eine Lichtgestalt, weil er zum einen im Widerstand gegen die Nazis aktiv gewesen war und zum anderen durch seine Herkunft nicht zum Establishment gehörte. Besonders beeindruckte mich seine mutige Ostpolitik, die er unter dem Motto «Wandel durch Annäherung» zusammen mit Egon Bahr und Walter Scheel durchgesetzt hatte und die dazu führte, dass erstmals nach dem Mauerbau Westdeutsche wieder leichter in die DDR reisen konnten und Ostdeutsche in dringenden Familienangelegenheiten in den Westen. Die Regierung Brandt / Scheel hatte mir das beruhigende Gefühl gegeben, dass die DDR-Obrigkeit nicht mehr ganz unkontrolliert mit uns umspringen konnte.

Als 1972 der Antrag von Rainer Barzel auf ein konstruktives Misstrauensvotum gegen Willy Brandt im Bundestag verhandelt wurde, ging ich nicht zur Arbeit, ich wollte zu Hause die Radioübertragung der Debatte mitverfolgen. Ich war sehr erleichtert, als Barzel eine Niederlage einstecken musste. Als dann ein Jahrzehnt später die FDP die Seiten wechselte und damit Helmut Kohl an die Macht verhalf, nahm ich dies den Liberalen sehr übel. Viele DDR-Bürger fürchteten, dass die Ostpolitik von Brandt und Scheel damit zu Ende ginge, und ich war damals nicht der Einzige, der das Verhalten von Otto Graf Lambsdorff und Hans-Dietrich Genscher als Verrat an der SPD empfand.

Auf dem Augustusplatz sprach mir Willy Brandt aus dem Herzen. Er sagte sinngemäß, dass nicht ein Anschluss der DDR an die BRD das Ziel sozialdemokratischer Politik sein könne, sondern ein Zusammenschluss beider Staaten. Und er fügte hinzu: «Wenn der Zug der deutschen Einheit rollt, dann kommt es darauf an, dass, wenn's irgend geht, dabei niemand unter die Räder kommt.» Leider wurden beide Sätze in den Wind geschlagen, und es kamen viel zu viele unter die Räder.

Denn die friedliche Revolution ging weiter, nur anders, als von mir erhofft. Die erste und zugleich auch letzte freie Volkskammerwahl am 18. März 1990 gewann mit gut 48 Prozent die unter maßgeblicher Mithilfe der CDU (West) geschmiedete «Allianz für Deutschland» aus der CDU-Ost, der im Januar 1990 in Leipzig gegründeten, aber an sich belanglosen Deutschen Sozialen Union (DSU) und dem Demokratischen Aufbruch. Die SDP, die im Herbst 1989 die Demonstrationszüge mit angeführt hatte und noch sechs Wochen vor der Wahl auf einen satten Vorsprung (54 Prozent) gegenüber der CDU (11 Prozent) verweisen konnte, lag nun weit abgeschlagen bei knapp 22 Prozent. Die massive materielle und personelle Unterstützung für die Blockpartei CDU-Ost und die bedenkenlose Verleumdung der SPD mit ihrem Kanzlerkandidaten Oskar Lafontaine als angebliche Gegnerin der Wiedervereinigung hatten ihre Früchte getragen. Die Revolutionäre der ersten Stunden hatten es verpasst, die Macht, die buchstäblich auf der Straße gelegen hatte, entschlossen in die Hände zu nehmen, nun besaßen sie die Trittbrettfahrer und ehemaligen Blockflöten der CDU. Und die vergaßen sofort ihre eigene Vergangenheit und fühlten sich als Sieger der Geschichte; breit, behäbig und grinsend kamen sie mir in der Uni entgegen und fragten: «Na, Cornelius, willst du nicht auch bei uns eintreten?» Doch ich hatte ganz andere Pläne.

Die weißen Fahnen, auf denen die roten Großbuchstaben «SDP» leuchteten, waren im Herbst 1989 für mich das Symbol für einen entschlossenen demokratischen Aufbruch gewesen. In dieser Partei, der Partei Willy Brandts, wollte ich Mitglied werden. Dabei dachte ich auch an meine Eltern, die religiösen Sozialisten, deren Vermächtnis ich erfüllen wollte. Also machte ich mich eines Abends zum «Haus der Demokratie» in der Bernhard-Göring-Straße auf, einem großen Kasten aus der Kaiserzeit, in dem bis Ende 1989 die SED-Stadtleitung residiert hatte und in dem sich nun die Büros der verschiedensten neuen Bürgerbewegungen und Vereine und auch der SDP befanden. In dem Gebäude ging es zu wie im *Smolny** während der russischen Oktoberrevolution. Überall wimmelte es von Menschen; Kuriere und Ratsuchende gingen ein und aus. Schließlich hatte ich das richtige Zimmer gefunden. Hinter einem Schreibtisch saß dort ein älterer, gestandener Mann, ein richtiger Arbeiter mit schweren Händen, er hätte auch aus dem Ruhrpott kommen können.

Nachdem ich meinen Wunsch, in die SPD einzutreten, vorgetragen hatte, sagte er freundlich:

«Das ist gut, aber uns sind die Antragsformulare ausgegangen. Komm in zwei Wochen wieder.»

«Tut mir leid», meinte er zwei Wochen später, «wir haben immer noch keine Antragsformulare.»

Statt dass ich nun sagte: «Mensch, dann gib mir einen Handzettel, auf dem kann ich doch schreiben, dass ich der SPD beitreten will, und fertig!», dachte ich nur: «Warum machen die so einen Aufstand, brauchen die keine Mitglieder?»

Bei meinem dritten Versuch waren endlich Antragsformulare da.

«Okay, gib her, dann trage ich mich gleich ein.»

«So einfach geht das nicht, du musst den Antrag bei deinem zukünftigen Ortsverein Leipzig Süd-Ost abgeben.»

«Und wo finde ich den?»

«In der Wasserturmstraße xx, vierter Stock. Da meldest du dich beim Genossen A., der ist der Vorsitzende des Ortsvereins.»

«Noch ein Weg», dachte ich, aber ich marschierte am nächsten

---

* Das Petersburger Smolny-Institut, eine Schule für adelige Töchter, war nach der Februarrevolution Sitz des Arbeiter- und Soldatenrates und später der ersten sowjetischen Regierung.

Abend wieder los. Ein stockdunkler Hausflur, dreimal klingelte ich, nichts rührte sich. Daraufhin sagte ich mir: «Das sind keine Profis, ich habe aber keine Zeit für solche Witze, jetzt geht erst einmal die Uni vor.» Das Antragsformular, eine graubraune Karte im Postkartenformat, legte ich zunächst beiseite.

# 26 Umbruchzeiten

Mit der Unterzeichnung des Zwei-plus-Vier-Vertrags in Moskau war der Weg frei für die lange Zeit undenkbar scheinende friedliche Wiedervereinigung Deutschlands. Dass sie nach dem Willen der Volkskammermehrheit überstürzt durch Beitritt nach Artikel 23 des Grundgesetzes erfolgen sollte, fand ich sehr kurzsichtig: Wir würden nicht mehr die gleichberechtigten «Brüder und Schwestern» sein, sondern die unmündigen kleinen Geschwister, denen alles vorgeschrieben werden konnte. Dass die Alternative – eine gesamtdeutsche Verfassungsdebatte und danach die Wiedervereinigung auf Augenhöhe nach Artikel 146 des Grundgesetzes – aus parteitaktischen Gründen verworfen wurde, ist meiner Meinung nach die Ursache für die meisten deutschen Misshelligkeiten der Gegenwart. Mit einem Schlag war die Basis geschaffen, um uns das politische und gesellschaftliche System der alten Bundesrepublik komplett bis in die letzten Verzweigungen etwa des Bildungs- und Gesundheitswesens ohne lange Diskussionen überzustülpen. Selbst solche nützlichen Beiläufigkeiten wie das Ampelmännchen oder der Rechtsabbiegepfeil an den Verkehrsampeln wurden bestenfalls geduldet.

Folgerichtig wurden die Westdeutschen zu – gütigen oder weniger gütigen – Oberlehrern (wenn nicht gar zu Inquisitoren) und wir Ostdeutschen zu Schülern, zu Zöglingen, denen Nachhilfeunterricht in allen, auch den elementarsten Fragen der Gesellschaft und des Lebens zu erteilen war. Von stolzen Revolutionären, von kurzzeitig selbstbestimmten erkennenden und handelnden Subjekten im Sinne von Karl Jaspers wurden wir ganz schnell wieder zu Objekten von Belehrung und Erziehung. Kritisches Hinterfragen war wieder ungehörig, vorauseilende Anpassung galt wieder als Tugend.

All das war auch an der Leipziger Universität – die während der Friedlichen Revolution als Institution nicht besonders in Erscheinung getreten war – deutlich spürbar. Es gab kaum ernsthafte Bemühungen, die eigene Vergangenheit zu hinterfragen, niemand von den Verantwortlichen zog persönliche Konsequenzen, die gesamte Universitätsspitze und alle Sektionsdirektoren blieben wie selbstverständlich im Amt. Die einst so klassenkämpferischen gesellschaftswissenschaftlichen Sektionen gaben sich flugs neutrale Namen (so firmierte die vormalige Sektion Marxismus-Leninismus seit November 1989 unverdächtig als «Sektion Gesellschaftstheorien»), viele hauptamtliche Funktionäre der SED-Kreisleitung, der FDJ, der UGL (Universitäts-Gewerkschaftsleitung) und der paramilitärischen GST (Gesellschaft für Sport und Technik) verschwanden kurz und tauchten unmittelbar danach auf wunderbare Weise verwandelt und geläutert als «Wissenschaftler» in den Sektionen wieder auf.

Zugleich brach eine merkwürdige Hektik aus: Viele kompromittierte Lehrkräfte schwärmten aus wie die Fliegen, empfahlen sich im Westen als die einzig kompetenten Ansprechpartner und hielten die Hand auf: «Ich bin ein armer, unterdrückter Ossi-Kollege. Ich brauche einen PC. Ich brauche einen Forschungsauftrag.» Sie kehrten reich beladen mit Drittmitteln, Computern und Sitzen in westdeutschen Wissenschaftsorganisationen vom vor wenigen Monaten noch heftig beschimpften Klassenfeind zurück. Diese Leute verdarben insofern die Preise, als sie in gewohnter Opportunistenmanier ihren neugierigen Gastgebern gegenüber – zum Teil zu deren Verblüffung – alles im Westen als vorbildlich und nachahmenswert priesen und alles in der DDR als Rückständigkeit und Willkür verurteilten. In trauter Eintracht mit den ihnen folgenden Wissenschaftstouristen der zweiten Welle, die dies möglicherweise wirklich glaubten, legten sie so den Grundstein für die später oft beklagte Arroganz mancher Westdeutscher und für den geringschätzigen und schließlich zerstörerischen Umgang mit den gewachsenen ostdeutschen Wissenschaftsstrukturen und -traditionen, die zum Teil durchaus erhaltenswert gewesen wären.

In dieser Situation traf ich Ende März 1990 eher zufällig im Frühstücksraum des Hauptgebäudes der Universität einige Naturwissenschaftler, die ich schon lange als vertrauenswürdig kannte: die Chemiker Fritz Dietz und Rolf Borsdorf, die Physiker Adolf Kühnel und Bodo Geyer und den Mathematiker Eberhard Zeidler. Wir fragten uns besorgt, wie es an der Universität weitergehen sollte, und verabredeten, eine gemeinsame Erklärung zu verfassen und irgendwie an die Öffentlichkeit zu bringen, in der wir den Rücktritt einiger besonders belasteter Funktionäre fordern wollten. Während der Diskussion entstand jedoch der Gedanke, diese Zusammenkünfte in Zukunft regelmäßig durchzuführen, also gewissermaßen zu institutionalisieren. Wir gaben uns den Namen «Initiativgruppe zur demokratischen Erneuerung der Universität Leipzig». Wenige Tage später stießen noch die Ägyptologin Elke Blumenthal, der Germanist Gotthard Lerchner, der Theologe Martin Petzold und der Mediziner Wolfram Berendt zu uns. Aus der Universitätsverwaltung mochte sich trotz gezielter Anfragen niemand beteiligen. Wir trafen uns jeden Freitagnachmittag und formulierten bis in die Nächte unter wechselnder Leitung in mühevollen Diskussionen einen ersten Katalog mit Forderungen zur Demokratisierung und geistigen Erneuerung der Universität.

Diese Erklärung wirkte wie ein Fanal: Sie wurde innerhalb weniger Tage von über 250 Angehörigen der Universität unterschrieben. Wir beabsichtigten, unser Papier dem seit über fünfzig Jahren ersten frei gewählten Konzil* vorzulegen, das am 18. Juni zusammentreten sollte. Das Konzil kam allerdings gar nicht dazu, sich mit unserer Vorlage zu befassen, sondern verhedderte sich in einer endlosen Geschäftsordnungsdebatte und wurde spätabends ohne jedes greifbare Ergebnis wegen Beschlussunfähigkeit vertagt. Immerhin war aber eine gruppenparitätisch zusammengesetzte Kommission zur Ausarbeitung einer neuen Universitätsverfassung gewählt worden.

Damals waren wir überzeugt, dass der unbefriedigende Verlauf der Konzilssitzung einer auf Zeitgewinn orientierten Hinhaltetaktik des Konzilsvorstandes zu danken sei. Unsere Geduld war erschöpft, und nach einer schnellen Umfrage bei den erreichbaren Mitgliedern der Initiativgruppe übergab ich am nächsten Morgen unsere Erklärung der Presse. Die *Leipziger Volkszeitung* (LVZ) sowie die anderen Regionalzeitungen veröffentlichten das Papier im Wortlaut, und auch die *Frankfurter Allgemeine* ging mit ausführlichen Zitaten darauf ein. Viel später wurde mir von Mitgliedern des damaligen Konzilsvorstandes versichert, dass die Nichtbehandlung unseres Papiers keineswegs aus böser Absicht erfolgt war. Vielmehr war die Tagungsleitung angesichts des Wustes von mündlich vorgetragenen Anträgen und Gegenanträgen, von Abstimmungen und Stimmenauszählungen zwar bemüht, alles ordentlich zu handhaben, aber eben ohne jede Erfahrung und damit völlig überfordert. Im Übrigen hatte das mit der Einbringung beauftragte Mitglied der Initiativgruppe versehentlich nicht unser Papier an die Tagungsleitung gegeben, sondern «als unbedingt heute noch zu behandeln»

* Das Konzil war sowohl in der alten Bundesrepublik als auch formal in der DDR das höchste beschlussfassende Gremium – sozusagen das Parlament – der Universität. Es bestand aus gewählten Vertretern aller Mitgliedergruppen der Hochschule, beschloss die Grundordnung und wählte den Rektor, die Prorektoren und Senatoren. Dank der Weisheit der CDU-SPD-Regierung wurde es in Sachsen 2009 abgeschafft.

einen Zettel mit unverständlichen mathematischen Gleichungen und Formeln. Und der wurde, da der Einreicher nicht feststellbar war, achselzuckend («vermutlich ein Studentenulk») beiseitegelegt.

Am Tage nach der Konzilssitzung protestierten die Professoren der Sektion Mathematik beim Rektor Horst Hennig gegen die vermeintliche Verschleppungstaktik der Konzilsleitung, versicherten ihn aber – so jedenfalls erinnert sich Hennig an dieses Treffen – ihres Vertrauens. Unmittelbar anschließend richteten sie jedoch einen Brief mit der Forderung, Hennig abzuberufen und die Leitung der Universität bis zu einer Neuwahl dem Senat zu übertragen, an den Minister für Bildung und Wissenschaft in der Regierung de Maizière, Professor Hans Joachim Meyer, und übergaben ihn zugleich der Presse. Meyer antwortete am 22. Juni in einem Fernschreiben – aus meiner Sicht korrekt – mit der Entscheidung, «bis zur Neuwahl von Rektor und Senat ein Rektoratskollegium zu bilden, das aus dem derzeitigen Rektor oder einem vom Senat zu bestimmenden interimistischen Rektor und den beiden neu gewählten Dekanen der medizinischen und der theologischen Fakultät besteht». Hennig, von der Doppelzüngigkeit der Mathematiker verständlicherweise tief enttäuscht und sich schon seit längerem mit Rücktrittsgedanken tragend, erklärte auf der außerordentlichen Senatssitzung am gleichen Tage jedoch seinen Rücktritt. Der Senat respektierte diese Entscheidung, nicht ohne Hennig Dank und Anerkennung für seine großen Bemühungen um die Demokratisierung der Universität auszudrücken, und bestimmte in geheimer Wahl den Anatom Gerald Leutert, der nach der Wende zum Prorektor für Medizin gewählt worden war, zum Interimsrektor. Der Pathologe Gottfried Geiler und der Theologe Günter Wartenberg wurden als weitere Mitglieder des Rektoratskollegiums «empfohlen», das heißt, da nach dem Brief des Ministers eigentlich gar nichts mehr zu empfehlen war, bestätigt.

Ich war zu jener Zeit Direktor der Sektion Chemie. Noch im

Frühjahr 1990 war ich zum stellvertretenden Sektionsdirektor für Forschung ernannt worden. Dies war, im Gegensatz zum «Stellvertreter EAW» (stellvertretender Sektionsdirektor für Erziehung, Ausbildung und Weiterbildung), in den Augen der SED ein Posten geringerer politisch-ideologischer Bedeutung, der gelegentlich auch Parteilosen überlassen wurde. Kaum hatte ich mich eingearbeitet, fanden am 11. Juni 1990 die ersten freien Wahlen zum Konzil statt. Da ich an der Sektion unter den Hochschullehrern bei weitem die meisten (131) Stimmen erhielt und der damalige Sektionsdirektor Gerhard Werner deutlich abgeschlagen auf Platz 6 landete, schlug Werner Neuwahlen für die Sektionsleitung vor und bat mich, für das Amt des Sektionsdirektors zu kandidieren. Werner, der übrigens wegen seiner legendären und für mich aus eigener Erfahrung sehr verständlichen Sorge, beim Verlassen des Labors nach Feierabend das Zudrehen irgendeines der vielen Gas- oder Wasserhähne zu vergessen, allgemein «GWL» – «Gas, Wasser, Licht» – genannt wurde, war damit einer der ganz wenigen an der Universität, der von sich aus honorige Konsequenzen zog.

Außer mir kandidierte überraschend noch ein Parteiloser, der dafür bekannt war, seine Interessen sehr rücksichtslos durchzusetzen. Er glaubte besonders clever zu sein, als er vor der Wahl den gleichen Mann als seinen Stellvertreter nominierte wie ich, nämlich den Organiker Horst Wilde. Ich hatte Wilde, seit seiner Schulzeit Mitglied der Partei, als Kandidaten für die Sektionsleitung vorgeschlagen, weil ich ihn als absolut integer, besonnen und kooperativ kannte und ein Zeichen gegen die sich damals bereits andeutenden Ausgrenzungstendenzen setzen wollte. Im Übrigen führte mein Gegenkandidat seinen Wahlkampf hauptsächlich mit dem Argument, ich sei zu «weich» für das Direktorenamt und nur er verfüge über die erforderlichen Nehmerqualitäten, um die Sektion heil durch die bevorstehenden Turbulenzen und Verteilungskämpfe steuern zu können. Ich dagegen führte überhaupt keinen Wahlkampf, sondern vertraute einfach meinem Ruf. Sollte dies nicht ausreichen, wollte ich gar nicht Sektionsdirektor werden.

Die Wahl am 9. Oktober ging eindeutig aus: 71,7 Prozent der Stimmen für Weiss. So zog ich denn innerhalb kurzer Zeit zum zweiten Mal um: vom kleinen Schreibtisch des stellvertretenden Sektionsdirektors an den großen des Direktors. Mit meinem Stellvertreter Horst Wilde entwickelte sich eine vertrauensvolle Zusammenarbeit. Unsere erste Sorge nach der Wahl war es, innerhalb der Sektion beruhigend zu wirken: geistige Erneuerung ja, Vergangenheitsbefragung ja, Rachefeldzüge nein.

In der Initiativgruppe war inzwischen eine unübersehbare atmosphärische Veränderung eingetreten. Wir hatten von Anfang an jeden aufgenommen, der das wünschte, wobei wir von der etwas kindlichen Annahme ausgingen, dass dies nur Leute sein konnten, die etwas für die Erneuerung der Universität tun wollten. Tatsächlich war aber seit dem Sommer eine ganze Reihe von Leuten mit recht zweifelhaften Motiven und Absichten zu uns gestoßen. Sie wollten vor allem ihre echte oder angebliche Benachteiligung durch die SED und, daraus abgeleitet, ihr Recht auf eine Vorzugsbehandlung thematisieren. Obwohl sie mehrfach darauf hingewiesen wurden, dass es seit der Gründung der Initiativgruppe Konsens darüber gebe, derlei persönliche Anliegen *nicht* zum Gegenstand unserer Beratungen zu machen, diskreditierten sie mit ihren penetranten Forderungen immer wieder die Arbeit der Initiativgruppe und damit die Erneuerungsbewegung insgesamt.

Einige ehemalige Mitglieder der Blockparteien versuchten, von ihrer wenig ruhmreichen Vergangenheit abzulenken und sich zugleich zu profilieren, indem sie entweder besonders scharfmacherisch auftraten (obwohl es zu den Verabredungen der Gründer der Initiativgruppe gehörte, eben *keine* Tribunale zu veranstalten) oder ihre tollen persönlichen Beziehungen zu irgendwelchen Bonner Politgrößen anpriesen («mein Parteifreund Bundesminister Jürgen

Möllemann»*)* und uns in deren Fahrwasser zu ziehen versuchten. Andere – wir nannten sie bald die «Jäger und Sammler» – verbrachten ganze Tage damit, in alten Ausgaben der UZ (Universitätszeitung) nach kompromittierenden Bildern oder Texten zu stöbern, um sie dann triumphierend herumzuschwenken: «Skandal – Professor XY bei der Übergabe des Ehrenbanners der Kreisleitung der SED».

Trotz vieler Bemühungen der Gründungsmitglieder, dieser Entwicklung gegenzusteuern, wurden die Diskussionen in der Initiativgruppe, in der inzwischen die Mitläufer die Mehrheit hatten, immer unproduktiver. Statt über die zukünftigen Aufgaben und die optimale Struktur der Universität nachzudenken oder sich in der Verfassungsdebatte zu Wort zu melden, beschäftigte sich die Gruppe nahezu ausschließlich mit irgendwelchen vermuteten Verschwörungen, mit Listen von Partei- und Staatsfunktionen, die als belastend zu gelten hatten, und mit Katalogen von Sanktionen für solches Fehlverhalten.

Die Studenten wurden wegen ihrer deutlichen und manchmal provokativen Weigerung, sich kritiklos in den Mainstream des Spätherbstes 1989 einzuordnen («Wir lassen uns nicht verkohlen»), pauschal als «rot» eingestuft. Dabei versuchten sie inzwischen deutlich zielgerichteter und intensiver als wir, sich mit den wirklich brennenden Fragen der Demokratisierung der Universität auseinanderzusetzen. Sie hatten bereits am 9. November 1989 die FDJ entmachtet und nach basisdemokratischen Prinzipien eine unabhängige Studentenvertretung – den Studentenrat (StuRa) – gegründet, der sogleich im Senat, im Konzil und in diversen anderen Universitätsgremien politisch aktiv wurde. Ich nehme heute an, dass die Studenten einfach weniger DDR-geprägt autoritätsgläubig waren als die Generation ihrer Lehrer und daher viel unbefangener an die Gestaltung der Gegenwart und der Zukunft gehen konnten als wir. Manches an der Universität wäre damals vermutlich anders und besser gelaufen, wenn wir in den Studenten unsere natürlichen Verbündeten erkannt und mit ihnen wenigstens den Dialog gesucht hätten.

Den größten Flurschaden aber richtete ein Dozent der Rechtswissenschaften an. Sein erstes Auftreten in der Initiativgruppe war eine Mischung aus Köpenickiade und Unverschämtheit. Eines Tages hieß es nämlich, der – damals noch in Berlin residierende – Minister Meyer wolle ein Gespräch mit uns führen. Ich bedauerte sehr, wegen einer Sektionsleitungssitzung nicht dabei sein zu können. Die anderen versammelten sich, in Schlips und Kragen gehüllt, erwartungsvoll und in feierlicher Stimmung in einem Besprechungsraum. Die Tür ging auf, und herein kam nicht etwa der Minister, sondern Herr T., den Chemikern wohlbekannt als früherer Seminarleiter im ML-Kolloquium, der alle vier Wochen stattfindenden ideologischen Pflichtveranstaltung für parteilose Wissenschaftler. Herr T. erklärte, persönlicher politischer Berater des Ministers zu sein, und richtete dessen beste Grüße aus. Dann erkundigte er sich angelegentlich nach den Plänen der Initiativgruppe und versprach huldvoll, von nun an durch seine persönliche Mitarbeit in der Initiativgruppe die Demokratisierung der Universität – «natürlich im ständigen Kontakt mit dem Minister» – vorantreiben zu wollen.

Als ich davon hörte, schwante mir Böses, und ich warnte die Gruppe vor diesem Scharlatan. Aber das war vergebliche Liebesmüh, einige Mitglieder waren bereits völlig geblendet. Und T. nutzte das skrupellos aus. Zunächst versuchte er die Gruppe über einen neuen Namen («Reformgruppe») als seine Schöpfung auszugeben und sich zu deren «Sprecher» zu machen. Das wurde von Fritz Dietz, Wolfram Behrendt und mir energisch verhindert: Eine Leitung der Gruppe war nie vorgesehen, wir verstanden uns als basisdemokratischen Zusammenschluss gleichberechtigter Kollegen. Daraufhin publizierte T. ohne jede Rücksprache mit der Gruppe – aber in deren Namen – eine wirre Erklärung nach der anderen, seine Beiträge in der UZ nahmen, wie der Sprecher des inzwischen gegründeten

Studentenrates Peer Pasternack später vermerkte, geradezu Fortsetzungscharakter an. Nachdem der Minister klarstellte, den Namen T. nur aus unverlangt eingesandten Papieren zu kennen, mutierte der plötzlich zum politischen Berater sowohl der SDP als auch später der Deutschen Sozialen Union. Zum skurrilen Höhepunkt seiner journalistischen Aktivitäten wurde ein von ihm gezeichneter Artikel in der UZ mit der Überschrift «Lautes Nachdenken über die zukünftige Universitätsleitung», in dem er sich zum «retrospektiven Widerstandskämpfer» (Pasternack) machte und als zukünftiges Mitglied des Rektorats empfahl.

Anlass dafür waren die seit dem Spätsommer in den verschiedensten Zirkeln der Universität stattfindenden Diskussionen über potenzielle Kandidaten für die Rektorwahl, die für den Winter vorgesehen war. Wunschkandidat der Gründungsmitglieder der Initiativgruppe war eindeutig Gottfried Geiler, der im Interimsrektorat eine klar erkennbare Politik der geistigen Erneuerung betrieb. Auch die Namen des Historikers Werner Bramke, des Germanisten Peter Porsch und – in einigen Zeitungen – Kurt Biedenkopfs, der 1990 eine Gastprofessur in der Sektion Wirtschaftswissenschaften innehatte, wurden in diesem Zusammenhang genannt. Bramke und Porsch, beide SED-Genossen, hatten sich im Wendeherbst 1989 mehrfach couragiert und kritisch zu Wort gemeldet.

Das Konzil hatte allerdings am 2. Oktober auf Antrag der Initiativgruppe beschlossen, dass die Kandidaten für das höchste Amt an der Universität parteilos sein müssten. Damit sollten nicht etwa nur SED-Mitglieder, die unter den Professoren eine klare Mehrheit hatten, von diesem Amt ferngehalten, sondern die Hochschule aus den zu erwartenden parteipolitischen Querelen herausgehalten werden. Eine Gruppe von ehemaligen Blockparteimitgliedern favorisierte daraufhin Kandidaten aus Westdeutschland. Die Motive dafür waren vermutlich einerseits das ausgeprägte Obrigkeitsdenken der «Blockflöten» (für manchen von ihnen gehörte jeder Westdeutsche automatisch zur Obrigkeit) und andererseits die Hoffnung, dass ein von auswärts kommender Rektor «unbefangener», also weniger gut über die zweifelhafte Rolle dieser Mitläuferparteien informiert sein würde.

Am 11. Dezember 1990 erschütterte die Universität wie ein Erdbeben der vielzitierte Abwicklungsbeschluss der sächsischen Landesregierung unter Kurt Biedenkopf. Nach diesem Beschluss sollte die Universität Leipzig zwar «überführt» werden – das heißt, sie durfte weiterbestehen –, aber rund die Hälfte ihrer gesellschaftswissenschaftlichen Bereiche sollte «abgewickelt», also geschlossen und nur zum Teil später mit Hilfe westdeutscher Gründungsdekane wieder neu aufgebaut werden.

Das von dem Abwicklungsbeschluss völlig überraschte und sich zu Recht auch brüskiert fühlende Interimsrektorat sah sich in einer sehr misslichen Lage und reagierte zunächst einigermaßen hilflos und widersprüchlich. Erst nach zwei Tagen rang es sich zu einem Brief an den Minister durch, in dem es einerseits die Abwicklung halbherzig begrüßte und sich andererseits über den in der Tat ganz und gar undemokratischen Stil der Entscheidungsfindung und -durchsetzung beschwerte. Immerhin schrieb die von der Volkskammer noch unmittelbar vor der Wiedervereinigung beschlossene «Vorläufige Hochschulordnung» für den Fall der Aufhebung oder Änderung von Fachbereichen, Studienbereichen und wissenschaftlichen Einrichtungen das Zusammenwirken von Hochschule und Ministerium vor. Ich kann mir sehr gut vorstellen, welche endlosen und wohl auch verzweifelten Diskussionen im Rektoratskollegium stattfanden: die wohlverstandenen Interessen der Universität mussten gewahrt bleiben, aber wo lagen in diesem Dilemma die Interessen der Uni, und wie wurden sie am besten gewahrt?

Die Universitätsöffentlichkeit war in dieser Frage tief gespalten. Eine Minderheit begrüßte die Abwicklung trotz erheblicher rechtlicher und moralischer Bedenken als erlösenden ersten Schritt zum

Neubeginn, nachdem die Universität aus eigener Kraft eine echte Reform nicht zustande gebracht hatte. Die übergroße Mehrheit aber war dagegen. Die einen, für die ich große Sympathie aufbrachte, fühlten sich – ohne die Notwendigkeit einer grundlegenden Erneuerung der Universität in Frage zu stellen – erneut entmündigt und in ihrem Stolz getroffen. Sie verwiesen zu Recht auf die Tatsache, dass durch dieses undifferenzierte Verfahren auch fachlich unumstrittene und moralisch integre Wissenschaftler getroffen wurden und dass damit neues Unrecht entstand.

Ganz anders lag die Sache bei vielen Naturwissenschaftlern und Medizinern. Nach der Devise «Heiliger Sankt Florian, verschone du mein Haus, zünd andre dafür an» waren sie erkennbar froh, dass endlich ein Sündenbock – die Geisteswissenschaftler – gefunden war und sie selbst hoffen konnten, ungeschoren zu bleiben. Dabei war jedem halbwegs Eingeweihten klar, dass die DDR-typischen Verhaltensmuster – vom skrupellosen Fanatiker über den gewöhnlichen Mitläufer und den gutgläubigen Idealisten bis hin zum bewussten Verweigerer – und ihre prozentuale Verteilung in allen Bereichen der Universität und darüber hinaus in allen Hochschulen der DDR praktisch identisch waren. Nur war bei den Geisteswissenschaftlern allein schon durch deren Publikationen, die zu DDR-Zeiten bekanntlich einer strengen politischen Zensur unterlagen, Ideologienähe und Anpassung leichter zu erkennen als bei den Naturwissenschaftlern.

Die Studenten sahen verständlicherweise vor allem ihr Studium in Gefahr und protestierten entsprechend vehement in originellen, zum Teil spektakulären, aber stets sehr disziplinierten Aktionen – mit einer mehrtägigen Rektoratsbesetzung, mit Hungerstreik und Solidaritätskonzerten – und in langen nächtlichen und zeitweise sehr emotionsgeladenen Diskussionsveranstaltungen mit dem zuständigen Minister Hans Joachim Meyer. Die charismatischen Studentenführer Peer Pasternack, Olaf Herold und Dirk Behr erreichten durch ihre sehr geschickte Verhandlungstaktik, dass dem Minister, der sich als Wissenschaftler in der Rolle des Liquidators offenkundig selbst nicht sonderlich wohlfühlte, eine ganze Reihe von wesentlichen Zugeständnissen abgerungen werden konnte. Sie setzten unter anderem durch, dass im Gegensatz zum ursprünglichen Abwicklungsbeschluss einige Fächer, zum Beispiel die Journalistik und die Kulturwissenschaft, in Leipzig doch wieder aufgebaut werden sollten.

Eine weitere Gruppe der Abwicklungsgegner hatte recht durchsichtige Motive: Es sollte nur möglichst alles beim Alten bleiben, insbesondere was die bisherigen Privilegien betraf. Mit einer Ausnahme: Das westdeutsche Beamtenrecht hätte man am liebsten noch vor der staatlichen Wiedervereinigung übernommen, um so die eigene Position zu sichern. Das waren genau die Leute, die bisher mit ihren windigen Pseudodemokratisierungsmanövern eine echte Erneuerung hintertrieben hatten. Und natürlich gab es – und das war insbesondere für die älteren von der Abwicklung Betroffenen sicher das Schlimmste – nackte Angst: Angst um den Arbeitsplatz und um die weitere wissenschaftliche und bürgerliche Existenz. Wie sich bald zeigen sollte, war diese Angst leider mehr als berechtigt.

# 27 Verantwortung für die Universität

Im Januar 1991 wurde ich überraschend zu Prorektor Geiler gebeten. Da man mir den Grund nicht mitgeteilt hatte, prüfte ich auf dem Wege etwas beklommen mein Sündenregister, konnte aber nichts Relevantes entdecken. Geiler empfing mich im Dienstzimmer des Rektors und eröffnete mir ohne lange Vorrede, dass für die bevorstehende Rektorwahl bisher nur Herr Wartenberg kandidiere und dass aus grundsätzlichen Erwägungen dringend ein zweiter Kandidat gesucht werde. Ob ich mir vorstellen könne zu kandidieren. Die Rektorwahl durch das Konzil finde am 13. Februar statt.

Ich war so verblüfft, dass ich erst einmal etwas zusammenstotterte: Ich wüsste gar nicht, wie eine Universität funktioniert, und sei außerdem viel zu unbekannt. Meine Ratlosigkeit bemerkend, fügte Geiler hinzu, dass ich sogar die Pflicht habe, an der akademischen Selbstverwaltung teilzunehmen, wenn ich keine schwerwiegenden Gegengründe ins Feld führen könne. Ich sollte daran denken, dass ich mich bisher für Reformen an der Universität Leipzig sehr exponiert hätte und dass ich nun nicht einfach kneifen könne, wenn es darauf ankomme.

Ich bat mir über das Wochenende Bedenkzeit aus und zog etwas schwindlig ab. Nach zwei schlaflosen Nächten sagte ich zu, allerdings mit der Ankündigung, dann nicht nur Zählkandidat sein zu wollen. Das erwarte er auch nicht, versicherte Geiler hocherfreut. Ich stimmte ferner – und zwar aus innerer Überzeugung – der vom Senat beschlossenen Konzeption des Rektorats als eines Kollegialorgans (Rektor, Kanzler und drei Prorektoren) sowie der Verabredung zu, dass der bei der Rektorwahl jeweils Unterlegene als Kandidat für ein Prorektorenamt zur Verfügung stehen würde. Natürlich bedeutete meine Kandidatur aber auch, dass ich mein Vorhaben, in die SPD einzutreten, zunächst verschieben musste. Ich informierte darüber den SPD-Stadtvorstand und verabredete, dass ich über einen Genossen, Rainer Burghardt, Kontakt zum Ortsverein halten würde.

Die Anteilnahme der Öffentlichkeit an der bevorstehenden Rektorwahl war bemerkenswert. Zeitungen und Radiosender interessierten sich plötzlich für mich, und die LVZ publizierte unter dem Titel «Winterschlaf oder Frühlingserwachen?» ein erstes langes Interview mit Wartenberg und mir. Ich war, da ich keine Ahnung hatte, wie so etwas abläuft, ganz unbefangen und unvorbereitet in das Gespräch gegangen und merkte erstaunt, dass mir auf die zum Teil verfänglichen Fragen spontan eine Menge einfiel. Und ich lernte, dass ich instinktiv erfolgreich taktierte, indem ich einerseits bei den ersten Antworten Wartenberg den Vortritt ließ (was mir Zeit zum Überlegen brachte und zudem höflich wirkte) und andererseits immer versuchte, kürzer und prägnanter zu formulieren als er. Die meisten Kollegen waren überrascht von meiner vermeintlich aussichtslosen Kandidatur und prognostizierten ein Wahlergebnis von höchstens 30 Prozent für mich. Die Öffentlichkeit dachte nicht anders über die Chancen des unbekannten Seiteneinsteigers, und ich selber rechnete auch nicht mit einem Wahlsieg. Da ich aber nicht unbedingt Rektor werden wollte, sah ich das völlig gelassen.

Zum Tagungsleiter der entscheidenden Konzilssitzung am 13. Februar wurde der Internist Joachim Schauer gewählt, zum Wahlleiter der Informatiker Thomas Friedrich. Schauer moderierte die Debatte sehr energisch und ließ keinerlei Abweichungen von der Tagesordnung zu, was ihm einen – von einer klaren Mehrheit jedoch abgeschmetterten – Absetzungsantrag einbrachte. Nach der Behandlung einiger Anträge zur Tages-, Geschäfts- und Wahlordnung erhielten Wartenberg und ich die Gelegenheit, uns je zehn Minuten lang vorzustellen.

Wartenberg sprach detailliert über Finanzen, konkrete Strukturen und aktuelle Tagesfragen. Damit konnte und wollte ich nicht konkurrieren, denn die meisten dieser Details waren mir noch völlig unbekannt. Außerdem war mir klar, dass die verunsicherten und verängstigten Universitätsangehörigen anderes erwarteten, etwas, an dem sie sich mittelfristig orientieren könnten: Ermutigendes, eine Vision. Ich wandte mich daher sofort den aus meiner Sicht grundsätzlichen Fragen zu. Ich sagte, dass zuallererst die mit der Abwicklung der geisteswissenschaftlichen Sektionen zusammenhängenden Probleme gelöst werden müssten. Es sei wichtig, dass diese Bereiche schnell wieder arbeitsfähig würden. Gleichzeitig müsse die Erneuerung der naturwissenschaftlichen Bereiche und der Medizin in Gang kommen. Es dürfe nicht sein, dass dort alles beim Alten bliebe. Ich erwähnte die Notwendigkeit einer grundlegenden Verwaltungsreform. Wir brauchten keinen zentralistischen Befehlsapparat, sondern eine leistungsfähige Verwaltung und Selbstverwaltung, die den Bedürfnissen freier Forschung und Lehre gerecht wird. Und weiter wörtlich: «In der Perspektive wird es darauf ankommen, uns auf unsere humanistischen Traditionen zu besinnen, uns selbst geistig zu befreien und uns unserer Kräfte bewusstzuwerden. Dann sollte es möglich sein, eine blühende, das Geistesleben unseres Landes befruchtende Universität aufzubauen.» Das Konzil hörte fast atemlos zu und reagierte sogar mit Zwischenbeifall. Danach wurden beiden Kandidaten noch einige Fragen gestellt, dann folgte der eigentliche Wahlvorgang.

Die Auszählung der Stimmen dauerte eine Stunde. Und dann die Bekanntgabe der Ergebnisse: 385 abgegebene Stimmen, davon 265 für Weiss. Nach einer Sekunde der Überraschung prasselte Beifall los, einige Leute umarmten sich, einige fingen an zu weinen. Mir selbst entfuhr zunächst nur der saloppe Ausruf «Mahlzeit, Leute». Doch dann wurde mir eiskalt, fast wie ein Schüttelfrost: Ich betete, dass ich der Verantwortung für Tausende von Menschen und eine ehrwürdige Institution gerecht werden würde. Ich wurde umringt von Freunden, Fremden und Fotografen. Thomas Stein vom Deutschlandfunk, mit seinem charakteristischen roten Schal, hielt mir für ein erstes Interview das Mikrophon vor die Nase, und ich antwortete auf seine Fragen wie in Trance.

Das zweite große Thema dieser Konzilssitzung war die Behandlung von mehreren Anträgen zum Namen «Karl-Marx-Universität». Der war der Hochschule im Jahre 1953 auf Antrag der FDJ regelrecht verordnet worden. Es war also nur zu verständlich, dass im Senat gefordert wurde, zum alten, seit der Gründung im Jahre 1409 gültigen Namen «Universität Leipzig» zurückzukehren. Die Initiativgruppe machte sich diese Forderung zu eigen, und es entbrannte ein heftiger Streit, an dem sich auch die außeruniversitäre Öffentlichkeit beteiligte. Einige Angehörige der Universität blamierten sich mit unerträglich opportunistischen Argumenten («wir müssen den Namen ändern, damit wir nicht zum Blitzableiter für die Landesregierung werden»), die Studenten verlangten eine Urabstimmung in dieser Angelegenheit. Ich selbst lehnte den Namen «Karl-Marx-Universität» deshalb ab, weil er Symbol für die Bevormundung der Wissenschaft, für die Sprengung der Universitätskirche und für den Rausschmiss von Studenten und Professoren aus politischen Gründen war.

Da ich fürchtete, dass die Diskussion im Konzil unüberwindliche Gräben aufreißen würde, formulierte ich zusammen mit dem Physiker Konrad Kreher und den geistig unabhängigen und angesehenen marxistischen Geisteswissenschaftlern Dieter Wittich und Bernd Okun einen Kompromissantrag, in dem die Rückkehr zum alten Namen gefordert und gleichzeitig dafür eingetreten wurde, dass das Leben und Werk von Karl Marx auch in Zukunft an der Universität die gebührende Beachtung und Anerkennung finden solle. Diesem Antrag folgte das Konzil mit Zweidrittelmehrheit.

Schließlich wurde noch über die neue Verfassung der Universität abgestimmt, die sich durch breite Mitbestimmungsrechte der Mitgliedergruppen und eine deutliche Betonung der Hochschulautonomie auszeichnete. Sie enthielt also erhebliche Konfliktpunkte mit dem – damals allerdings in Ostdeutschland noch nicht geltenden – Hochschulrahmengesetz und der bereits erwähnten «Vorläufigen Hochschulordnung». Er fand zwar die klare Zustimmung des Konzils, wurde jedoch vom Ministerium für Wissenschaft und Kunst nie bestätigt.

Gegen 23 Uhr wankte ich völlig übermüdet nach Hause und fragte mich, worauf ich mich eingelassen hatte. Das Telefon klingelte noch mehrmals, und auch Minister Meyer gratulierte telefonisch. Ich ertappte mich dabei, während des Gesprächs mit Meyer innerlich strammzustehen. Im selben Moment schon war mir das peinlich, und ich bläute mir als erste Regel für die Amtsführung ein: «Ich bin der seit 60 Jahren erste frei gewählte Rektor der Landesuniversität Leipzig, der Minister ist *nicht* mein Vorgesetzter!»

Das regionale Presseecho am nächsten Tag war lebhaft und freundlich, aber die *Frankfurter Allgemeine*, die sonst jeden Husten an der Universität besorgt registriert hatte, und die anderen großen Zeitungen hielten sich bedeckt. Vermutlich mussten sie erst Erkundigungen einziehen, wer denn dieser merkwürdige Newcomer war, der da plötzlich ins Rektorat einziehen sollte.

In der Universität wurde ich auf das sorgfältigste für das große Ereignis der feierlichen Investitur, die am Montag, dem 11. März, stattfinden sollte, präpariert. Ich hatte das Gefühl, in ein riesiges Räderwerk geraten zu sein, das ich kaum beeinflussen konnte. Der Sekretär des Wissenschaftlichen Rates, Wolfgang Dorn, weihte mich in den Ablauf ein: wann ich wohin zu gehen hatte – «Ein Rektor rennt nicht, sondern schreitet gemessen unter der Last der

Verantwortung» – und was ich wann sagen musste. Der Chef des Protokolls besprach mit mir Gästelisten, die mir wenig sagten. Ich nahm – als Gast natürlich – an meinen ersten Senats- und Kollegiumssitzungen teil. Dort lernte ich erstmals den designierten Kanzler der Universität*, also meinen zukünftig wichtigsten Partner, den Juristen Peter Gutjahr-Löser kennen. Gutjahr-Löser kam aus der Generalverwaltung der Max-Planck-Gesellschaft in München, das Interimsrektorat hatte ihn dem Ministerium als Universitätskanzler vorgeschlagen. Er sollte ebenfalls am 11. März in sein Amt eingeführt werden. Mit seinen blitzenden Augen und seiner Begeisterungsfähigkeit machte er mir sofort einen menschlich sehr angenehmen Eindruck, ich freute mich auf die Zusammenarbeit mit ihm.

Viel Mühe machte ich mir mit der Vorbereitung meiner Antrittsrede. Zur Investitur war eingeladen worden, was Rang und Namen hatte: vom Ministerpräsidenten und Oberbürgermeister über die Repräsentanten der Leipziger Wirtschaft und Kultur und der Kirchen bis hin zu allen ostdeutschen oder mit der Universität Leipzig irgendwie verbundenen Hochschulrektoren. Da konnte ich natürlich unter keinen Umständen mit Belanglosigkeiten aufwarten, hier musste eine geschliffene, hochschulpolitisch aussagekräftige Rede her, die sowohl die Öffentlichkeit durch ihre Souveränität beeindruckte als auch den Universitätsangehörigen eine gewisse Orientierung (und ein Gefühl des Behütetseins) gab. Dabei wollte ich, durchaus klare Worte gebrauchend, den Istzustand der Universität umreißen, daraus die aktuellen Nöte und vordringlichen Aufgaben ableiten und danach auf der Grundlage der großen Traditionen der Universität erste programmatische Vorstellungen für die weitere Zukunft entwickeln. Und – gewisse Showelemente gehörten nun

* Der Kanzler leitet als Mitglied des Rektoratskollegiums die Verwaltung einer Hochschule und ist Beauftragter für deren Haushalt.

mal dazu – die Rede musste geistreich sein, wobei Vorsicht mit englischen Zitaten geboten war, Minister Meyer war ja Anglist.

Zunächst saß ich lange Nächte wie vernagelt vor dem Papier, mir fiel trotz diverser Kognaks einfach nichts ein, und wenn mir etwas einfiel, erschien es mir trivial oder albern. Erst am Abend vor der Investitur hatte ich ein halbwegs tragfähiges und logisches Konzept. Ich arbeitete die Rede wörtlich aus und tippte sie schließlich auf meiner alten Schreibmaschine säuberlich ab, nur um feststellen zu müssen, dass ich sie nicht lesen konnte – die Schreibmaschinenbuchstaben waren zu klein! Ich hatte das früher nie gemerkt, weil ich meine Vorlesungen und Vorträge bisher immer auf der Grundlage handschriftlicher Stichworte gehalten hatte. Angesichts der Uhrzeit etwas in Panik, verfertigte ich aus meinem schönen zehnseitigen Manuskript innerhalb einer Stunde zwei Seiten mit großgeschriebenen Stichworten als Gedankenstütze.

Die Erinnerung an die Amtseinführung ist etwas verschwommen, weil alles zu schnell ging, um es bewusst zu erleben und aufzunehmen. Auf jeden Fall war es eine sehr feierliche und der Würde der Universität angemessene Stunde.

Am nächsten Morgen wurde ich pünktlich um acht Uhr mit dem Dienstwagen des Rektors, einem bereits etwas angejahrten Lada*, in das Hauptgebäude der Universität gefahren. Als ich, nicht ohne vorher anzuklopfen, mit leichtem Lampenfieber das Vorzimmer des Rektorats im ersten Stock betrat, erwarteten mich dort erwartungsvoll und ein wenig befangen meine neuen engsten Mitarbeiter: die Chefsekretärin, eine weitere Sekretärin sowie die beiden wissenschaftlichen Referenten. Ich begrüßte sie alle, wünschte uns für die nächsten Jahre eine gute und vertrauensvolle Zusammenarbeit und bat sie dann, zunächst wie gewohnt ihren üblichen Pflichten und Aufgaben nachzugehen.

---

* Sowjetische Automobilmarke

Die Chefsekretärin übergab mir die notwendigen Schlüssel und geleitete mich in das eigentliche Dienstzimmer, wo mich mein Vorgänger, der Interimsrektor Gerald Leutert, bereits erwartete. Die Übergabe der laufenden Geschäfte ging unerwartet schnell. Sie bestand im Wesentlichen darin, dass Leutert auf einen etwa zehn Zentimeter hohen Papierstapel auf dem Schreibtisch zeigte und sagte: «Das ist noch unerledigt.» Dann nahm er seine Tasche, wünschte mir viel Erfolg und alles Gute und ging beschwingt und erleichtert seiner Wege.

Allein geblieben, sah ich mich erst einmal um. Mein Zimmer hatte den tristen Charme der DDR-typischen Direktorenbüros: Relativ groß, mit der Fensterfront zum Augustusplatz, zwei Wände bis zur Decke holzgetäfelt, eine dritte Wand war mit Ziegenleder bespannt, an ihr hingen drei Graphiken des Leipziger Malers Werner Tübke. Die Möblierung bestand neben einer Sitzgruppe mit einem kleinen Teetisch vor allem aus dem schweren Schreibtisch und einem unmittelbar davor zur T-Form aufgestellten großen Besprechungstisch. Ich beschloss sogleich, den Schreibtisch nur zu benutzen, wenn ich allein arbeitete, und mich im Übrigen mit Besuchern oder Mitarbeitern stets an einen der beiden anderen Tische zu setzen. Ich entschied mich auch dafür, die bis dahin festen Sprechzeiten des Rektors abzuschaffen. In dieser schwierigen Zeit sollte jeder, der das wünschte, mich zum nächstmöglichen Termin sprechen können.

Es kamen vor allem im ersten Jahr sehr verschiedene Besucher: Menschen in ernsthaften materiellen oder Gewissensnöten, denen wirklich geholfen werden musste, lästige Querulanten und – eigentlich bedauernswerte – Phantasten, die glaubten, das Perpetuum mobile erfunden zu haben. Am unangenehmsten waren die Glücksritter und Scharlatane, die mit der Universität irgendwelche windigen Geschäfte machen wollten. Wir lernten bald, sie an ihren extrem großen Visitenkarten und ihrem nassforschen Auftreten zu erkennen.

Gleich in den ersten Tagen wurde mir von verschiedenen Seiten nahegelegt, sofort alle im Rektorbüro Beschäftigten auszuwechseln (meist wurden mir bei der Gelegenheit gleich noch Vorschläge unterbreitet, wer an deren Stelle rücken sollte). Wer schon zu DDR-Zeiten im Rektorat gearbeitet habe, so das Argument, sei prinzipiell verdächtig und folglich für eine Tätigkeit an dieser sensiblen Stelle ungeeignet. Ich verwahrte mich entschieden gegen derlei Pauschalurteile. Wer nichts Unrechtes getan habe, dem müsse das Recht auf faire Behandlung zugestanden werden.

Natürlich habe ich mit allen Mitarbeiterinnen und Mitarbeitern Vieraugengespräche geführt und sie darauf hingewiesen, dass nunmehr der richtige Moment gekommen sei zu beichten, wenn es denn etwas zu beichten gäbe. Ich sei weder Polizist noch Staatsanwalt, dürfe also schweigen, würde aber in einem solchen Fall doch dringend bitten, unter irgendeinem Vorwand um eine andere Arbeit innerhalb der Universität nachzusuchen. Was mir berichtet wurde, war jedoch völlig harmlos und klang glaubwürdig, ich sah daher keinen Anlass, irgendwelche Personalveränderungen vorzunehmen. Obwohl sich wenig später herausstellte, dass einer der beiden Referenten tief in Stasi-Aktivitäten verstrickt gewesen war und folglich die Universität verlassen musste, bin ich bis heute froh darüber, dass ich mir in dieser Frage nicht hatte hineinreden lassen.

Zwischen der Chefsekretärin Karin Hermann, dem persönlichen Referenten Ralf Schulze und mir entwickelte sich nämlich mit der Zeit ein echtes Vertrauensverhältnis. Frau Hermann, eine in natürlicher Weise selbstbewusste junge Frau, verband echte Professionalität mit Warmherzigkeit und Klugheit. Ralf Schulze, ein promovierter Mathematiker, wurde für mich dank seiner Besonnenheit und Zuverlässigkeit zu einem wichtigen und diskreten Berater. Beide sorgten dafür, dass das Büro des Rektors auch in den schlimmsten Krisenzeiten oder bei meiner Abwesenheit mit der Präzision eines Uhrwerks funktionierte, und trotz unendlicher Überstunden und völlig unregelmäßiger Dienstzeiten habe ich bei beiden nicht ein einziges Mal das geringste Zeichen von Missmut oder Ungeduld – auch nicht Besuchern oder Auskunftsheischenden gegenüber – bemerken können. Dass beide absolut verschwiegen waren und sich auch durch gerissene Taktierer nicht ausfragen ließen, war in dieser Umbruchzeit besonders wichtig.

Da die rein technischen Abläufe offenbar als bekannt vorausgesetzt wurden und meine neuen Mitarbeiter zunächst zu schüchtern waren, mich allzu direkt zu belehren, verliefen meine ersten Tage als Rektor etwas chaotisch. Zunächst machte ich mich an den von Leutert hinterlassenen Stapel von Protokollen, Notizen und Rundschreiben und versuchte, die angesprochenen Vorgänge und deren Hintergründe halbwegs zu verstehen. Mehrere Briefe packte ich, der ich bis dahin immer alles selbst erledigt hatte, in meine Tasche, um sie abends zu Hause so zu «bearbeiten», wie ich es verstand: Ich beantwortete sie mit der Schreibmaschine, dann warf ich sie ebenso wie meiner Meinung nach Unwichtiges weg.

Frau Hermann beobachtete meine Bemühungen zwei Tage lang mit zunehmender Sorge. Dann entschloss sie sich zu handeln. Sie fragte mich zunächst behutsam, ob ich ihr nicht gelegentlich die von mir bereits bearbeiteten Vorgänge für die Ablage zurückgeben wolle, und zuckte sichtbar zusammen, als ich ihr sagte, dass alles bestens erledigt und das überflüssige Papier von mir bereits sicher entsorgt worden sei. Glücklicherweise hatte sie mir weitsichtig von allen Vorgängen nur Kopien mitgegeben und die Originale wohl verwahrt, sodass der Schaden, abgesehen von den fehlenden Kopien meiner Antworten – immerhin hatte ich die handschriftlichen Entwürfe aufgehoben –, nicht allzu groß war. Mir wurde dann schonend beigebracht, dass jedes eingehende und ausgehende Schriftstück mit einer Nummer versehen, im Computer registriert und nach Bearbeitung archiviert werde. Frau Hermann fertigte auch Listen mit den Namen und Ämtern der wichtigsten Leute innerhalb und außerhalb der Universität an und hörte mich anschließend ähnlich wie beim Vokabellernen geduldig ab. Ralf Schulze wiederum mühte sich, mir die komplizierten Strukturen der Universität und die wichtigsten Arbeitsabläufe nahezubringen.

Am Anfang plagten mich erhebliche Zweifel, ob ich der Aufgabe gewachsen sein würde, zumal ich spürte, welche Erwartungen sich von allen Seiten auf mich richteten. Ich fürchtete, möglicherweise schwerwiegende strategische oder – ebenfalls nicht ungefährliche – diplomatische Fehler zu machen, ich fürchtete auch, irgendetwas Wichtiges simpel zu vergessen. Zwar wurden praktisch alle relevanten Fragen im Rektoratskollegium beraten und entschieden, aber die letzte Verantwortung vor der Öffentlichkeit und dem Urteil späterer Generationen lag ja doch beim Rektor.

Die Arbeitslast war für alle Beteiligten vor allem in den ersten vier Jahren gewaltig: Die gesamte Universität musste nach den Vorgaben des Sächsischen Hochschulerneuerungsgesetzes von 1991 und des Hochschulstrukturgesetzes von 1992 umstrukturiert werden. Dazu gehörte die Integration der Deutschen Hochschule für Körperkultur und Sport (DHfK), der Handelshochschule, der Kirchlichen und der Pädagogischen Hochschulen, des Literaturinstitutes «Johannes R. Becher» * sowie von Teilen der Technischen Hochschule und der Theaterhochschule. Die abgewickelten Fachbereiche waren schnellstens wiederaufzubauen, es mussten einige hundert Studienordnungen modernisiert und für fast alles neue Verfahrensordnungen ausgearbeitet werden. Geradezu katastrophal wirkte sich aus, dass der Freistaat nur ein knappes Drittel der vorhandenen Perso-

* Das Leipziger Literaturinstitut «Johannes R. Becher» wurde 1955 von der DDR-Regierung als selbständige Hochschule zur Ausbildung von Schriftstellern gegründet. Zu seinen Absolventen gehörten unter anderen Volker Braun, Sarah und Rainer Kirsch, Erich Loest, Bernd Jentzsch und Heinz Czechowski.

nalstellen finanzieren wollte, was zu schwierigsten menschlichen Problemen und sehr schmerzlichen Entscheidungen führte. Ferner verlangte das Gesetz, dass alle Mitarbeiter der Universität durch spezielle Fach- und Personalkommissionen sowohl im Hinblick auf ihre fachliche Kompetenz als auch auf ihre moralische Integrität zu überprüfen waren. Und das alles bei vollem Studienbetrieb, vergleichbar mit einem Radwechsel am fahrenden Auto.

Glücklicherweise herrschte im Rektoratskollegium, zu dem neben dem Kanzler Gutjahr-Löser als gewählte Prorektoren die Professoren Kühnel, Leutert und Wartenberg gehörten*, eine ausgesprochen kollegiale und vertrauensvolle Arbeitsatmosphäre. Alle unsere Entscheidungen fällten wir im Konsens. Wenn es einmal eine ernsthafte Kontroverse gab – was sehr selten vorkam –, ging ich kurz ins Vorzimmer und gab Frau Hermann einen Wink. Sie erschien dann wenig später freundlich lächelnd mit sieben kleinen Gläsern und dem «Rot-Kreuz-Kasten» – einem Geschenk des Personalrates. In diesem Kasten befanden sich vierzig Miniflaschen mit einem breiten Sortiment verschiedenster Alkoholika. Nach einer kurzen Lockerungspause fanden wir dann für jedes Problem eine einvernehmliche Lösung, jedenfalls gab es nie eine Kampfabstimmung.

Uns allen war klar, dass die notwendige geistige und strukturelle Erneuerung der Universität nur gelingen konnte, wenn sie sowohl auf streng rechtsstaatlicher Grundlage als auch so mitmenschlich wie nur irgend möglich erfolgte. Dazu war es notwendig, auch die bestehende Universitätsbürokratie vollständig umzukrempeln. Der Kanzler hatte die gute Idee, für die Schlüsselpositionen in der Verwaltung honorige und kreative Geistes- und Naturwissenschaftler zu gewinnen, Nichtprofis also, die aus eigener Erfahrung wussten,

---

* In meiner zweiten Amtszeit 1995 bis 1997 gehörten zum Rektorat neben Wartenberg der Psychotherapeut Michael Geyer und der Veterinärmediziner Manfred Reinacher.

was Wissenschaft ist und braucht, und die zugleich bereit waren, in der Mitte ihres Arbeitslebens eine völlig neue Aufgabe in Angriff zu nehmen. So wurden – um nur einige zu nennen – der Mathematiker Fritz König zum Personaldezernenten, mein Chemikerkollege Uwe Löser zum Haushaltsdezernenten und der Geograph Svend Poller zum Leiter des Akademischen Außenamtes bestellt.

Um den von der Regierung verordneten rigorosen Personalabbau – es ging um einige tausend Stellen – für die Betroffenen halbwegs erträglich zu gestalten, bat ich den Personaldezernenten und die Vorsitzenden der Personalräte der Universität und des Bereichs Medizin, regelmäßig an den wöchentlichen Kollegiumssitzungen teilzunehmen. An jedem Freitagmorgen behandelten wir als ersten und längsten Tagesordnungspunkt die schwierigsten Fälle – insgesamt wohl sechshundert. Es ging um unbescholtene Mitarbeiter der abgewickelten Einrichtungen, die der Universität unter oft schwierigen Bedingungen jahrzehntelang treu gedient hatten und nun im fortgeschrittenen Alter keine Chance auf dem Arbeitsmarkt hatten, um Menschen mit Behinderungen oder mit großen Familien oder chronisch kranken Angehörigen, denen das soziale Aus drohte, und auch um Suizidgefährdete. Wir konnten nicht alle Härten vermeiden, aber wir fanden durch Projektverträge, Altersteilzeit, vorgezogenen Ruhestand, Überführung von Dienstleistungseinrichtungen der Universität in die Selbständigkeit (sogenannte Ausgründungen) und die phantasievolle Nutzung aller gesetzlichen Möglichkeiten doch für viele Menschen annehmbare Lösungen.

Die Unruhe in der Universität spitzte sich noch weiter durch die Tatsache zu, dass fast alle Hochschullehrerstellen bundesweit neu auszuschreiben waren. Das führte zu einem gewaltigen Verdrängungswettbewerb. Die Lehrstuhlinhaber mussten sich, auch wenn sie bereits durch Fach- und Personalkommissionen positiv evaluiert waren, neu um ihre Professur bewerben und trafen auf eine Konkurrenz von bis zu fünfzig jungen Leuten, die sehr redegewandt waren und auf Fellowships in Harvard oder Cambridge verweisen konnten, während Gastprofessuren in Prag oder Dubna nicht mehr gefragt waren. Die bisherigen Lehrstuhlinhaber landeten auf Platz drei der Berufungsliste, der Erstplatzierte aber nahm den Ruf natürlich an, mit der Folge, dass wir weitere Menschen, die sich ein halbes Leben lang um Lehre und Forschung verdient gemacht hatten, in die Arbeitslosigkeit schicken mussten. Abgesehen von dem bedauerlichen Verlust an Wissen und Können: Ich empfand das als undankbar und im höchsten Maße unredlich. Es empört mich noch heute, dass das wiedervereinigte Deutschland, eines der reichsten Länder Europas, so schäbig mit seinen neuen Bürgern umging.

Ein besonderes Anliegen war mir von Anfang an die volle Rehabilitierung aller Universitätsangehörigen, denen in den vergangenen Jahrzehnten politisch motiviertes Unrecht zugefügt worden war. Auf meinen Vorschlag beschloss das Rektoratskollegium die Bildung einer Rehabilitierungskommission unter dem Vorsitz des Mediziners Wolfgang Kirmse, die dem Rektor direkt unterstellt war und sowohl einschlägige Anträge prüfen sollte als auch nach eigener Erkenntnis aktiv werden konnte. Bis zum Ende meiner Amtszeit führte sie etwa 150 Rehabilitierungsverfahren durch. Die Universität hatte natürlich keine Möglichkeiten materieller Wiedergutmachung, aber sie konnte sich zumindest durch einen Brief des Rektors formell entschuldigen oder in schwerwiegenden Fällen die Betroffenen besonders ehren. So wurde der erste Studentenratsvorsitzende nach dem Krieg, Wolfgang Natonek, der 1948 aus nichtigem Grund – er war Liberaldemokrat – zu 25 Jahren Zuchthaus verurteilt worden war, als Festredner zur Immatrikulationsfeier 1992 eingeladen und mit dem Professorentitel geehrt. Er sagte mir, dass nach der Haft das Schmerzlichste für ihn nicht die zu Unrecht erfolgte Verurteilung gewesen sei, sondern das Gefühl, von seiner Universität alleingelassen und verraten worden zu sein. Nun aber sei es wieder seine Universität.

Im darauffolgenden Jahr hielt der ehemalige Rektor Hans-Georg Gadamer, der nach schweren Konflikten mit der Sowjetischen Militäradministration 1947 Leipzig verließ, die Festrede zur Immatrikulationsfeier und erhielt später die Ehrendoktorwürde der Fakultät für Sozialwissenschaften und Soziologie. Ich hatte Gadamer aus diesem Anlass auf ein Glas Wein zu mir nach Hause eingeladen. Dabei stellte sich heraus, dass er – wie meine Eltern – in Breslau das philosophische Seminar von Richard Hönigswald besucht und die gleichen akademischen Lehrer gehabt hatte. Es ist wohl verständlich, dass der Abend bis in die frühen Morgenstunden dauerte.

Die Leitung des Wiederaufbaus der abgewickelten Fachbereiche war nach dem Willen der Landesregierung Gründungsdekanen übertragen worden, die vom Minister in der Regel aus dem Westen berufen wurden. Mit Ausnahme des ersten Gründungsdekans der Juristenfakultät, der sich zu meinem Entsetzen alsbald wie ein Kolonialoffizier aufführte und wieder abberufen wurde, waren das Kollegen, die sich ihrer heiklen Aufgabe mit Ernst und großem Einfühlungsvermögen annahmen. Ihrem unermüdlichen Einsatz und dem ihrer einheimischen Mitstreiter ist es zu verdanken, dass bereits nach drei Jahren die meisten Institute und Fakultäten wieder voll arbeitsfähig und gut gerüstet für die Zukunft waren. Ich denke in diesem Zusammenhang besonders gern an die Zusammenarbeit mit dem Erziehungswissenschaftler Erich Geißler, dem Juristen Wolfgang Gitter, dem Wirtschaftswissenschaftler Gernot Gutmann, dem Sportwissenschaftler Helmut Kirchgässner, dem Soziologen Wolfgang Schluchter und dem Kommunikations- und Medienwissenschaftler Karl Friedrich Reimers zurück.

Es gab auch viele westdeutsche Kollegen, die sich auf eigene Initiative zeitweise von ihren Heimathochschulen beurlauben ließen, um uns beim Wiederaufbau beratend oder in der Lehre zur Seite zu stehen. Ich nenne nur beispielhaft den Verwaltungsfachmann Herbert Schleich von der Universität Heidelberg und den Politikwissenschaftler Carl-Christoph («CC») Schweitzer aus Bonn. Schweitzer, Gründer der «Aktion Gemeinsinn» und langjähriger SPD-Abgeordneter im Bundestag, war schon vor 1989 mehrfach mit seinem Oberseminar in der DDR gewesen; unmittelbar nach der Wende hielt er in Leipzig Vorlesungen und lud auf eigene Kosten ganze Seminargruppen zu Exkursionen in den Bundestag ein. Auch die Wissenschaftsorganisationen der alten Bundesrepublik – unter anderen die Hochschulrektorenkonferenz (HRK), der Deutsche Akademische Austauschdienst (DAAD), die Deutsche Forschungsgemeinschaft (DFG) und die Humboldt-Stiftung – legten schnell und unbürokratisch vielfältige Programme zur Unterstützung der ostdeutschen Hochschulen auf.

Ein ganz wichtiger Ansprechpartner wurde für uns ostdeutsche Rektoren der damalige Präsident der HRK, der Staats- und Verwaltungsrechtler Hans-Uwe Erichsen. Er erkannte, dass wir die etablierten Strukturen und Verfahrenswege im Wissenschaftsbetrieb der BRD anfangs kaum durchschauten und manchen der auf uns einstürzenden Probleme ratlos gegenüberstanden, daher lud er uns regelmäßig zum ausführlichen Erfahrungsaustausch ein. Da diese für uns sehr hilfreichen Gesprächsrunden stets im Anschluss an die regulären Plenarsitzungen der HRK stattfanden, nannten wir sie selbstironisch das «Nachsitzen». Erichsen hatte wohl aus der deutschen Wiedervereinigung Impulse für die überfällige Hochschulreform im Westen erhofft, nun bestärkte er uns in der Absicht, uns nicht einfach das westdeutsche Hochschulsystem aufdrängen zu lassen, und war uns ebenso wie der Generalsekretär der HRK Josef Lange ein sachkundiger Berater bei allfälligen Konflikten mit den zunächst wenig professionellen und zum Teil auch machtarroganten, neu gebildeten Landesregierungen.

Und solche Konflikte gab es wahrlich genug. Sie ergaben sich zumeist aus den Stellenkürzungen und deren ungleicher Verteilung auf die sächsischen Hochschulstandorte. Dass es sich dabei keineswegs nur um eine «gefühlte» Benachteiligung Leipzigs handelte, wie später oft zu lesen war, mögen wenige verbürgte Zahlen belegen: Leipzig hatte an dem für Sachsen verordneten Abbau von insgesamt 11 000 Stellen einen Anteil von 51 Prozent zu tragen, Dresden nur 19 Prozent. Ich nehme heute an, dass die Bevorzugung Dresdens das Symptom eines schweren Hauptstadtsyndroms war: Der sächsische König wollte, wenn er ausritt, nicht zu häufig in die verhärmten Gesichter arbeitsloser Akademiker schauen müssen. Aber auch die verbleibenden Stellen wurden schon 1996 wieder in Frage gestellt. Um in der Öffentlichkeit ein Zeichen zu setzen, beschloss der Senat auf Anregung des Rektorats das Ruhen des Lehrbetriebes für einen Tag und forderte alle Mitarbeiter der Universität auf, sich an einer Protestversammlung im Innenhof der Universität zu beteiligen. Ich wurde daraufhin vom Ministerpräsidenten öffentlich getadelt («verletzte wissenschaftliche Disziplin»), mit dem Erfolg, dass ich in der Stadt noch freundlicher gegrüßt wurde als sowieso schon.

Auf der Jahrestagung 1991 der HRK in Frankfurt am Main saß ich zufällig neben Wulf Steinmann, dem Rektor der Ludwig-Maximilians-Universität München. Das Thema der Tagung war die Verantwortung der Hochschulen für die Zukunft Europas. Aber trotz einer beeindruckenden Eröffnungsrede des Präsidenten beschränkten sich viele Diskussionsredner auf Klagen über Sparzwänge im eigenen Lande und Ähnliches. Steinmann merkte, dass ich immer unruhiger wurde, und stieß mich mehrmals in die Seite: «Los, Herr Weiss, bringen Sie die Debatte auf den Punkt, melden Sie sich zu Wort!» Das machte ich schließlich und mahnte eindringlich, bei der Reform der ostdeutschen Hochschullandschaft nicht nur westdeutsche Maßstäbe anzulegen: «Wir wollen nicht Objekte der Integration sein, sondern Subjekte, wir haben auch etwas Eigenes einzubringen.» Diese Worte fanden im Auditorium und am nächsten Tag in den Zeitungen großen Zuspruch, änderten aber nichts daran, dass in Sachsen alle unsere Vorstellungen von einer eigenständigen

Entwicklung der Universität als weltfremde Hirngespinste abgetan wurden und wir das kränkelnde westdeutsche Hochschulsystem im Sinne einer konservativen Modernisierung eins zu eins kopieren mussten.

Im Sommer 1995 wurde ich auf Vorschlag des Präsidenten zum Vizepräsidenten der HRK für Studienangelegenheiten gewählt. Das war ein durchaus arbeitsintensiver Job, doch ich genoss die häufigen Flüge nach Bonn zu den Sitzungen des Präsidiums, des Plenums und der verschiedenen Kommissionen und Arbeitsgruppen, ich nahm gern an den Delegationsreisen der HRK ins Ausland teil und lernte so viele Länder kennen, und ich war fasziniert von der sich mir nun – wenn auch nur begrenzt – erschließenden Welt der Wissenschaftspolitik.

Als außerordentlich wichtig empfand ich in meiner Amtszeit die Revitalisierung guter Beziehungen zwischen unserer Universität und der Stadt Leipzig. Der neue Leipziger Oberbürgermeister Hinrich Lehmann-Grube kam mir dabei sehr entgegen. Der frühere Oberstadtdirektor von Hannover hatte noch im April 1990 die DDR-Staatsangehörigkeit angenommen, um als Kandidat der SPD an den Kommunalwahlen teilnehmen zu können, hatte seinen Wahlkreis gewonnen und wurde im Juni 1990 von der Stadtverordnetenversammlung zum Oberbürgermeister gewählt. Ein freundlicher Zufall führte dazu, dass zwischen ihm und mir schnell ein Vertrauensverhältnis entstand. Bei einem Privatbesuch zeigte ich ihm nämlich, um die erste Befangenheit zu lösen, einige Stücke meiner Bernsteinsammlung.

Als ich ihm ein Prachtstück mit einer eingeschlossenen Mücke präsentierte, sagte ich: «Diesen Stein hab ich nicht selbst gefunden, den hat mir mein Großonkel geschenkt, der war Kinderarzt in Königsberg.»

Lehmann-Grube saß sofort aufrecht im Sessel und sagte streng: «Herr Weiss, das kann nicht stimmen. In Königsberg gab es neben meinem Vater nur noch einen einzigen weiteren Kinderarzt, den Geheimrat Joachim. Der hat mich mal behandelt, als mein Vater nicht da war.»

«Ja, Herr Oberbürgermeister, und dieser Geheimrat war mein Großonkel Gerhard Joachim!»

So entstand eine Freundschaft, die auch die Familien einschloss und bis heute besteht.

Es war sicher auch dem Wohlwollen des Oberbürgermeisters zu verdanken, dass es uns gelang, den Studentenklub «Moritzbastei» (MB) für die Universität zu erhalten. Die Moritzbastei war der letzte sichtbare Teil der mittelalterlichen Befestigungsanlagen der Stadt. Ihre ausgedehnten mehrstöckigen Kellergewölbe waren im Laufe der Zeit zugeschüttet worden, zuletzt mit den Trümmern der darauf errichteten, aber im Krieg zerstörten Bürgerschule. Mitte der siebziger Jahre entwickelte die FDJ das Projekt, die MB zu enttrümmern und als Studentenklub zu nutzen. Die Studierenden leisteten freiwillig Hunderttausende von unbezahlten Arbeitsstunden, sodass 1982 die Eröffnung der MB als größter Studentenklub Europas gefeiert werden konnte. Sie entwickelte sich mit ihren Konzerten, Ausstellungen, Theateraufführungen, Disco-Abenden (und niedrigen Preisen) schnell zu einem beliebten Treffpunkt der Studierenden und der Leipziger Musikszene.

Erst nach der Wende wurde der Universität bewusst, dass die Immobilie der Stadt gehörte. Und die hatte, so hörte man, für die MB ein lukratives Kaufangebot eines japanischen Touristikunternehmens auf dem Tisch. Glücklicherweise gelang es, die Stadtverwaltung davon zu überzeugen, dass es dem Image Leipzigs ungeheuer schaden würde, die MB zu kommerzialisieren oder zu schließen. Der Kanzler Gutjahr-Löser tüftelte daraufhin eine Konstruktion zur Rettung des Studentenklubs aus: Die Universität gründete mit 50 000 D-Mark aus ihrem Körperschaftsvermögen die «Stiftung Moritzbastei», die wiederum beauftragte eine Betriebs-GmbH mit der Geschäftsführung, und die Stadt Leipzig überließ der Betriebs-GmbH die Immobilie zu einem symbolischen Preis in Erbpacht.

Es gab dann noch Scherereien mit einem Hamburger Bierverlag, der unmittelbar nach der Wende der unerfahrenen Leitung der MB einen Exklusivvertrag über den Vertrieb seiner – im Vergleich zu einheimischen Produkten – überteuerten Biersorten aufgeschwatzt hatte. Wir fochten den Vertrag wegen Sittenwidrigkeit vor Gericht an, verloren in zwei Instanzen und wurden zu Schadensersatz verurteilt. Als wir die Zahlung verweigerten, erschien eines Tages der Gerichtsvollzieher bei mir und erklärte: «Bei Nichtzahlung droht Ihnen eine Beugehaft von sechs Tagen.» Ich weiß gar nicht, ob ich persönlich gemeint war, aber ich stellte mich zum Vergnügen von Frau Hermann mit überkreuzten Handgelenken vor ihn hin und flehte: «Bitte, werfen Sie mich ins Gefängnis!» Meine erste Amtsperiode ging nämlich zu Ende, in wenigen Wochen sollte die Neuwahl stattfinden, und die wäre nach der Schlagzeile «Rektor Weiss geht für seine Uni in den Bau» für mich zum Selbstläufer geworden. Doch der Beamte lachte nur und verabschiedete sich. Letztendlich gewann die Universität in dritter Instanz, und ich wurde 1994 auch ohne Gefängnisaufenthalt für weitere drei Jahre im Amt bestätigt.

Als Rektor musste ich aber auch einige bittere Niederlagen hinnehmen. So hatte der Wissenschaftsrat nach einer eher oberflächlichen Evaluation der Staatsregierung empfohlen, die Agrarwissenschaften in Leipzig endgültig abzuwickeln beziehungsweise an die Martin-Luther-Universität Halle zu verlagern. Das Ministerium blieb allen Einwendungen gegenüber beinhart und verwies darauf, dass die Empfehlungen des Wissenschaftsrates quasi Gesetzeskraft hätten. Allerdings galt das keineswegs immer, denn entgegen den Empfehlungen des Wissenschaftsrates wurde an der Technischen Universität Dresden eine extrem teure zweite medizinische Fakultät errichtet. Hier spielten also offensichtlich Gesichtspunkte eine Rolle, die mit Wissenschaft wenig zu tun hatten.

Besonders bedauerlich war in diesem Zusammenhang der Verlust des damals deutschlandweit einzigartigen und in der Dritten Welt hochangesehenen Instituts für tropische Landwirtschaft. Mit der fadenscheinigen und – angesichts der Welternährungslage – sogar irreführenden Begründung des Wissenschaftsrates, dass es für eine tropenspezifische agrarwissenschaftliche Ausbildung keinen Bedarf gebe, wurde das Institut 1992 geschlossen. Bemerkenswert ist an dem Vorgang, dass wenig später an der Universität Hohenheim ein Fachgebiet «Pflanzenbau in den Tropen und Subtropen» gegründet wurde.

Die zweite große Niederlage betraf das umfangreiche Immobilienvermögen der Universität, das 1955 in Volkseigentum überführt, also enteignet worden war. Selbstverständlich bemühte sich das Rektoratskollegium nach der Wiedervereinigung um Restitution – es war ja unsere Pflicht, mit dem der Universität in Jahrhunderten zugewachsenen Eigentum treuhänderisch umzugehen. Die Landesregierung erhob jedoch unter Verweis auf Artikel 21 des Einigungsvertrags Anspruch auf unser Grundvermögen. Obwohl das Wissenschaftsministerium 1994 in einem Rechtsgutachten festgestellt hatte, dass der Staat grundsätzlich nicht die Übertragung von Körperschaftsgrundstücken verlangen könne, ließ es uns plötzlich im Stich und unterstützte die gegenteilige Auffassung des Finanzministers Georg Milbradt. Es entbrannte ein jahrelanger Streit, in dem ich – im blinden Vertrauen auf Gesetz und Moral – leider nicht genügend auf der Hut war und auch nicht immer taktisch richtig agierte. Das Ganze endete damit, dass die Staatsregierung gegen den wiederholt klar artikulierten Willen der Universität am 19. Dezember 1996 in einer Nacht-und-Nebel-Aktion den Freistaat als Eigentümer unseres Hochhauses am Augustusplatz ins Grundbuch eintragen ließ und dieses einen Tag später weit unter Wert an eine Bank verkaufte. Die Universität verlor damit ihr weithin sichtbares charakteristisches Wahrzeichen, den «Weisheitszahn». Wenig später gingen auch die meisten anderen Immobilien der Universität, darunter das einzige erwähnenswerte Waldgebiet in Leipzigs Umgebung – das Oberholz – in Landeseigentum über. Die CDU-Regierung hatte durchgesetzt, was die SED nicht geschafft hatte – die unumkehrbare Enteignung der Universität.

Im Sommer 1997 deutete sich eine weitere Wende in meinem Leben an. Während meiner Amtszeit hatte ich bei verschiedenen Anlässen den Landesvorsitzenden der sächsischen SPD Karl-Heinz Kunckel getroffen. Kunckel, von Haus aus promovierter Ingenieur, zeichnete sich durch eine ungewöhnliche Allgemeinbildung aus. Ich war ein wenig verblüfft, als mich im Sommer 1997 Raimund Grafe, sein persönlicher Referent, offiziell im Rektorat aufsuchte und mir eine Einladung zu einem Gespräch mit Kunckel übermittelte. Grafe, ein kluger Politikwissenschaftler, der ebenso wie sein Chef über den eigenen Tellerrand zu blicken und strategisch zu denken vermochte, deutete auch an, worum es ging: Kunckel wolle, um die sächsische SPD endlich aus den Niederungen einer 17-Prozent-Partei herauszuführen, für die nächsten Landtagswahlen das übliche Verfahren bei der Aufstellung der Landesliste – Reihung nach Regionalproporz und Stellung innerhalb der Parteihierarchie – verlassen, stattdessen ein «Kompetenzteam» um sich versammeln und es in der Landesliste verankern. Da er in diesem Zusammenhang auch einen Wissenschaftspolitiker suche, wolle er mich näher kennenlernen.

Das Gespräch mit Kunckel fand wenig später in dessen Büro im Sächsischen Landtag statt. Er fragte zunächst nach meinen gesellschaftspolitischen Vorstellungen und nach meinen Plänen für die Zeit nach meinem Ausscheiden aus dem Rektoramt, dann erläuterte er mir sein Vorhaben und fragte schließlich ganz direkt: «Herr Weiss, könnten Sie sich vorstellen, in meinem Kompetenzteam mitzuarbeiten und 1999 für den Landtag zu kandidieren?» Ich musste nicht lange nachdenken und sagte zu. Ich wusste: mit diesem Mann würde ich gut zusammenarbeiten können.

Acht Wochen später, am 2. Dezember, übergab ich – nicht ohne Wehmut – die Amtskette des Rektors meinem vom Konzil gewählten Nachfolger, dem Mediziner Volker Bigl. Die Studenten verabschiedeten mich spät am Abend noch mit einem Fackelzug, und am nächsten Morgen erhielt ich aus den Händen des Genossen Rainer Burghardt das Mitgliedsbuch der SPD.

# 28 Im Sächsischen Landtag

Auch nach der Übergabe des Rektoramtes war ich als Vizepräsident der HRK sehr viel unterwegs. Daher beschränkten sich meine Aktivitäten in der SPD zunächst auf die regelmäßige Teilnahme an den monatlichen Versammlungen meines Ortsvereins Leipzig-Südost, die traditionell im Hinterzimmer des «Schreberheims», der Gaststätte einer Leipziger Kleingartensparte, stattfanden. Ich fühlte mich in dem überschaubaren Kreis von etwa 25 Genossinnen und Genossen ausgesprochen gut aufgehoben. Einige von ihnen waren deutlich älter als ich, sie hatten den Krieg zum Teil noch an der Front erlebt, viele waren deutlich jünger, unter ihnen auch Studierende der Leipziger Universität. Sie unterschieden sich in Temperament und Lebenserfahrung und folglich auch in der Bewertung mancher aktuellen Ereignisse und Entwicklungen. Viele waren wie ich der Meinung, dass das kapitalistische Gesellschaftssystem mit seinen Auswüchsen und Krisen nicht der Weisheit letzter Schluss sein könne, und entsprechend lebhaft waren die politischen Diskussionen. Aber die arteten unter der behutsamen Moderation unserer Vorsitzenden Ingrid Doctor nie in Rechthaberei oder persönliche Angriffe aus.

Allerdings war unser Ortsverein mit seiner gesellschaftskritischen Grundhaltung, die sich auch in verschiedenen einschlägigen Anträgen an die Unterbezirks- und Landesparteitage dokumentierte, innerhalb der ausgesprochen konservativen Leipziger SPD recht isoliert. Das war auch nicht verwunderlich, denn während der Wendewirren waren viele in die SPD eingetreten, die wenig von den Grundwerten dieser Partei wussten. Sie wollten politisch aktiv werden, aber nicht bei den Nachfolgern der ungeliebten ehemaligen Blockparteien. Dabei spielten vermutlich auch die hohen Umfragewerte der SPD vor den letzten Volkskammerwahlen eine Rolle. Das waren Leute, die – nur weil die SED/PDS die gleiche traditionelle Anrede gebrauchte – nicht einmal das Wort «Genosse» über die Lippen brachten, sondern sich lieber wie in der CDU mit «Parteifreund» anredeten und für die der Demokratische Sozialismus – immerhin ein Schlüsselbegriff im Berliner Programm der SPD 1989 – Teufelswerk war.

Ich bekannte mich von Anfang an klar zum sogenannten linken Flügel der Partei und plädierte auch für eine punktuelle Zusammenarbeit mit der sich – wenn auch sehr zögerlich – reformierenden PDS. Mit der gab es meiner Meinung nach mehr gesellschaftspolitische Übereinstimmung als mit der CDU. Ich ging dabei davon aus, dass innerhalb der Partei Meinungsvielfalt nicht nur zugelassen, sondern erwünscht sei. In Leipzig brachte mir das jedoch nicht viele Freunde ein. Das merkte ich spätestens im Vorfeld der für den 19. September 1999 anberaumten Landtagswahl.

Ich war Anfang des Jahres von meinem Ortsverein mit überwältigender Mehrheit als Kandidat nominiert worden. Nun lernte ich die Niederungen der Parteipolitik kennen. Zu meiner Überraschung schlug der benachbarte Ortsverein Leipzig-Süd für denselben Wahlkreis einen anderen Kandidaten vor. «Nun ja», dachte ich zunächst, «das ist legitim. Soll die Wahlkreiskonferenz entscheiden.» Ich wurde erst misstrauisch, als ich herausfand, dass der – an sich integre – junge Genosse dem OV Leipzig-Süd gar nicht angehörte, dafür aber Büroleiter des Unterbezirksvorsitzenden war und im Gegensatz zu mir von weiteren Ortsvereinen und maßgeblichen Parteigrößen der Stadt unterstützt wurde. Ich hätte den Konkurrenten bei der Wahlkreiskonferenz dennoch leicht auf den zweiten

Platz verweisen können, indem ich dessen politische Vergangenheit polemisch ausschlachtete – er hatte bis zur Wende Marxismus-Leninismus studiert und noch im Mai 1989 einen Antrag auf SED-Mitgliedschaft gestellt. Genau das aber wollte ich aus prinzipiellen Gründen nicht. Außerdem hatte ich keine Lust, den Zeitungen die Titelzeile «Ehemaliger Rektor kämpft gegen ehemaligen Studenten» zu liefern. Ich erklärte daher vor meinem Ortsverein, dass ich auf eine Direktkandidatur verzichte: «Ich sage mit dem gebotenen Nachdruck allen, die es angeht: Der ehemalige Rektor der altehrwürdigen Universität Leipzig steht nicht als Schachfigur für irgendwelche Machtspielchen zur Verfügung.»

Der SPD-Landeschef Kunckel blieb indes konsequent und lud im April die zukünftigen Mitglieder seines «Kompetenzteams» zu einem ersten Treffen ins Dresdner Opernrestaurant ein. Ich kam etwas verspätet direkt aus Bonn von einem HRK-Seminar mit indischen Rektoren dazu und wurde den bereits am Tisch sitzenden anderen vorgestellt. Mit Gisela Schwarz, einer promovierten Germanistin, die als Fraktionsvize zuletzt auch die Wissenschaftspolitik der SPD-Fraktion im Sächsischen Landtag verantwortet hatte, war ich schon mehrfach zusammengetroffen und hatte sie als kompetente und umgängliche Kollegin kennengelernt. Die bisherige jugendpolitische Sprecherin der SPD-Fraktion Barbara Ludwig und den DGB-Landesvorsitzenden Hanjo Lucassen kannte ich aus der Zeitung. Der Unternehmer Karl Nolle, ein SPD-Urgestein aus Niedersachsen, war schon im November 1989 nach Dresden übergesiedelt und hatte das daniederliegende Druckhaus Dresden wiederaufgebaut. Kunckel diskutierte mit uns das bereits mit dem Präsidium, dem Landesvorstand und dem Parteirat abgestimmte Wahlprogramm, dann wurden die nächsten praktischen Schritte besprochen, und gegen Mitternacht gingen wir sehr optimistisch auseinander.

Am 8. Mai bestätigte die Landesdelegiertenkonferenz mit übergroßer Mehrheit den Listenvorschlag des Präsidiums, auf dem das

Kompetenzteam die ersten sechs Plätze einnahm. Ich ging hochmotiviert in den nun beginnenden Wahlkampf. Ich wollte mich einmischen, die Demokratie mitgestalten, etwas bewegen. Es machte mir richtig Spaß, durch Sachsen zu reisen, in kleine und große Städte, und in Kneipen und auf Marktplätzen mit den verschiedensten Menschen zu diskutieren.

Und dann kam der Tag der Wahl. Das Ergebnis fiel für die SPD unerwartet schlecht, ja, katastrophal aus. Die CDU konnte 56,9 Prozent der Stimmen für sich verbuchen, die Sozialdemokraten stürzten auf 10,7 Prozent ab; wir waren sogar von der PDS überholt worden. Karl-Heinz Kunckel zog auf ehrenhafte Weise die Konsequenzen und trat noch am Wahlabend als Landesvorsitzender zurück. Auf der konstituierenden Sitzung der auf 13 Köpfe geschrumpften Landtagsfraktion, zu der nun dank ihrer vorderen Listenplätze auch die Mitglieder des Kompetenzteams gehörten, herrschte Katerstimmung. Da Kunckel auch den Fraktionsvorsitz niederlegte, wurde Thomas Jurk, ein unprätentiöser und sehr zuverlässig wirkender Genosse aus der Lausitz, zu dessen Nachfolger gewählt. Ich selber wurde zu einem von drei stellvertretenden Vorsitzenden und zum hochschulpolitischen Sprecher der Fraktion bestimmt.

Nach der Landtagswahl stellte sich heraus, dass ich mit dem Geburtsjahr 1933 der zweitälteste Abgeordnete war, nur der amtierende Ministerpräsident Kurt Biedenkopf war drei Jahre älter. Da in Deutschland die konstituierende Sitzung eines gewählten Gremiums traditionell vom ältesten Teilnehmer – dem sogenannten Alterspräsidenten – einberufen, eröffnet und so lange geleitet wird, bis ein Vorsitzender gewählt ist, wäre also Biedenkopf diese Aufgabe zugefallen. Aber er verzichtete – aus welchen Gründen auch immer – auf das Amt des Alterspräsidenten, sodass ich die Leitung der ersten Plenarsitzung zu übernehmen hatte. Nun gehört aber zum Eröffnungszeremoniell, dass der Alterspräsident sich zu Beginn der ersten Sitzung formal vergewissert, sein Amt zu Recht zu bekleiden. Dies geschieht, indem er sein Geburtsdatum nennt und fragt, ob sich unter den Mitgliedern des Hohen Hauses jemand befindet, der vor diesem Datum geboren wurde – und dann hätte Biedenkopf sich melden müssen. Die Landtagsjuristen fanden jedoch eine Möglichkeit, diese Peinlichkeit zu vermeiden. Ich sollte nämlich folgende Erklärung abgeben: «Da das an Lebensjahren älteste Mitglied des Landtages das Amt des Alterspräsidenten nicht angenommen hat, bin ich durch den Präsidenten als nächstältestes Mitglied des 3. Sächsischen Landtages festgestellt worden. Ich heiße Cornelius Weiss und bin am 14. März 1933 geboren.» Natürlich ging bei diesen Worten ein amüsiertes Tuscheln durch den Saal.

Zu den Aufgaben des Alterspräsidenten gehört es auch, eine Eröffnungsrede zu halten, die dem feierlichen Anlass entsprechend staatstragend, aber nicht parteipolitisch gefärbt sein soll. Ich machte den Fehler, dass ich mir Reden anderer Alterspräsidenten ansah – die von Herbert Wehner, Willy Brandt und Stefan Heym. Schweißperlen traten mir auf die Stirn: «O Himmel, würde ich das leisten können?» Ich konnte es offenbar, nachdem Raimund Grafe mir einen ausbaufähigen Aufhänger vorgeschlagen hatte: das Spannungsverhältnis zwischen Altersweisheit und jugendlichem Elan. Ich sprach dann über das Hambacher Fest von 1832, wo in glühenden Reden Bürgerrechte, Meinungsfreiheit und die deutsche Einheit gefordert worden waren, und die Frankfurter Paulskirche, den Geburtsort der deutschen Demokratie, und schlug den Bogen zur Friedlichen Revolution von 1989. Das Protokoll vermerkte anhaltenden Beifall des ganzen Hauses, allerdings missfiel einigen konservativen Abgeordneten meine ironische Anregung, die Eröffnung der Legislaturperiode in Zukunft einem «Jugendpräsidenten» zu übertragen.

Mir ist nie ganz klar geworden, warum sich der Parlamentarische Geschäftsführer der CDU-Fraktion, Klaus Leroff, abweichend von den Absprachen im Präsidium, unmittelbar nach meiner Rede mit einer etwas nichtssagenden Erklärung zur Geschäftsordnung zu

Wort meldete. Vielleicht sollte er mich als Landtagsnovizen aus dem Konzept bringen und so den positiven Eindruck der Rede abschwächen – wenn das geplant war, wurde es jedenfalls ein Eigentor. Ich sagte mir: «Die Fliege summt, doch die Karawane zieht weiter», erteilte nach Leroff den beiden anderen Fraktionen, also der PDS und der SPD, für jeweils drei Minuten ebenfalls das Wort und fuhr dann ungerührt in der Tagesordnung fort.

Mit der parlamentarischen Arbeit erfüllte sich für mich ein Traum. Immer hatte ich das Gefühl gehabt, dass mir etwas fehlte, nämlich aktives politisches Engagement. Und nun, so dachte ich, könne ich etwas nachholen, das ich gar nicht genau zu benennen wusste. In der Fraktion agierte ich zunächst sehr zurückhaltend. Ich war zwar etwas erstaunt, dass die Ursachen der verheerenden Wahlniederlage kaum offen und wirklich tiefgründig analysiert wurden, aber nach den Erfahrungen in der Leipziger SPD wollte ich erst einmal die Mechanismen der Meinungsbildung, die Kräfteverhältnisse bei möglichen politischen Differenzen und gegebenenfalls auch die Tabus kennenlernen.

Politisch am nächsten stand mir, das fand ich bald heraus, der neue wirtschaftspolitische Sprecher Karl Nolle, ein zum linken Flügel gehörender Kämpfertyp, der nie einen Hehl aus seinen Überzeugungen machte. Er kritisierte vehement die bisherige Rolle der SPD als farblose «königlich-sächsische Hof-Opposition» und plädierte für den Übergang zu einem härteren Kurs gegenüber der Regierungspartei. In meinen Augen hatte er recht, denn Biedenkopf hatte es in den ersten zwei Legislaturperioden sehr geschickt zuwege gebracht, der Bevölkerung mit Aufbaupathos, Sachsenlied, Sachsenfahne und dem «Tag der Sachsen» ein gewisses – wenn auch etwas bräsiges – Wir-Gefühl zu vermitteln und dabei auch die SPD als geistigen Juniorpartner nicht auszunehmen. Das hatte dazu geführt, dass die sächsische SPD kein Alleinstellungsmerkmal mehr besaß und für die Wähler als Alternative zur CDU kaum noch erkennbar war. Doch die Fraktionsmehrheit wollte Nolles Argumenten nicht folgen und ging schnell zur Tagesordnung über.

Auch später fiel mir auf, dass die Behandlung strategischer Grundsatzfragen immer wieder zugunsten der politischen Alltagsarbeit vertagt wurde. Das lag nicht nur daran, dass fast alle aus dem kleinen Häuflein der Abgeordneten mehrere Politikfelder beackern mussten und dadurch hart an die Grenze der Belastbarkeit gerieten. Viele dachten schon gewohnheitsmäßig nur noch in den Kategorien des Taktischen und des Politikmarketings. Der neue Fraktionschef Thomas Jurk bemühte sich zwar wiederholt um Veränderungen, aber er wurde dabei nur von wenigen unterstützt.

Ich selber konzentrierte mich in den folgenden fünf Jahren auf meine Aufgaben als wissenschaftspolitischer Sprecher der Fraktion, wobei ich von dem für Bildung zuständigen Referenten der Fraktion Siegfried Kost sehr gut beraten wurde. Ich baute meine alten Kontakte zu den Rektoraten und mehr noch zu den Studentenräten und zu den Juso-Gruppen der sächsischen Hochschulen aus, und im zuständigen Wissenschaftsausschuss und im Plenum focht ich gegen die kurzsichtige, von sogenannten Sparzwängen dominierte Hochschulpolitik der Regierung. Da ich einige Hintergründe gut kannte und auch manche der dem Parlament vorgelegten geschönten Zahlen korrigieren konnte, war ich in meinem Element und reizte den zuständigen Minister Hans Joachim Meyer und damit den Ministerpräsidenten sicher ein ums andere Mal. Entsprechend harsch fielen die Reaktionen aus. Als zum ersten Mal ein Wortgewitter des Ministers auf mich niederprasselte, kam Thomas Jurk zu meinem Platz und sagte ganz besorgt: «Cornelius, du bist solche Kanonaden aus deiner Uni-Zeit bestimmt nicht gewöhnt. Bleib ruhig, wir stehen hinter dir.» Ich war ganz gerührt über diese Fürsorge, aber die war eigentlich nicht nötig, denn ich hatte ein dickes Fell und kannte ja auch das Temperament des Ministers.

Viel ärgerlicher fand ich den hochmütigen Umgang der Regierungspartei mit den Oppositionsfraktionen. Sie benahm sich, als ob ihr das Land gehörte. Sachbezogene konstruktive Debatten gab es im Plenum des Sächsischen Landtags nicht einmal in Ansätzen. Unseren Rednern hörte man kaum zu, las demonstrativ Zeitung oder löste Rätsel, um dann mit hämischem Grinsen die Hand zu heben und alle unsere Anträge einmütig abzulehnen.

Einige Probleme hatte ich auch mit dem weitgehend ungeklärten Spannungsverhältnis zwischen dem durch das Grundgesetz geschützten freien Mandat* und dem dennoch informell bestehenden Fraktionszwang. Natürlich war mir klar, dass eine Partei sich zur Durchsetzung ihrer politischen Ziele auf ihre Mandatsträger verlassen können muss und dass es im Interesse aller Fraktionsangehörigen liegt, anderen Parteien gegenüber geschlossen aufzutreten. Daher akzeptierte ich im Prinzip, dass auch in der SPD-Fraktion nach der Meinungsbildung zu einem konkreten Antrag das Abstimmungsverhalten im Plenum durch Mehrheitsbeschluss für alle Abgeordneten verbindlich festgelegt wurde.

Allerdings ist aus der Geschichte (und auch aus der Wissenschaft) hinlänglich bekannt, dass die Mehrheit nicht immer das Wahrheitsmonopol besitzt und schon gar nicht das eigene Gewissen ersetzen kann. Außerdem herrschte in der sächsischen SPD ein ausgeprägt hierarchisches Denken vor, das heißt, fast alles, was aus der Bundespartei oder aus dem Landesvorstand verlautete, hatte man – auch wider besseres Wissen – zumindest nach außen als richtig zu verteidigen. Kritisches Hinterfragen war auch intern nur begrenzt erwünscht. Ich geriet deswegen mehrmals in Konflikte mit der Fraktion, unter anderem im Zusammenhang mit dem im Oktober 2001 von der rot-grünen Bundesregierung beschlosse-

---

* Nach Artikel 38 Grundgesetz sind die Abgeordneten Vertreter des ganzen Volkes, an Aufträge und Weisungen nicht gebunden und nur ihrem Gewissen unterworfen.

nen Einsatz der Bundeswehr in Afghanistan. Die PDS hatte einen dringlichen Antrag eingebracht, der die sofortige Einstellung militärischer Aktionen in Afghanistan forderte, und ich sollte als einer der wenigen, die den Weltkrieg noch bewusst erlebt hatten, dazu im Plenum sprechen. Als die Fraktion mehrheitlich beschloss, den Antrag der PDS abzulehnen, konnte ich das – wie drei weitere SPD-Abgeordnete auch – nicht mit meiner pazifistischen Grundhaltung vereinbaren und kündigte ordnungsgemäß an, mich in diesem Fall der Stimme enthalten zu müssen.

Auch wenn Thomas Jurk unsere Ankündigung keineswegs ungehalten zur Kenntnis nahm, spürte ich doch die Missbilligung anderer Fraktionskollegen. Das Spektrum der Argumente reichte von «Du kannst doch nicht an der Seite der PDS ‹unserem› Gerhard Schröder in den Rücken fallen» bis «Du stellst uns damit in die Ecke der Gewissenlosen». Weil ich als Rentner unabhängig war, fiel es mir nicht schwer, konsequent zu bleiben. Aber ich fragte mich betroffen, ob wohl ein junger Abgeordneter – vor allem mit einem weniger verständnisvollen Fraktionsvorsitzenden – diesem Druck standgehalten hätte und in welche Gewissenskonflikte er geraten wäre. Denn die Führungszirkel der Parteien verfügen durch das Verhältniswahlrecht über genügend Sanktionsmöglichkeiten gegenüber einem unbequemen Mandatsträger: Man muss ihm ja nur bei der nächsten Wahl einen aussichtslosen Listenplatz zuweisen.

Ich bin daher der Überzeugung, dass bei der Aufstellung der Listen in Zukunft etwas geändert werden muss. Nach dem jetzigen Verfahren gelangen bevorzugt clevere Taktiker in die Parlamente, deren Standpunkt es ist, zumindest vor der Wahl keinen eigenen Standpunkt zu haben. Sie reden lieber denjenigen, die besonderen Einfluss auf die Listenreihung haben, also den jeweiligen Vorsitzenden, zum Munde. Nach der Wahl dann versuchen sie, ihre bis dahin als durchaus erfolgreich verinnerlichte Beliebigkeit mit Hilfe der ihnen von Kommunikationstrainern und Medienberatern empfohlenen wohlklingenden Worthülsen zu übertünchen. Die kantigen Typen aber, die auch bei Gegenwind zu ihren Überzeugungen stehen, bleiben oft außen vor. Doch gerade die Fähigkeit, klar und eindeutig ihre Meinung zu sagen und zu begründen, sollten mehr Volksvertreter und potenziell Regierende besitzen, dann würde auch das Nachdenken über gesellschaftliche Probleme und über deren Lösung wieder Priorität vor taktischen Überlegungen haben. Die Bevölkerung hat das längst erkannt, ihr Vertrauen zur politischen Klasse schwindet mehr und mehr. Sie wendet sich von den etablierten Parteien ab und übt sich in Wahlabstinenz. Dieser für die Demokratie gefährliche Sachverhalt wird seit einiger Zeit in der SPD thematisiert, ich bin mir aber nicht sicher, ob es dadurch zu Veränderungen kommen wird.

Zu den Aufgaben eines Abgeordneten gehört es auch, regelmäßig für Gespräche mit den vielen Besuchergruppen im Landtag zur Verfügung zu stehen. Ich meldete mich ausgesprochen gern zu diesen Begegnungen. Vor allem die Schüler- und Lehrlingsgruppen, die vor dem Gespräch von der Zuschauertribüne herab eine Stunde lang die Debatten verfolgt hatten, erwiesen sich als meist gut vorbereitete, erfrischend neugierige und kritische Gesprächspartner. Es war oft wie im Märchen von des Kaisers neuen Kleidern: Sie durchschauten, dass im Plenum allzu oft nur «Fensterreden» – also Reden für das Publikum – gehalten wurden, störten sich am demonstrativen Desinteresse der Zuhörer und an den zum Teil ruppigen Zwischenrufen und sagten das auch ganz unverblümt. Mich beeindruckte auch der natürliche Gerechtigkeitssinn der Kinder und Jugendlichen. Ich fühlte mich in meiner Ansicht bestätigt, dass die Jugend von heute um keinen Deut dümmer, fauler oder zynischer ist, als wir selbst es waren. Dass sie sich auf ihre eigene Weise artikulieren, dass sie anders aussehen, dass sie Tattoos und Piercings tragen, ist kein Grund zur Aufregung. Sie wollen sich doch nur – wie zu unserer Zeit auch wir – von der Elterngeneration emanzipieren.

Im Sommer 2003 fragte mich Thomas Jurk, ob ich nicht für eine weitere Legislaturperiode kandidieren wolle. Ja, das konnte ich mir gut vorstellen, denn ich hatte inzwischen für die Politik Feuer gefangen, und mit Thomas als Fraktionschef ließ es sich vertrauensvoll zusammenarbeiten. Natürlich war uns beiden klar, dass es im Unterbezirk Leipzig erneut Versuche geben würde, meine Kandidatur zu verhindern. So war es dann auch. Der Unterbezirksvorsitzende forderte von mir mit den Worten «Es ist besser, dem Wunsch des UB-Vorsitzenden zu entsprechen» ultimativ, den Wahlkreis, für den mein Ortsverein zuständig war und in dem viele meiner Universitätskollegen wohnten, einem kleinen windigen Sprüchemacher zu überlassen. Stattdessen erhielt ich einen anderen Wahlkreis, in dem ich überhaupt nicht verankert war. Es widerstrebt mir, die kleinkarierte Provinzposse in allen Details zu beschreiben. Jedenfalls verlagerte sich das Problem auf den Wahlparteitag in Döbeln, wo es Teil der längst fälligen Auseinandersetzung zwischen den eher links orientierten Genossen und den Jusos um Thomas Jurk einerseits und den etablierten konservativen Strippenziehern andererseits wurde. Karl Nolle und ich – die damals einzigen Ehren-Jusos in Sachsen – zählten natürlich zur ersten Gruppe. Dank einer zwischen uns sorgfältig abgestimmten Strategie wurde die vom Präsidium vorgelegte Landesliste von den Delegierten völlig umgekrempelt, der Parteitag endete mit einer klaren Niederlage der Konservativen.

Der nachfolgende Wahlkampf wurde indes ausgesprochen schwierig. Nachdem die negativen Folgen der von der rot-grünen Bundesregierung ein Jahr zuvor verabschiedeten sogenannten Agenda 2010 für das bewährte deutsche Sozialsystem unübersehbar geworden waren, verlor die SPD in der Bevölkerung rapide an Ansehen. Ich wurde bei den Wahlkampfauftritten sogar wütend als «Sozialverräter» beschimpft. Am schlimmsten war für mich, dass mir auch viele alte Freunde und die eigenen Kinder halb mitleidig erklärten, dass sie auf keinen Fall SPD wählen würden: «Cornelius, ist nicht persönlich gemeint, du kannst ja nichts dafür.» Noch vier Jahre später warf mir Sarah Antonia während ihres Geburtstagskaffees – nur *halb* im Scherz – an den Kopf: «Da habe ich nun einen SPD-Politiker zum Vater, und der zuckt auch nur hilflos mit den Achseln, wenn ich ihm erzähle, was ich nach Abschluss der Friseurlehre verdienen werde: bei einer 40-Stunden-Woche monatlich netto knapp 600 Euro! Und die vielen Überstunden bleiben ganz unbezahlt.» Ich hatte auf all das keine überzeugenden Antworten, denn auch ich fragte mich verzweifelt, wie es möglich war, dass ausgerechnet die SPD das neoliberale Konzept der bekanntlich einseitig wirtschaftsnahen Bertelsmann Stiftung zur Grundlage ihres gesellschaftspolitischen Denkens und Handelns machen konnte. Für mich war das die Preisgabe der Grundwerte der Partei. Die SPD wird noch Jahre brauchen, diesen Makel von sich abzuwaschen. Und das auch nur, wenn sie es schafft, sich vom neoliberalen «Zeitgeist» unwiderruflich zu lösen und die von Siegmar Gabriel eingeleiteten inneren Reformen – Stichworte: Rückkehr zu den Grundwerten der SPD, Meinungsbildung von unten nach oben – konsequent durchzusetzen. Ich glaube nicht, dass die von sogenannten Spin-Doctors wiederaufgebauten, sich selbst anpreisenden und von den Meinungsforschern und Medien schon jetzt hofierten alten Erfolgstypen dabei hilfreich sein können.

Bei der Landtagswahl am 19. September 2004 verlor die CDU fast 16 Prozentpunkte und damit die absolute Mehrheit. Doch die SPD profitierte davon überhaupt nicht, im Gegenteil, sie verlor ebenfalls einen Prozentpunkt. Dagegen zogen – nach zehnjähriger Pause – die Grünen und die FDP wieder ins Parlament ein.

Für das Ansehen Sachsens verheerend war das Wahlergebnis der rechtsradikalen NPD. Nur wenige Jahre nach der Erklärung Kurt Biedenkopfs «Die sächsische Bevölkerung hat sich als völlig immun erwiesen gegenüber den rechtsradikalen Versuchungen» zog sie mit zwölf Abgeordneten – nur einem weniger als die SPD – unter dem

Blitzlichtgewitter der internationalen Presse triumphierend in den Sächsischen Landtag.

Ich nahm das zum Anlass, in meiner Eröffnungsrede als Alterspräsident – ich war nach Biedenkopfs Ausscheiden nun wirklich der älteste Abgeordnete – hart mit den Neonazis ins Gericht zu gehen. Allerdings nicht ohne bei der Behandlung der Ursachen für deren Popularität auch den demokratischen Parteien den Spiegel vorzuhalten: Es reicht eben nicht, den Menschen die Demokratie bis zum Überdruss zu erklären, sie muss vor allem für jeden Einzelnen erlebbar gemacht werden.

Die CDU brauchte nun erstmals nach der Wiedererrichtung des Freistaates Sachsen zur Regierungsbildung einen Koalitionspartner und lud die SPD zu Gesprächen ein. Es gab in der Partei durchaus kritische Stimmen zu einer möglichen «Großen Koalition», man fürchtete, die Partei könnte durch die unumgänglichen Kompromisse weiter an Profil verlieren. Doch die Euphorie, endlich an der Macht beteiligt zu werden, überwog alle Bedenken: «Der Koalitionsvertrag wird eine klar sozialdemokratische Handschrift tragen.» In den Koalitionsverhandlungen, zu denen ich nur bei der Behandlung der Hochschulpolitik hinzugezogen worden war, wurde ausgehandelt, dass Thomas Jurk das Wirtschafts- und Barbara Ludwig das Wissenschaftsministerium übernehmen würde. Im Vorfeld hatten mir viele Professoren und einige Rektoren zugesetzt, dass ich als erfahrener Hochschulpolitiker Ansprüche auf das Wissenschaftsressort anmelden solle. Ich verwarf den Gedanken jedoch: Die eventuell in diesem Amt zu erwerbenden Meriten sollten besser einem jungen Menschen mit Zukunft zugutekommen. Ich wurde im Übrigen von den zuständigen Genossen auch gar nicht nach meinen Vorstellungen gefragt – nicht einmal höflichkeitshalber.

Da Thomas Jurk als stellvertretender Ministerpräsident nicht mehr genug Zeit für die Fraktion haben würde, bewarb ich mich auf seinen Vorschlag um den Fraktionsvorsitz. Ich sah es dabei erklärtermaßen als meine Hauptaufgabe an, ihm den Rücken und – im Falle eines Scheiterns der Koalition – den Platz des Vorsitzenden frei zu halten. Das schien einigen Fraktionären nicht recht zu gefallen, denn ich erhielt erst im dritten oder vierten Wahlgang die erforderliche Mehrheit.

Nach diesem Wahlergebnis war mir klar, dass mich keine leichte Aufgabe erwartete. Glücklicherweise waren mit Mario Pecher und Enrico Bräunig zwei berufserfahrene und sachorientierte Genossen zu uns gestoßen. Auch auf Stefan Brangs, einen gestandenen Gewerkschafter, und Martin Dulig, den Vorsitzenden der sächsischen Jusos, setzte ich große Hoffnungen. Andererseits empfand ich es als herben Verlust für die Fraktion, dass Gunter Lochbaum aus beruflichen Gründen nicht mehr kandidiert hatte. Für Gunter, einen zurückhaltenden, allen Winkelzügen abholden und stets sachlichen Ingenieur aus dem Vogtland, empfand ich große Sympathie. Mit ihm und einigen Abgeordneten der PDS hatte ich in der vorangegangenen Wahlperiode nach den langen, ermüdenden Plenarsitzungen noch manchen ruhigen und anregenden Gesprächsabend im Restaurant oder an der Bar unseres Hotels verbracht.

Sehr wichtig für meine Arbeit als Fraktionsvorsitzender wurden in der Folge die Pressesprecherin Eileen Mägel und der Fraktionsgeschäftsführer (FGF) Leo Stefan Schmitt. Beide waren in der Fraktion aus mir unerfindlichen Gründen nicht unumstritten. Ich scherte mich aber nicht um diese Querelen und vertraute – wieder einmal – einfach meinem eigenen Urteil. Eileen verfügte über beste Verbindungen in die Medienwelt und erkannte sofort, wann ein aktuelles politisches Ereignis eine Stellungnahme des Fraktionsvorsitzenden erforderte. Ich musste ihr dann lediglich – oft war das nur am Telefon möglich – einige wenige Stichworte sagen, aus denen sie stets eine hundertprozentig meinen Intentionen und meiner Sprechweise adäquate und dennoch professionelle Pressemitteilung verfasste. Ich bedauerte sehr, dass sie zwei Jahre später ein lukratives Angebot außerhalb der Fraktion annahm.

Als Schmitt im Jahr 2000 bei uns als FGF anfing, hatte er schon eine lange politische Karriere hinter sich – unter anderem als Parlamentarischer Geschäftsführer der SPD-Fraktion im Saarländischen Landtag – und war 20 Jahre lang ein enger Weggefährte von Oskar Lafontaine gewesen. Womöglich aus diesem Grunde kam der Politprofi bei der Mehrheit der Fraktion nicht gut an. Er wurde ständig mit Misstrauen konfrontiert, und es gab haltlose Verdächtigungen, die dann regelmäßig wieder zurückgenommen werden mussten. Ich selbst arbeitete jedoch sehr gut mit ihm zusammen. Jedes Mal, wenn ich mit irgendeinem politischen oder eher technisch-organisatorischen Problem zu ihm kam, stellte ich fest, dass er mir genau die Lösung empfahl, die ich mir schon vorher – ohne sie ihm zu sagen – selbst überlegt hatte.

Auch mit Martina Schidlek, der Chefsekretärin, und mit Mario Bause, meinem absolut loyalen und immer optimistischen persönlichen Referenten, verstand ich mich aufs beste. Mario verdankte ich manche pfiffige Idee für meine nun häufiger notwendigen Redebeiträge im Plenum. Das lief meist so ab, dass ich ihm ein paar Tage vorher sagte, aus welchem Anlass ich reden wollte oder musste. Am nächsten Morgen glichen wir die thematischen Stichworte ab, die jeder für sich über Nacht formuliert hatte, und diese Prozedur wiederholten wir, bis am Ende ein geschliffener Text vorlag. Manchmal war es mir richtig peinlich, wenn es im Plenum oder den Medien Beifall dafür gab, während er bescheiden im Hintergrund blieb.

Anfang des Jahres 2005 beantragte die NPD für den 21. Januar eine Aktuelle Debatte zum bevorstehenden 60. Jahrestag der Zerstörung Dresdens und rief zugleich zu einer Schweigeminute vor Beginn der Plenarsitzung auf. Die demokratischen Fraktionen handelten schnell und konsequent: Der Landtagspräsident Erich Iltgen gab noch vor der Feststellung der Tagesordnung eine Erklärung ab, in der er selbst zu einer Gedenkminute für alle Opfer der nationalsozialistischen Gewaltherrschaft aufrief. Die Abgeordneten der NPD verließen daraufhin demonstrativ grinsend den Plenarsaal. In der Aktuellen Debatte sollte dann der Alterspräsident als Einziger, und zwar im Namen aller demokratischen Fraktionen, sprechen. Nach der Eröffnungsrede des Vorsitzenden der NPD-Fraktion – einer Serie von buchstäblich mit Schaum vor dem Munde vorgetragenen Hasstiraden – ging ich äußerlich ganz ruhig zum Rednerpult und sagte in das atemlose Schweigen:

«Zuerst brannten die Bücher …
Nach den Büchern brannte Guernica …
Dann brannten die Synagogen …
Aber dies alles war erst der Anfang …
Das Grauen steigerte sich nachfolgend zur Apokalypse:
In den Krematorien der Vernichtungslager des NS-Regimes verbrannten Millionen Juden, Sinti und Roma …
Am Ende kehrte das Feuer in das Land der Brandstifter zurück.»

Die NPD schäumte vor Wut, alle Abgeordneten der anderen Parteien spendeten stehend Beifall, und die *Süddeutsche Zeitung* schrieb, dass die Rede gezeigt hätte, «dass das Amt des Alterspräsidenten nicht nur ein leeres Ritual ist».

Einige Wochen später beschlossen auf Initiative von Fritz Hähle, des Fraktionschefs der CDU, und mir alle demokratischen Fraktionen den sogenannten antifaschistischen Konsens. Darin verpflichteten wir uns, niemals politische Ziele mit Hilfe der NPD durchsetzen zu wollen sowie auf die Anträge der NPD stets nur mit *einem* Redebeitrag im Namen aller demokratischen Fraktionen zu reagieren und die Anträge unabhängig von deren Inhalt geschlossen abzulehnen. Dieser Konsens hielt, obwohl er gelegentlich von einigen CDU-Hardlinern wegen der Einbeziehung der PDS angefochten wurde, bis zum Ende der Legislaturperiode.

Im Mai 2005 unternahmen wir auf Anregung von Leo Stefan Schmitt eine Fraktionsreise nach Mainz. In Rheinland-Pfalz regierte damals praktisch reibungslos eine SPD-geführte rot-gelbe Koalition, wir wollten uns bei der dortigen SPD-Landtagsfraktion über deren Arbeitsweise, über eventuell zwischen den Koalitionspartnern auftretende Meinungsverschiedenheiten und deren Management informieren. Der Ministerpräsident Kurt Beck und sein Fraktionschef Joachim Mertes nahmen uns sehr freundlich auf und widmeten uns viel Zeit. Beck nannte uns eindringlich die wichtigsten Prinzipien für eine erfolgreiche Arbeit in der Koalition: «Erstens: Ihr müsst unbedingt auf einem Umgang auf Augenhöhe bestehen. Macht euch immer wieder bewusst, dass der große Koalitionspartner ohne euch hilflos ist. Zweitens: Niemals dem Partner einen Erfolg neiden oder, wenn euch etwas gelingt, öffentlich triumphieren. Das ist dem Koalitionsklima abträglich. Und das Allerwichtigste: Nie an die heiligen Grundsätze des Partners rühren. Nicht in der Öffentlichkeit, aber auch nicht intern. Bei der CDU gehört unter anderem das christliche Familienbild zu den Grundwerten, bei uns ist es die soziale Gerechtigkeit. Wenn beide Partner das beachten, wird es gutgehen.»

Damit sprach mir Kurt Beck aus dem Herzen, genauso musste es sein, wenn die SPD nicht nur zum Mehrheitsbeschaffer für die CDU werden wollte. Aber das sah Georg Milbradt, der nach dem Rücktritt Biedenkopfs am 18. April 2002 zum Ministerpräsidenten gewählt worden war, offensichtlich ganz anders. Ich wusste ja seit den Auseinandersetzungen um das Immobilienvermögen der Universität, mit wem es unsere beiden Minister und indirekt auch ich zu tun haben würden: mit einem beinharten Machtpolitiker, der auch in der eigenen Fraktion Argumente gern durch Diktate und Lautstärke ersetzte. Das Wesen eines Kompromisses blieb ihm wohl völlig verborgen: Wenn man ihm bei der Suche nach einem Ausgleich auch nur minimal entgegenkam, verstand er das prompt als Zeichen der Schwäche und verlangte noch mehr. Dennoch war ich überrascht, wie rüde er mit dem kleinen Koalitionspartner umsprang. Er ließ keine Gelegenheit aus, die SPD zu demütigen, erklärte wiederholt, dass seine Regierung die bisherige CDU-Politik unverändert fortsetze, mischte sich direkt und öffentlich erkennbar in die Angelegenheiten unserer Ressortminister und stellte sie damit bloß. Wir hatten nicht nur den Spott der Oppositionsparteien zu ertragen, es gab auch zunehmende Unruhe an der Parteibasis, deren frühere Bedenken gegen die Regierungsbeteiligung der SPD sich zu bestätigen schienen. Immer öfter hörte ich im Ortsverein die Frage: «Cornelius, wie lange wollt ihr das noch hinnehmen? Merkt ihr nicht, dass Milbradt euch zum gehorsamen Anhängsel der CDU degradiert?» Die Fraktion knirschte zwar mit den Zähnen und stellte ein um das andere Mal entschlossen fest, dass nunmehr «ein weiterer Tropfen genüge, um das Fass der Zumutungen zum Überlaufen zu bringen», aber echte Konsequenzen hatte das nie.

Das Problem spitzte sich für mich mit der fälligen Novellierung des Sächsischen Hochschulgesetzes zu. Ich hatte im Wahlkampf und davor stets für die Demokratisierung der Hochschulen gefochten und damit viel Zustimmung besonders bei den Studierenden und den Angehörigen des sogenannten akademischen Mittelbaus – also den wissenschaftlichen Mitarbeitern – der Hochschulen gefunden und so natürlich auch Wähler werben können. Denen fühlte ich mich nun verpflichtet. Der Ministerpräsident erklärte dagegen öffentlich, dass Demokratie, weil «ineffizient», an den Hochschulen nichts zu suchen hätte, sondern dass diese wie Wirtschaftsunternehmen zu führen seien.

Im Sommer 2006 trat die für die Hochschulgesetzgebung zuständige SPD-Ministerin Barbara Ludwig von ihrem Amt zurück, da sie zur Oberbürgermeisterin der Stadt Chemnitz gewählt worden war. Als ihre Nachfolgerin wurde von Martin Dulig, der inzwischen zum

Parlamentarischen Geschäftsführer unserer Fraktion avanciert war, die ehemalige Bundesvorsitzende der Gewerkschaft Erziehung und Wissenschaft (GEW) Eva-Maria Stange ins Gespräch gebracht. Ich hielt dies für eine ausgezeichnete Idee und verteidigte sie vehement gegen eine Flut von Angriffen aus der CDU, aus der Vereinigung der Opfer des Stalinismus und aus den eigenen SPD-Reihen. Bald nach ihrer Ernennung legte Frau Stange der Fraktion einen Referentenentwurf für das neue Hochschulgesetz vor, der unverkennbar die Handschrift des vom Bertelsmann-Konzern gegründeten und jährlich mit Millionen Euro geförderten «Centrums für Hochschulentwicklung», eines eindeutig neoliberalen Think-Tanks der Wirtschaft, trug. Die Fraktion lehnte den Gesetzentwurf einmütig ab, denn er widersprach allen bis dahin in Sachsen öffentlich vertretenen Grundsätzen sozialdemokratischer Hochschulpolitik. Nach dem neuen Gesetz sollten die demokratischen Mitwirkungsrechte der Hochschulangehörigen durch die Abschaffung des Konzils und die sogenannte Stärkung des Rektors rigoros beschnitten und – unter dem Deckmäntelchen der Hochschulautonomie – die bisherige Fremdsteuerung durch die Ministerialbürokratie lediglich gegen eine Fremdsteuerung durch wirtschaftsnahe Hochschulräte ausgetauscht werden. Dass damit die Vorstellungen der Hochschulerneuerer von 1990 beiläufig vom Tisch gefegt wurden und die Plan- und Kommandowissenschaft der DDR unter anderem Vorzeichen wieder fröhliche Urständ feierte, sei nur am Rande erwähnt. Noch viel schwerwiegender fand ich die Tatsache, dass in dem Gesetz den Hochschulen der Ausstieg aus dem Flächentarifvertrag prinzipiell möglich gemacht wurde. In meinen Augen wurden damit ohne Not die Ergebnisse von 150 Jahren Arbeiterbewegung in Frage gestellt – ausgerechnet unter aktiver Mitwirkung einer früheren maßgeblichen Gewerkschaftsfunktionärin!

Insbesondere nachdem sich der Ministerpräsident höchstselbst regelmäßig in die Verhandlungen zwischen den Koalitionspartnern einmischte, wurde die Ministerin nicht müde, der Fraktion ihren mit immer neuen Schönheitspflästerchen garnierten Entwurf zu präsentieren. Die Fraktion und sogar das Präsidium der sächsischen SPD lehnten ihn jedoch – zunächst – genauso oft ab.

Unmittelbar nach dem Beginn der parlamentarischen Sommerpause 2007 erhielt ich zu Hause einen Anruf von Leo Stefan Schmitt. Er sagte mir, dass er als Fraktionsgeschäftsführer gekündigt habe, aus der SPD ausgetreten sei und zur Linkspartei überwechseln werde. Ich fiel aus allen Wolken, obwohl ich schon gemerkt hatte, dass ihm die späte Schröder-Ära mit der Agenda 2010 und mit Hartz IV, dann der Afghanistan-Einsatz, die Rente mit 67 und die Mehrwertsteuererhöhung arg zugesetzt hatten. Ich war traurig, beunruhigt und auch etwas enttäuscht, denn ich hatte wenige Wochen zuvor mein ganzes Gewicht als Fraktionsvorsitzender in die Waagschale werfen müssen, um seinen Vertrag als FGF um ein halbes Jahr zu verlängern und ihn als kritischen Kopf in unseren Reihen zu halten.

Als ich in der ersten Urlaubswoche wegen der Einsetzung eines Untersuchungsausschusses von der Insel Hiddensee zu einer Sondersitzung des Landtages gerufen wurde, dachte ich mir nichts Böses. Erst unmittelbar vor der Ankunft in Dresden erfuhr ich per Telefon, dass bei dieser Gelegenheit auch eine Fraktionssitzung geplant war, auf der zum x-ten Male über den Entwurf des Hochschulgesetzes abgestimmt werden sollte. Niemand hatte mich vorgewarnt, und merkwürdigerweise traute sich auch niemand von den in den Fraktionssaal eilenden Genossen, mir unbefangen in die Augen zu schauen. Plötzlich ahnte ich, was passieren würde: Die Ministerin verteilte erneut ihr Papier, und zwar als Tischvorlage erst knapp 15 Minuten vor Beginn der Plenarsitzung des Landtages. Für eine Debatte war nun keine Zeit mehr, sie war vermutlich auch gar nicht erwünscht. Ich meldete mich daher nur kurz zu Wort: «Genossen, was ich als Wissenschaftler und Politiker von dem Gesetzentwurf halte, werde ich nicht unendlich oft wiederholen, alles ist gesagt.

Jetzt macht, was ihr für richtig haltet», und verließ den Saal. Die Fraktion bestätigte dann mit großer Mehrheit den Gesetzentwurf, nur Stefan Brangs und Karl Nolle stimmten dagegen. Noch während der Plenarsitzung sagte ich Thomas Jurk, dass mir, nachdem die Fraktion mich überstimmt und zugleich öffentlich meine Kompetenz in Hochschulfragen in Zweifel gezogen hatte, keine andere Wahl bliebe, als zurückzutreten.

Wieder auf der Insel, wurde ich in den folgenden Tagen durch einige lästige, weil ewig lange Telefonate gestört: Man wollte mir erklären, warum man so und nicht anders stimmen musste. Musste? Erklären? Was gab es da noch zu erklären? Mich interessierte das Gerede nicht mehr. Raimund Grafe hatte mir schon viel früher einmal weitsichtig gesagt: «In der Politik gibt es keine Freunde und keine Dankbarkeit. Da gibt es bestenfalls zeitweilige Weggefährten mit kurzem Gedächtnis.» Ich fand dies als Erklärung völlig ausreichend und trat zum 14. September 2007 vom Fraktionsvorsitz zurück.

Bei der Landtagswahl 2009 honorierten die Wähler das brave Wohlverhalten der SPD in der Großen Koalition nicht gerade übermäßig: Die SPD legte zwar um 0,6 Prozentpunkte zu, allerdings bei einer erneut um 7,4 Punkte auf 52,2 Prozent gesunkenen Wahlbeteiligung. Das heißt, nur 5,3 Prozent aller Wahlberechtigten hatten noch Vertrauen zur SPD. Thomas Jurk zog daraus die Konsequenzen und trat zu meinem großen Bedauern von seinem Amt als Landesvorsitzender zurück. Diejenigen aber, die ihn erst eifrig zu dem verhängnisvollen Kurs der Selbstaufgabe getrieben hatten, wussten von gar nichts, wuschen ihre Hände in Unschuld, plädierten plötzlich wortgewaltig für einen harten Oppositionskurs und kandidierten auf dem nächsten Landesparteitag wie selbstverständlich um einflussreiche Parteiämter.

Seither habe ich mit der Landespolitik nicht mehr viel zu tun. Einige sächsische Genossen glaubten mir nachsagen zu müssen, dass ich «als Späteinsteiger nie richtig in der Politik angekommen» sei. Offensichtlich unterscheidet sich deren Politikverständnis grundsätzlich von dem meinen. Jedenfalls gehe ich nach wie vor gern und möglichst oft in meinen immer noch aufmüpfigen Ortsverein, engagiere mich, ohne formell Mitglied zu sein, bei dem globalisierungskritischen Netzwerk Attac für die demokratische Kontrolle der Finanzmärkte und bei der Anti-Privatisierungs-Initiative Leipzig (APRIL) gegen den Ausverkauf öffentlichen Eigentums. Vor zwei Jahren wurde ich in den auf Initiative von Willy Brandt 1974 gegründeten Seniorenrat beim Bundesvorstand der SPD berufen. Dort treffe ich regelmäßig erfahrene und verdiente Genossinnen und Genossen, denen ich mit Vergnügen zuhöre: Anschaulicher und lebendiger könnten einem die Geschichte der Bundesrepublik und ihre handelnden Personen nicht nahegebracht werden. Und im Übrigen tue ich endlich das, wozu ich fast 20 hektische Jahre lang kaum Zeit hatte: Ich setze die Melodien und Rhythmen, die in meinem Kopf umherschwirren, in hörbare Musik um – der Computer macht's möglich.

# Epilog

Der amerikanische Politikwissenschaftler Francis Fukuyama, damals stellvertretender Chef des Planungsstabes des US-Außenministeriums, schrieb 1992 in seinem berühmt gewordenen Buch *Das Ende der Geschichte* sinngemäß, dass nach dem Zusammenbruch der UdSSR und der sozialistischen Staaten das Ende der ideologischen Evolution der Menschheit erreicht sei. Die auf der Marktwirtschaft basierende westliche Demokratie habe sich als die finale und universell gültige Form menschlichen Regierens durchgesetzt. Abgesehen von der blasierten abendländischen Selbstzufriedenheit dieser Aussage – als ob Geschichte nicht auch in Asien, Afrika und Südamerika stattfindet –, störte mich schon damals, dass Fukuyama den Kapitalismus als naturgegebene und notwendige Voraussetzung für Demokratie betrachtet. Angesichts der geradezu astronomischen Verschuldung der westlichen Industriestaaten sollte auch dem Letzten langsam klarwerden, dass das Heilsversprechen der Marktwirtschaft und der jetzige Wohlstand – der allerdings auch nur ein Drittel der Gesellschaft betrifft – nicht nur zu Lasten der Dritten Welt gehen, sondern auch in unvorstellbarem Maße auf Pump beruhen. Ein doppelter Schwindel also. Nach einer aktuellen Berechnung des Bundes der Steuerzahler werden unsere Nachkommen 173 Jahre, also gut fünf Generationen, brauchen, um die heutige Staatsverschuldung zu tilgen – wenn sie es denn schaffen, jeden Monat eine Milliarde Euro zurückzuzahlen! Die offenbar kaum noch zu bewältigende Finanzkrise droht nun ganze Staaten in den Abgrund zu ziehen und zeigt, wie gefährlich instabil die ganze Konstruktion ist. Sie wird zu einer ernsten Gefahr für die Demokratie. Jakob Augstein schrieb kürzlich in «Spiegel Online»: «Der Kapitalismus ist so lange gewachsen, bis er den Punkt der Unvereinbarkeit mit der Demokratie erreicht hat. [...] Wenn es darum geht, was uns wichtiger ist, die Demokratie oder der Kapitalismus – wie werden wir uns entscheiden? Und: wird man uns überhaupt entscheiden lassen?» Im Moment sieht es nicht so aus. Ich bin aber davon überzeugt, dass sich die Menschheit diese Entscheidung letztlich nicht nehmen lassen wird.

Für uns Ostdeutsche, ja, für alle osteuropäischen Angehörigen meiner Generation ist die heutige Situation nicht ganz neu. Wir haben erst vor kurzem ein Gesellschaftssystem, das sich als für die Ewigkeit bestimmt sah, sang- und klanglos untergehen sehen. Und wir haben nicht nur, wie die Westeuropäer, 1945 einen Riss in der Zeit erlebt, sondern einen weiteren im Jahre 1989.

Wie tief und schmerzlich der Riss von 1989 für manche Menschen war, erlebte ich nachdrücklich am 31. August 1994 bei der Abschiedszeremonie für die letzten in Berlin stationierten russischen Truppen, zu der ich als Rektor offiziell eingeladen worden war. Nahe dem sowjetischen Ehrenmal in Berlin-Treptow stand eine Gruppe älterer Männer in fast denselben etwas zerknitterten zivilen Anzügen, sie alle hatten ihre russischen Militärmützen auf und viele Orden an der Brust. Einige jüngere Offiziere der Bundeswehr machten sich lustig über die etwas verwirrt und verunsichert wirkenden Veteranen. Ich fand das sehr taktlos, ging zu diesen Männern hinüber und sprach sie auf Russisch an: «Erkennt ihr Berlin überhaupt noch wieder? Ihr habt hier doch gekämpft und gelitten, viele von euren Kameraden sind hier gestorben. Ist das jetzt nicht sehr schwer für euch? Aber es ist vor allem euch zu verdanken, dass Europa vom Faschismus befreit wurde.» Sie fielen mir fast um den Hals, schon allein deshalb, weil überhaupt einer mit ihnen redete. Später amüsierte ich mich über die langen Gesichter der Bundeswehroffiziere: Während der anschließenden gemeinsamen Truppenparade fielen in der gnadenlosen Augusthitze ein Dutzend Soldaten der Bundeswehr um, von den Russen jedoch kein einziger.

Bundeskanzler Kohl hatte übrigens zuvor verkündet, dass die Verabschiedung der russischen Armee «in würdiger und respektvoller Weise» erfolgen sollte. «Demütigend und ungerecht» nannte hingegen der russische Literat und Menschenrechtler Lew Kopelew den Tag. Ich kann seinen Schmerz verstehen: Während die Russen, die im Kampf gegen Hitlerdeutschland die meisten Opfer gebracht hatten, auf Wunsch der Bundesregierung separat noch unter den Augen der Westalliierten verabschiedet wurden, ehrte die Bundeswehr eine Woche später ihre abziehenden westlichen Kameraden mit dem Großen Zapfenstreich.

Ja, wir Ostdeutschen verfügen wie die Osteuropäer über einige prägende Erfahrungen mit historischen Brüchen, mit Zeitenwenden und ihrem Einfluss auf das Verhalten der Menschen, die unsere Landsleute im Westen so nicht gemacht haben. Wir haben – im Sinne der Politikphilosophin Hannah Arendt – erlebt, was eine Revolution ist, was sie vermag und was sie nicht vermag. Vielleicht werden manche unserer Erkenntnisse und Anregungen in der unausweichlichen Debatte über das Woher und Wohin unserer Gesellschaft sogar irgendwann noch erwünscht und hilfreich sein. Es würde mich freuen.

# Quellennachweis der Abbildungen

Thomas Härtrich / transit: Bild 26
Armin Kühne, Leipzig: Bilder 27 und 29
ddp images / dapd / Norbert Millauer: Bild 28.

Alle anderen Bildvorlagen stammen aus der Privatsammlung des Autors.